本书是2017年度国家社会科学基金一般项目"'河长制'门协同的绩效评估及优化路径研究"（批准号17BGL161

经管文库·管理类

前沿·学术·经典

"河长制"下地方政府流域治理跨部门协同研究

CROSS-SECTOR COLLABORATION IN LOCAL
GOVERNMENT WATERSHED GOVERNANCE:
EXPERIENCE FROM CHINA'S RIVER CHIEF SYSTEM

刘小泉 著

经济管理出版社

ECONOMY & MANAGEMENT PUBLISHING HOUSE

图书在版编目（CIP）数据

"河长制"下地方政府流域治理跨部门协同研究 / 刘小泉著 . —北京：经济管理出版社，2023.6

ISBN 978-7-5096-9115-1

Ⅰ. ①河… Ⅱ. ①刘… Ⅲ. ①地方政府—流域治理—研究—宁波 ②地方政府—流域治理—研究—镇江 Ⅳ. ① TV882.855.3 ② TV882.853.3

中国国家版本馆 CIP 数据核字 (2023) 第 119234 号

组稿编辑：杨国强
责任编辑：杨国强
责任印制：黄章平
责任校对：蔡晓臻

出版发行：经济管理出版社
　　　　　（北京市海淀区北蜂窝 8 号中雅大厦 A 座 11 层 100038）
网　　址：www.E-mp.com.cn
电　　话：（010）51915602
印　　刷：唐山玺诚印务有限公司
经　　销：新华书店
开　　本：710 mm×1000 mm/16
印　　张：18.5
字　　数：316 千字
版　　次：2023 年 6 月第 1 版　2023 年 6 月第 1 次印刷
书　　号：ISBN 978-7-5096-9115-1
定　　价：98.00 元

江河湖泊具有重要的资源功能、生态功能和经济功能。但随着经济社会快速发展，我国河湖管理保护出现了一些新问题，例如，一些地区入河湖污染物排放量居高不下，一些地方侵占河道、围垦湖泊、非法采砂现象时有发生。党中央、国务院高度重视水安全和河湖管理保护工作。习近平总书记强调，保护江河湖泊，事关人民群众福祉，事关中华民族长远发展。李克强总理指出，江河湿地是大自然赐予人类的绿色财富，必须倍加珍惜。党的十八大以来，我国提出了一系列生态文明建设特别是制度建设的新理念、新思路、新举措。一些地区先行先试，在推行"河长制"方面进行了有益探索，形成了许多可复制、可推广的成功经验。在深入调研、总结地方经验的基础上，党中央、国务院制定出台了《关于全面推行河长制的意见》。

长期以来，我国流域治理的职责分散在环保、水利、农业、住建、国土、交通等诸多部门，形成"九龙治水"的格局。流域水质一旦恶化，治水部门间容易出现责权不清、推诿扯皮、治理目标不统一等问题，难以形成流域治理合力。在"河长制"框架下，各级地方党政领导成为了地方流域治理网络的核心行动者，他们采取指导、监督和协调等方式对分散的部门力量进行整合，并依托政治势能推动部门间的合作，在很大程度上改变了原来部门分散的治理结构。可以说，"河长制"出台后，我国流域治理由原来的"部门分工、分散管理"向"首长负责、部门协同"模式迈进，跨部门协同治水进入"新常态"。那么，"河长制"下地方政府跨部门协同会遭遇哪些困境？如何测评"河长制"跨部门协同的绩效？哪些因素会影响"河长制"跨部门协同的绩效？如何构建"河长制"这一中国特色流域治理制度下的跨部门协同理论框架？

鉴于上述问题，笔者于 2017 年申报了国家社科基金一般项目"'河长制'下地方政府流域治理跨部门协同的绩效评估及优化路径研究"（项目编号：17BGL161）并获得立项。其实，该课题是笔者博士论文的进一步深化与延伸，前后体现出理论承继与发展关系。由于一度为家庭事务和专业建设工作所羁绊，课题研究断断续续，以致有所拖延。好在一些学界师友不吝指导，笔者所在的井冈山大学科研管理部门亦始终给予我鼓励、督促和支持，经过几年的努力探索，课题终期成果经评审后以"合格"的鉴定获得通过。在充分吸纳评审专家提出的宝贵意见后，笔者对结题材料进行了认真修改，于是形成了本书全部内容。

借鉴国内外相关研究成果，结合"河长制"工作实情，本书运用隶属度分析、层次分析等方法，从协同过程、社会结果、环境结果三个维度构建了包含3个一级指标、12个二级指标和35个三级指标的"河长制"跨部门协同绩效评估指标体系。然后，选取福建省Q市、江西省N市和陕西省H市作为研究样本，对绩效评估指标体系进行实证研究。从评估结果看，"河长制"下三个市级地方政府的跨部门协同治水活动都取得了良好的综合效果，各自的环境绩效得分都高于社会绩效和过程绩效。通过对评估结果进行对比，发现三个市在协同计划、河长履职、治理效能提升、社会效应、水质改善、生态修复等方面都取得了较好的绩效表现，而在决策制定、责任分工、公众参与、信息沟通和治水技术创新等方面均存在不足。

为了打开"河长制"跨部门协同绩效影响机制的"黑箱"，本书借鉴国外已有的"前提—过程—结果"研究框架，将协同主体和协同情境作为自变量、协同过程作为中介变量、任务复杂性作为调节变量，构建了"河长制"下地方政府流域治理跨部门协同绩效影响因素概念模型，并提出研究假设。通过深度访谈和预测试得到了包含44个题项的问卷。通过正式调查，获得了658份有效问卷。利用相关分析、层级回归分析、Bootstrap分析等实证研究方法，对该假设模型中的直接效应、中介效应和调节效应进行了验证。

我们既要用现有的理论指导实践，更要在实践中不断丰富、创新理论。为此，本书对国外学者提出的协同治理SFICO理论框架进行修正，构建了"河长制"这一独具中国特色河湖管理制度下的跨部门协同SRPCO理论框架。然后，选取宁波市和镇江市的"河长制"跨部门协同为研究对象，从起始条件、"河长"领导行为、公众参与、协同过程和协同结果五个方面对多部门联合治水活动进行了全面的剖析与对比分析，以检验SRPCO理论框架的合理性。案例研究结果表明，SRPCO理论框架可适用于诊断和指导"河长制"下地方政府跨部门协同治水实践，该框架中的主要观点在案例研究中得到证实。

虽然"河长制"在实践中获得了初步成效并上升为国家意志，但"河长制"面临部门碎片化重新生成、河长办"角色溢出"、形式主义以及考核制度不合理等一系列隐忧。要以"河长制"切实促进"河长治",可采取推进"河长制"法制化、明确河长办的性质与角色、完善考核问责机制和吸纳体制外资源等措施对其进行完善。综合实证研究和案例研究的结果,本书从明确涉水部门的责任边界、建立有效的监督机制、完善协同制度设计、培养合作型文化、注重过程管理、构建政社良性互动机制以及增强涉水部门合作能力等方面提出了跨部门协同的优化路径。

本书的贡献主要体现在四个方面:首先,从过程、社会结果和环境结果三个维度构建并完善了"河长制"跨部门协同绩效的评估指标体系,该指标体系不同于地方政府"河长制"工作评价办法,也有别于环境协同治理绩效评估体系,而是两者的融合创新;其次,揭示了"河长制"跨部门协同绩效影响因素及其内在作用机制,证实了协同过程在协同前提与协同结果间所起的中介作用;再次,对国外跨部门协同理论框架进行了"本土化"改造,构建了"河长制"这一具有鲜明中国特色治水政策下的跨部门协同理论框架,为该领域的相关研究提供了一些新的知识增量;最后,阐释了"河长制"运行逻辑、隐忧以及"长制"衍生的风险,从协同治理理论视角探讨了"河长制"的完善之道与治水绩效的提升路径,对于拓宽"河长制"研究视角和加深研究的深度有重要意义。

本书现付诸出版,内心难免忐忑。事实上,对于论题仍有很多工作要做,但受限于笔者的能力、学识、时间和精力,无法全面涉猎和深究。书中内容仍存在一些亟待改进和完善之处。在此对本书所有参考文献的作者、在出版过程中给予帮助和支持的同志们一并表示衷心感谢。书中的不足与错误之处,恳请专家、同行和读者给予批评和指正。

刘小泉

2023 年 1 月

目　录

▶ 第一章 绪论

第一节 研究背景与问题的提出

一、研究的现实背景

水渗透于人类生活的每一个角落，水环境的保护关乎人类社会的发展与文明的兴衰，因为水的使用直接或间接影响着空间规划、农业灌溉、工业生产、居民生活、公共卫生、交通运输、旅游观光等领域和事务。遗憾的是，当今社会，人类与水之间面临着前所未有的紧张关系。在我国，人口规模的扩大和社会工业化的进程给流域水环境造成的污染远远超过其本身的自净能力。《2010—2030 年国家水环境形势分析与预测报告》指出，在现有废水处理水平正常提高的情景下，我国废水排放量将由 2007 年的 1838 亿吨上升到 2030 年的 2113 亿吨，增长量约为 15%[①]。淮河、海河、辽河这"三河"流域单位面积污染物排放强度最大，且呈上升趋势，水污染已成为制约流域经济发展的重要因素之一，治理任务相当艰巨。《2015 中国环境状况公报》显示，全国 423 条主要河流、62 座重点河湖（水库）的 967 个国控断面中，Ⅳ~Ⅴ类水质断面占 26.7%，劣Ⅴ类水质断面占 8.8%。根据 2018 年的监测数据，我国 5.5% 的河流、16.1% 的湖泊、2.6% 的水库以及 9.0% 的省界断面水质为劣Ⅴ类。

"十二五"以来，党中央、国务院把环境保护放在更加重要的战略位置，作出一系列重大决策部署，以大气、水、土壤污染治理为重点，坚决向污染宣战。在流域治理方面，随着《水污染防治行动计划》（以下简称"水十条"）的发布与实施，以及"绿水青山就是金山银山"等生态文明理念的提出，流

[①] 王金南，马国霞等. 2010 —2030 年国家水环境形势分析与预测报告［M］. 北京：中国环境出版社，2013.

域水环境问题受到前所未有的关注。尽管当前许多地方政府已将流域治理工作列入重要工作日程，但多部门分工负责的管理体制无法满足水质持续改善的需要。我国流域水环境管理的职能分散于多个部门，其中，环保部门和水利部门承担主要的涉水管理工作，住建、农业、渔业、林业、交通、海洋、城管等部门在相应领域内承担着与水有关的行业分类管理职能，发改、工信、财政等综合经济部门负责协调生态环境与经济发展的综合事务、重大项目安排和预算拨款等。在多部门分管的管理体制下，各个涉水部门，一方面，认为自己的权威有限，即使发现问题也不能越权管理，因为管供水的不管排水、管排水的不管治污、管治污的不管污水回收、管水量的不管水质、管水源的不管供水；另一方面，抱怨职责分工不够明晰、缺乏沟通、信息分散，出了事情相互推诿。这种"碎片化"管理体制显然无法有效解决我国严峻的水生态破坏问题，严重影响了地方政府流域综合治理效果。为了促进水环境质量的改善，涉水部门之间必须协同合作，联合发力，从碎片化走向整体性。

2016 年 12 月，中共中央办公厅、国务院办公厅印发了《关于全面推行河长制的意见》，其中第十二条提出，"各级河长制办公室要加强组织协调，督促相关部门单位按照职责分工，落实责任，密切配合，协调联动，共同推进河湖管理保护工作"。2017 年 6 月，修订《水污染防治法》使"河长制"法制化，明确省、市、县、乡建立"河长制"，分级分段组织领导本行政区域内江河、湖泊的水资源保护、水污染防治、水环境治理、水域岸线管理等工作。截至 2018 年 6 月底，全国 31 个省（自治区、直辖市）已全面建立"河长制"，每条河流都有了河长。在"河长制"全面推行的背景下，地方政府流域治理工作由"九龙治水"的部门负责变成"首长负责、部门协同"，从遏制水质恶化迈向水质改善、水岸同治。生态环境部公布的数据显示，自 2017 年以来，全国地表水质逐年改善，截至 2020 年年底，全国地表水处于劣 V 类的比例为 0.6%，与 2016 年相比，下降 8 个百分点；2899 个城市黑臭水体中，已完成整治 2513 个，消除率为 86.7%。尽管"河长制"实施后大江大河的水质稳步改善，然而流域水环境保护不平衡、水生态破坏现象仍然存在，部分流域的城乡面源污染和农业面源污染防治任重道远[①]。推行"河长制"，目的是实现"河长治"，所以我们需要总结地方政府跨部门协同治水的经验，寻找

[①] 中华人民共和国生态环境部. 2019 年度《水污染防治行动计划》实施情况［EB/OL］. https：//www.mee.gov.cn/ywgz/ssthjbh/swrgl/202005/t20200515_779400.shtml. 2020–05–15.

能够持续提升协同绩效的途径。

随着公众环保意识的日益提高，涉及民生的流域水环境问题自然成为社会公众关注的焦点，温州瑞安市民"悬赏环保局长下河游泳"就是一个很好的例证①。公众的关注和参与既可以倒逼地方政府涉水部门协力解决河湖管理保护突出问题，又能够对河长制治水效果进行监督和评价。其实，我国2013年就开始推行环境保护目标责任考核，将公众对生态环境质量满意程度纳入部门领导干部绩效考核指标。《关于全面推行河长制的意见》第十三条强调，"县级及以上河长负责组织对相应河湖下一级河长进行考核，考核结果作为地方党政领导干部综合考核评价的重要依据"。在绩效考核制度的压力下，"河长制"跨部门协同不能只流于形式，而要注重实效，即持续改善水环境质量，满足人民日益增长的优美生态环境需要。进而言之，地方政府需要有一套完整科学的绩效评估体系来诊断"河长制"跨部门协同存在的问题，并根据评估结果有针对性地进行"补缺"和"补漏"，以不断提高河湖治理效能，加快建设美丽中国。

二、研究的理论背景

在理论上，跨部门协同源于西方国家出现的由市场和科层机制引发的调解危机，以及由于社会组织的不断发展而出现的一种新型的公共问题解决之道。随着公共问题的日益复杂，"多中心""网络化"的治理逐渐替代了以政府为单一主体、自上而下的传统管理模式。受多元主义思潮的影响，治理理论主张重新定位政府的职能和角色，倡导多元利益主体共同参与公共事务管理，注重自主自治的自组织网络体系的构建。这不仅为政府、企业、社会组织和公众之间的协同提供了契机，同时为跨部门协同的研究奠定了基础。特别是近些年来，为了应对层出不穷的"棘手问题"（Wicked Problems），跨部门协同变得更为盛行，因而"棘手问题"和跨部门协同都已成为公共管理学者关注的热点问题。"棘手问题"被学者们称为"抗解问题""难缠问题""邪恶问题"，它们表达的是相同的含义，即单一主体无法用简单方法解决的复杂

---

① 2013年2月16日，浙江省杭州毛源昌眼镜有限公司董事长金增敏在微博上爆料称，浙江省温州市瑞安仙降街道一河流工业污染严重，如果环保局长在河里游泳20分钟他就奖励20万元。该微博引发广泛关注和评论，一时间诸多网友纷纷悬赏当地环保局长下河游泳。其实，此种巨额悬赏"醉翁之意不在酒"，其表达的是公众对当地河道水质恶化的不满，期望政府与社会力量共同改善流域水环境。

问题，是无法清晰界定、依政治判断而非科学论证的问题。Weber 总结了"棘手问题"所具有的特征，包括非结构性、跨领域性和不间断性或者说未知的、不一致的、经常变化的 [①]。Head 和 Alford 认为，"棘手问题"最重要的特征是"问题相互交织、相互制约，没有清晰明确的边界"，在本质上是一个跨界问题 [②]。单个政府部门因固定权责的设定而空间有限，应对这类问题时往往显得力不从心，做出的努力和尝试经常导致不良的结果。许多文献表明，跨部门合作是解决棘手问题的核心工具，因为它能带来三个方面的优势：增大理解问题的本质和原因的可能性；增加发现和达成临时解决方案的可能性；促进解决方案的执行。流域水环境问题属于典型的"棘手问题" [③]，因而流域治理跨部门协同引起学者们越来越多的关注。

新公共管理推动了政府绩效管理的发展，从私人部门引入公共部门之后，绩效评估逐渐从一个管理工具发展成为各级政府治理创新的重要组成部分。政府部门的内部性、职能分割、参与制度匮乏在很大程度上制约了流域跨部门协同治理的效率。从中国泥土里成长起来的"河长制"，打破了部门间的壁垒，可以较好地解决协同机制中责任机制的"权威漏洞"问题 [④]，为集体行动提供了驱动力，从而能够大大提高协同绩效。针对高度复杂性和不确定性的治理问题，基于"行动者网络"的跨部门协同治理应承认与包容差异性结果 [⑤]。但是，跨部门协同的最终目标是创造更多的公共价值和取得更好的绩效表现 [⑥]。因而，对"河长制"跨部门协同绩效进行评估，一方面可以证明多部门协同治水优势是否存在，以及评判各地方政府治水的水平，另一方面可以推动地方政府治理能力的建设和完善"河长制"的工作机制。当然，并不是所有的流域治理跨部门协同活动都能产生理想的结果，有学者认为，"河长制"在地方实践过程中存在"治标不治本"的粉饰性治污行为。跨部门协同失灵的主要根源在于，行动者过分简化了协同的起始条件及过程，尤其不

① Weber E P, Khademian A M. Wicked problems, knowledge challenges, and collaborative capacity builders in network settings [J]. Public Administration Review, 2008（2）：334-349.

② Head B W, Alford J. Wicked problems: Implications for public policy and management [J]. Administration & Society, 2015（6）：711-739.

③ 郑文强, 刘滢. 政府间合作研究的评述 [J]. 公共行政评论, 2014（6）：107-128.

④ 任敏."河长制"：一个中国政府流域治理跨部门协同的样本研究 [J]. 行政论坛, 2015（3）：25-31.

⑤ 周军. 复杂社会的治理挑战：从统一标准到包容差异 [J]. 行政论坛, 2020（5）：119-127.

⑥ 周军. 多重失灵与优势整合：跨部门合作网络何以创造公共价值 [J]. 学海, 2020（3）：66-73.

了解它们对协同结果的作用关系①。从绩效管理视角看，要减少或消除协同失灵以及保障"河长制"持续有效运行，需要重点探究"哪些因素会对跨部门协同绩效产生影响以及是怎样影响的"这一关键性问题。正如张康之所指出的，协同治理绩效的影响机制仍是一个尚未开启的"黑箱"②。在公共管理领域，虽然有极少部分学者提出了跨部门协同的优化路径，但已有研究中缺乏基于前提、过程和结果的系统分析，也未凸显"河长制"这一独特的制度情境。可见，"河长制"跨部门协同绩效评估及优化路径的研究有较大的空间，这也是拓展合作型环境治理研究的一个重点。

三、问题的提出

通过对现实背景的分析可以发现，"自上而下"的制度压力和"自下而上"的公众监督促使地方政府更加重视流域治理的跨部门协同工作，并迫切希望获得绩效评估指南及提升协同治水绩效的"法宝"。在跨部门协同治理的理论研究中，学者们已对跨部门协同绩效评估的重要性有所认识，但相关学术成果不多，且仅限于评估指标体系的构建，缺乏实证研究。"河长制"是应对我国当前流域治理困局的一项创新制度，每条河实行行政首长负责制，领导亲自进行跨部门调度整合。可以说，"河长制"下地方政府跨部门协同是具有中国特色的新时代流域治理之路，协同治水的绩效评估应结合"河长制"的目标和要求开展。任何新的治理方式的推进不可能是一帆风顺的，只有理清影响跨部门协同绩效的多方面因素，找准问题的症结，而后对症下药，才能充分发挥"河长制"的制度优势和真正实现流域良治。另外，国外的跨部门协同理论框架是否适用于"河长制"背景下的中国地方政府流域治理尚未被证实。综合以上研究背景，笔者拟就以下几个问题展开研究：作为流域治理的"前线"主体，地方政府在实施"河长制"过程中会遭遇哪些困境？在"河长制"全面推行的背景下，如何构建地方政府流域治理跨部门协同绩效的评估指标体系？从"协同前提—协同过程—协同结果"的逻辑思路看，"河长制"下地方政府流域治理跨部门协同绩效的影响因素有哪些？各影响因素之间的内部关系及其对协同绩效的影响机制是怎样的？国外已有成熟的协同治理理论分析框架，但并未根植于流域治理这一特定问题和"河长制"这一特

---

① 鲍勃·杰索普. 治理的兴起及其失败的风险：以经济发展为例的论述［J］. 国际社会科学杂志（中文版），1999（1）：31–48.

② 张康之. 论参与治理、社会自治与合作治理［J］. 行政论坛，2008（6）：1–6.

殊背景，那么如何来构建符合中国国情的流域治理跨部门协同的理论框架？虽然"河长制"在全国许多地方取得了成功，但这项具有鲜明中国特色的水环境治理制度并非完美无瑕，除制度本身存在隐忧外，首长负责制下的跨部门协同仍遇到不小的阻力。要以"河长制"促进"河长治"，如何寻求"河长制"的完善之道以及优化跨部门协同的路径？"河长制"在水环境治理中彰显了绩效后，不少地方政府将"长制"模式视为解决一切棘手公共问题的通用良方，沿着"河长制"轨迹出台了很多类似"长制"，那么如何防范"长制"衍生的风险呢？

第二节　相关概念界定

一、"河长制"

目前理论界和实务界对"河长制"并未形成规范统一的概念，更多的是经验性描述。"河长制"是由地方各级党政主要领导兼任本行政区域内河流湖泊的"河长"，落实地方政府水环境保护主体责任，并成立河长办公室，整合联动各职能部门，统筹规划水环境治理、水资源保护的一项创新制度。"坚持党政领导、部门联动"是"河长制"治水的基本原则。"河长制"使各级党政负责人成为治水的第一责任人，集中权力与资源，采取高位推动协调职能部门共同治水。在内容上，它以《关于全面推行河长制的意见》明确的水资源保护、河湖水岸线管理保护、水污染防治、水环境治理、水生态修复和执法监管六项重点任务推进实施；在机制上，它构建起了省、市、县、乡四级党政领导担任总河长、河长的责任体系。各级河长是"河长制"的最大特色，也是"河长制"的核心所在。河长不承担涉水部门的具体工作，但通过统筹、指导、监督和考核等手段推动各涉水部门协调有序开展工作，完成流域治理目标任务。同时，县级及以上河长设置相应的"河长制"办公室，负责落实河长确定的事项，承担"河长制"组织实施具体工作，是河长的智囊和助手。

李永健指出了"河长制"四个重要特征：①职责明确，地方党政领导是流域治理的主要负责人；②科学决策，"一河一策"不仅可以掌握流域的详细信息，也保障了流域治理走向科学化和精细化；③考核刚性，"一票否决"的问责制度给予河长巨大压力，也成为激发河长治河的动力；④部门横向协作，"河长制"强调强化部门联动、信息互通与联合执法，是政府部门间横向协作以实现复杂治理目标的典型代表[①]。这些特征使得流域治理问责有处，有效规避了"九龙治水"相互推诿的混乱局面，也能够有效推动地方政府以实际行动解决水危机。简而言之，"河长制"在既有流域治理框架下，将"河长"嵌入流域治理过程中，可实现党政同责、权力集中、高位推动和部门协调有效，提纲挈领，收其综合治理的功效。

二、流域治理

流域通常指被分水线包围在内的河流地面集水区，覆盖一个水系的干流和支流所流经的所有区域。曹新富等认为，流域是关联度很高、整体性极强的区域，流域内各自然要素间联系极为密切，上中下游、干支流之间相互制约、相互影响[②]。一般而言，流域具有三方面的特性：一是整体性，它是一个以水系为纽带且不可分割的自然地理系统；二是系统性，流域内山水林田湖草等自然要素之间联系十分紧密；三是协调性，上下游、左右岸均为流域系统的一部分，只有部分之间的相互协调才可实现整体流域系统的有效运行。由于水体的流域循环特征，水环境一般以流域为单位出现。从其自然属性看，流域水环境由各种水体以及与其密切相连的诸环境要素所构成，主要包括水质、水生态系统以及水体周边环境（岸线、滨水区、亲水景观）三个方面[③]。

流域治理是治理理论在流域水环境管理与保护中的运用。1995年，全球治理委员会对"治理"（Governance）的概念作了如下界定：治理指公共组织和私人组织共同管理相同事务。与统治（Government）、管制（Regulation）不同，治理的主体未必是政府，也可以是非政府组织，治理过程的基础不是控制，而是围绕共同目标进行协调。Duit和Galaz对于目前流行的"治理"概念进行了总结，指出"治理是一个互动的过程，政府、非政府组织和私人机构以协商对话的形式围绕共同目标处理复杂性公共问题，其权利向度是多元的"[④]。简要地说，治理的实质是政府与市场、社会结成伙伴关系，共同解决公共性难题。当然，我们不能完全照搬西方的治理模式，因为起源于西方的

---

① 李永健. 河长制：水治理体制的中国特色与经验［J］. 重庆社会科学，2019（5）：51–62.

② 曹新富，周建国. "河长制"促进流域良治：何以可能与何以可为［J］. 江海学刊，2019（6）：139–149.

③ 徐艳晴，周志忍. 水环境治理中的跨部门协同机制探析——分析框架与未来研究方向［J］. 江苏行政学院学报，2014（6）：110–115.

④ Duit A, Galaz V. Governance and complexity—emerging issues for governance theory［J］. Governance, 2008（3）：311–335.

治理理论在解决中国情景下的公共领域问题时会面临制度、文化等方面的差异。中共十八届三中全会提出的"社会治理"也强调治理主体的多元化，但却有别于西方的治理理论，是一个具有中国特色的治理模式：党始终发挥着领导作用，统领全局；政府主导但不是代替，而是激发社会组织活力，充分发挥多元主体各自应有的功能和作用，使多元主体良性互动，形成治理整体合力；治理的目的是最大限度地增进公共利益。

治理中有三个核心要素体现在流域治理含义中。首先，流域治理是一个过程，包括决策和行动；其次，该过程通过制度进行；最后，过程和制度涉及多个参与者[①]。在现阶段的中国，单纯依靠非营利组织、企业及公民个人等社会力量不能从根本上使流域水环境问题得到有效治理，而作为公共利益的提供者、守护者，政府部门理应在流域治理中处于核心地位，起决定性、导向性的作用[②]。王资峰认为，流域治理是以流域为单元对水质和水生态采取的保护行为，具体包括水环境质量目标管理、水资源保护、水生态修复、水环境监管等活动[③]。因此，流域治理不包含水资源利用的内容，诸如水力发电、灌溉饮用等开发利用活动。综上所述，本书认为，流域治理指流域范围内各利益相关主体在既定制度规则下，通过协商、伙伴关系等方式共同对水质进行改善和对水生态进行修复的过程，其目的是使人民群众的满意度和幸福感得到提升。需要强调的是，尽管治理意味着政府、企业和公民三者之间的良性互动，但现阶段我国政府职能部门在流域治理活动中仍居主导地位，承担着引导社会力量参与水环境治理的责任。因此，本书以政府部门间关系为主线来研究流域治理。

三、协同

要准确理解跨部门协同的内涵，首先应了解什么是协同。学者们纷纷基于不同视角对协同的概念进行了阐释：Bryson 等从组织间关系的角度出发，认为"协同是两个或多个组织为了共同取得各自无法单独取得的结果，从而进行信息、资源的共享和能力、行动的链接"[④]；Ring 和 Van de Ven 从集体行

① Lautze J，Silva S D，Gior Da No M，et al. Putting the cart before the horse：Water governance and IWRM ［C］// Natural Resources Forum. Blackwell Publishing Ltd，2011：1–8.

② 范仓海. 中国转型期水环境治理中的政府责任研究［J］. 中国人口·资源与环境，2011（9）：1–7.

③ 王资峰. 中国流域水环境管理体制研究［D］. 中国人民大学博士学位论文，2010.

④ Bryson J M，Crosby B C，Stone M M. The Design and implementation of cross - sector collaborations：Propositions from the literature［J］. Public Administration Review，2006（1）：44–55.

动的视角将协同界定为"包含政府部门在内的利益相关者通过正式或非正式的谈判磋商，按照共同制定的规则和行动计划来解决共同关注的事务"[1]；Gray和Wood从公共管理的视角透视了协同的本质内涵，"协同意味着政府机构为了增加公共价值而通过它们之间的共同行动所采取的联合活动"[2]。Crosby和Bryson根据共享内容将组织间的共享机制描绘成一个连续体[3]。从表1.1中可以看出，相对于合作和协调而言，协同是一种更高的共享机制，实行组织间信息、意图、权利和行动能力的共享。也就是说，协同在组织间互动深度、资源整合程度等方面要高于合作与协调，而通常广义上的协同又包含了前两者。

表 1.1　组织间共享机制的连续体

共享什么	共享机制			
权威				合 并（merger）
权利或能力			协 同（collaboration）	
活动和资源		协 调（coordination）		
信息、良好的意愿和意图（比如，没有冲突）	合 作（cooperation）			

在公共管理领域，协同经常与网络（Network）、伙伴关系（Partnership）混合使用，那是因为它们都凸显了跨越组织边界这一特征[4]。但事实上，三者间存在一些细微差异：网络关系比较松散，是组织之间基于信任、互惠和承诺而建立的非正式合作关系；伙伴关系比网络更为正式、长期和稳固，成员享有决定行动方式的权利和负有统一采取行动的责任，彼此间约束力比较强；协同意味着两个及两个以上的组织通过共同制定规则、信息与资源整合、联合行动等方式完成某个特定任务或目标，并且共担责任和共享最终成果。

---

① Ring P S, Van de Ven A H. Developmental processes of cooperative interorganizational relationships [J]. Academy of Management Review, 1994（1）: 90-118.

② Gray B, Wood D. Collaborative alliances: Moving from practice to theory [J]. Journal of Applied Behavioral Science 1991（1）: 3-22.

③ Crosby B C, Bryson J M. Leadership for the common good: Tackling public problems in a shared-power world [M]. John Wiley & Sons, 2005.

④ 秦长江. 协作性公共管理：国外公共行政理论的新发展 [J]. 上海行政学院学报，2010（1）: 103-109.

四、跨部门协同

政府部门是一种典型的组织形式，因而跨部门协同这一概念完全可以由"协同"的概念衍生开来。但是，国内外学者依然围绕跨部门协同的概念界定、理论阐释等方面进行了多角度探析。关于跨部门协同最经典的概念是Agranoff在其著作"Collaborative Public Management：New Strategies for Local Governments"中作出的阐述：在多个部门间促进和运行管理，解决单一部门不能解决或不易解决的问题的过程[1]。在大多数国外学者看来，跨部门协同的外延可扩展至行为主体至少包含一个政府部门的合作形式。这里的部门包括政府、非营利组织、企业、社区和公众。另外，Forrer、Kee和Boyer在其著作"Governing Cross-Sector Collaboration"中对政府内部的跨部门协同作出如下界定：为了增进公共价值，两个及两个以上的政府职能部门从"独立行事"走向"携手共同行动"[2]。刘锦根据中国国情，把政府内部跨部门协同界定为："为解决某种公共问题，两个或多个政府部门之间通过非正式的、共识导向和协商的方式，集体达成某种决策，并采取联合行动和共享资源的方式加以实施的一种治理安排。"[3]

当然，还有诸多与跨部门协同相关的概念，例如"协同政府""整体政府""跨域治理"等。这些概念的具体内涵与着重点存在细微差别，但共同之处在于强调制度化的"跨界"合作以增进公共价值。英国学者Leat建构了一个由两个维度（目的和手段）以及三个层次（相互冲突、相互一致和相互增强）构成的政府管理形态辨析框架，并明确指出，协同政府、整体政府之间的区别主要体现在目标与手段的兼容程度[4]。协同政府意味着不同部门之间目标一致，而在达成目标的手段方面缺乏共识；整体政府属于更高层次，目标与手段不存在冲突，且要求两者之间相互增强。有学者围绕"跨域治理"的主题讨论了政府部门间关系的问题。"域"可以理解为部门的疆界，也可以理解为地理空间。因此，跨域治理不仅包含部门间协同，还包括地方政府之间、

① Agranoff R，Mcguire M. Collaborative public management：New strategies for local governments［M］. Washington，DC：Georgetown University Press，2003.

② Forrer J，Kee J，Boyer E. Governing Cross-Sector Collaboration［M］. San Francisco，CA：Jossey-Bass，2014.

③ 刘锦. 地方政府跨部门协同治理机制建构——以 A 市发改、国土和规划部门 " 三规合一 " 工作为例［J］. 中国行政管理，2017（1）：16-21.

④ Leat D，Stoker G. Towards holistic governance：The new reform agenda［M］. New York：Palgrave，2002.

政府与非政府组织之间、各政策领域之间开展的协同治理。林永波和李长晏在研究跨域治理时强调，超越政府部门边界的协同合作是地方治理的潮流，是解决部门间因业务、功能重叠而导致的权责不明问题的一种协力互助的治理模式[①]。

合作的"跨界性"是跨部门协同的核心特征。从行为主体的视角看，跨部门协同既包括公共、私人和非营利部门间的合作，也包括政府内部上下级部门间的垂直合作，而本书所研究的跨部门协同，特指政府职能部门间的横向合作。结合上述的讨论并考虑到研究的范围，笔者将跨部门协同界定为：为了解决流域水环境问题以实现公共价值，同级地方政府内部的不同职能部门共同执行某些任务和管理活动的过程。

五、跨部门协同绩效

对跨部门协同绩效的理解始于"绩效"（Performance），也有学者称其为"效果""成效"，即组织活动产生的影响和后果。颇具代表性的是 Kast 和 Rosenzweig 给出的定义，他将绩效视为组织战略目标的实现程度，包括组织所从事活动的业绩和效率[②]。Aguinis 认为，绩效是一种衡量管理者利用资源来实现组织预期目标的效率和效果的标尺[③]。借鉴以上学者的观点，本书将跨部门协同绩效界定为：同级地方政府内多个职能部门协同完成流域治理预期目标的程度，其内容包括协同治水活动的结果和协同治水活动的效率，基本体现了一个地方政府跨部门协同治水的水平。我们可以从以下几个方面准确把握跨部门协同绩效的内涵：

第一，跨部门协同绩效强调整体性。由于各治水部门的动机不一，参与方式各异，因而合作团体内部对绩效的感知存有差异和不对等性。比如，一方认为有效达成了预设目标，另一方认为跨部门协同不尽如人意；一个部门获得了技术方面的提升，另一个部门获得了治理理念的创新。这就造成管理者无法使用一套固定而又明确的评价标准来反映合作成员的个体表现，也难以判断合作各方绩效的高低。正因如此，我们要从整体层面上考量跨部门协同的绩效，用矢量加总的方式降低合作成员的感知差异性给绩效评价造成的

---

① 林永波，李长晏.跨域治理［M］.杭州：浙江人民出版社，1998.

② Kast F E, Rosenzweig J E. Organization and management：A systems approach［M］.New York：McGraw-Hill Press，1979.

③ Aguinis H. Performance management［M］.Upper Saddle River，NJ：Pearson Prentice Hall，2009.

困难，即将协同治理给各方带来的得失汇总成整体绩效 [①]。

第二，跨部门协同绩效既要关注结果，也要注重效率。从"成本—收益"角度看，跨部门协同绩效包含两个基本含义：一是效果，即各部门经过协同合作后，流域治理预期目标的实现程度或既定任务的完成程度；二是效率，即各部门为取得最终的协同结果所付出的各类成本。按照付景涛的观点，评价跨部门协同绩效时，除了衡量协同治理活动最终所取得的成绩，还应该考量为之投入的各种成本 [②]。参与治水的各政府部门在协同过程中需要进行一定的投入，付出一定的合作成本，如时间、精力、知识、技能等，这些投入与协同治理目标完成的结果进行比较，就是协同的效率。

第三，跨部门协同绩效多以主观评价的形式出现。由于各政府部门的职能分工各异，在协同过程中投入的资源也不尽相同，诸如技术诀窍、管理建议等资源投入所带来的收益是无法用客观的标准来衡量的。就本书而言，流域水质的改善可以归功于跨部门协同治理，但其实水质的变化受很多非合作因素的影响，比如经济发展水平、气候变化、降水量的大小等，因而采取客观评价方式得到的数据难以用于准确建立跨部门协同与水质变化之间的函数关系。况且，协同治理容易产生许多意义不容小觑的无形结果，例如管理创新、视野拓展、知识获取、关系加强等，而这些结果难以用客观、具体的指标进行评价，也无法找到合适的替代变量。所以，用主观指标评价跨部门协同绩效可以使评价结果的可靠性和全面性得到提升 [③]。

第三节　主要内容与研究方法

一、主要内容

本书采取从规范分析到实证分析再到对策分析的研究思路，研究路线如图 1.1 所示。

---

① Newig J，Challies E，Jager N W，et al. The environmental performance of participatory and collaborative governance: A framework of causal mechanisms [J]. Policy Studies Journal，2018（2）：269–297.

② 付景涛. 非任务绩效视角下的跨部门协同绩效作用机制研究 [J]. 中国行政管理，2017（4）：40–45.

③ Focht W，Lubell M，Trachtenberg Z，et al. Swimming upstream: Collaborative approaches to watershed management [M]. Cambridge，MA: MIT Press，2005.

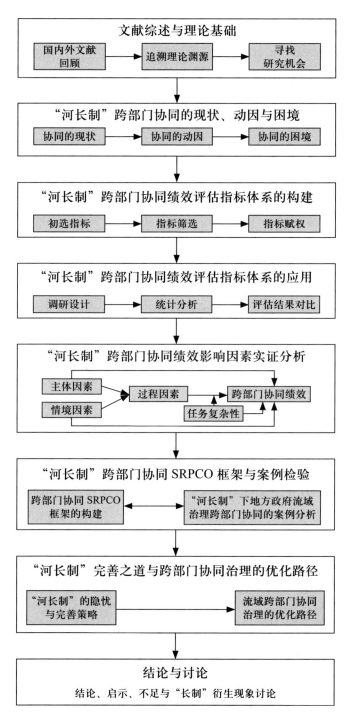

图 1.1 研究路线

除绪论部分外，各章主要内容如下：

一是文献综述与理论基础。在文献收集和整理的基础上，从"河长制"运行的制度逻辑、"河长制"政策扩散、流域治理跨部门协同的特征、协同绩效的评估及影响因素、跨部门协同框架等方面对相关文献进行综述，以此判明现有相关研究的现状与不足，选定本书研究的切入点。在系统梳理相关文献的基础上，阐述资源依赖理论、界面管理理论、制度理论和网络治理理论，为实证研究中概念模型的构建、假设的提出及结果讨论提供理论支持，也为案例分析框架的构建提供理论依据与参考。

二是"河长制"下地方政府流域治理跨部门协同的现状、动因与困境。从协同内容、协调机构、信息沟通途径等方面分析跨部门协同的现状；从避免职能交叉、化解利益冲突、相互依赖等方面阐述流域治理跨部门协同的动因；从协同主体、协同过程、协同资源和制度、社会力量参与等方面分析"河长制"跨部门协同面临的困境。

三是"河长制"下地方政府流域治理跨部门协同绩效评估指标体系的构建。首先从协同过程、社会结果和环境结果三个维度共选取 12 个二级指标、40 个三级初选指标；其次通过隶属度分析、均值方差检验等方法筛选出相关性较大的 35 个三级指标；最后运用层次分析法构建层次结构模型，并通过构建两两比较判断矩阵计算出每个指标的权重，形成"河长制"下地方政府流域治理跨部门协同绩效评估指标体系。

四是"河长制"下地方政府流域治理跨部门协同绩效评估指标体系的应用。以福建省 Q 市、江西省 N 市和陕西省 H 市为研究样本，将"河长制"跨部门协同绩效评估指标体系进行实践应用。分别计算三市的跨部门协同绩效的问卷得分、加权得分，纵向对比分析各级指标的得分情况。通过横向对比 Q 市、N 市和 H 市的评估结果，总结各自表现优秀和不理想的指标，探讨"河长制"下地方政府跨部门协同活动普遍存在的共性问题。

五是"河长制"下地方政府流域治理跨部门协同绩效影响因素实证分析。首先，依循"协同前提—协同过程—协同结果"的逻辑关联，立足于"河长制"下地方政府流域治理跨部门协同的实情，构建"前提因素—过程因素—跨部门协同绩效"的中介模型和"过程因素—任务复杂性—跨部门协同绩效"的调节模型；其次，分析各变量之间关系，提出相应的研究假设。在充分参考国内外文献及结合专家意见的基础上，设计出各变量测量量表。以问卷调查的方式收集所需数据，采用层级回归法与 Bootstrap 再抽样技术对概念模型所提出的理论假设进行检验，并对实证结果进行讨论和解释。

六是"河长制"跨部门协同SRPCO框架与案例检验。首先结合实证研究的结果，对国外学者提出的跨部门协同SFICO框架进行修正，构建"河长制"这一中国特色流域治理制度下的跨部门协同SRPCO框架。其次从起始条件、"河长"的领导行为、公众参与、协同过程、协同结果五个维度系统对比分析宁波市和镇江市的跨部门协同治水活动，以检验本书所构建的跨部门协同框架的合理性与适用性。

七是"河长制"完善之道与跨部门协同治理的优化路径。分析"河长制"的运行逻辑与制度隐忧，从法制化、制度延伸、河长履职能力和考核问责机制等方面探寻"河长制"的完善策略。综合前面章节的实证分析、案例研究结果，从完善协同制度设计、培养合作型文化、建立有效的监督机制和注重过程管理等方面提出跨部门协同治理的优化路径。

八是结论与讨论。对本书的主要结论进行总结，阐明研究结论对地方政府跨部门协同治水实践的启示，指出本书的不足与局限。对"长制"衍生现象进行讨论，分析"长制"衍生可能引发的风险及其防范之策。

二、研究方法

（一）文献研究法

文献梳理与分析是了解相关理论成果、研究范式与方法的起点，也是研究主题选择的前期基础工作。通过阅读、分析和归纳文献，可以理清跨部门协同的理论溯源与研究现状，并对"河长制"、流域治理、跨部门协同、协同绩效等基本概念进行明确界定，剖析它们的内涵及特征，综述跨部门协同绩效的影响因素、协同绩效的评估，在此基础上构建跨部门协同绩效评估指标体系与影响因素概念模型。

（二）比较研究法

通过对比国内外流域协同治理实施的不同政策背景，以及国内外跨部门协同绩效的评价标准，选择研究中所需要的评价指标；通过比较国内外协同治理的特征差异，识别"河长制"跨部门协同绩效的关键影响因素；对比不同地方政府"河长制"跨部门协同绩效的评估结果，找出"河长制"下地方政府跨部门协同活动普遍存在的共性问题。

（三）实证研究法

在绩效评估指标筛选、指标权重确定、绩效评价和评估结果对比分析中利用实际调研数据进行实证研究。在充分的理论探讨并形成研究假设后，本书运用问卷调查方法获取第一手数据资料，然后利用描述性统计分析、信效度分析、相关分析和层级回归分析、Bootstrap 分析等统计方法对样本数据进行分析，定量检验书中提出的研究假设，揭示各影响因素之间的相互关系及其对协同绩效的作用机制。

（四）案例研究法

以协同绩效的关键影响因素为核心，构建"河长制"这一中国特色流域治理制度下的跨部门协同理论框架，以宁波市甬江流域和长江流域镇江段的跨部门协同治理为案例研究对象，对地方政府部门间的协同治水活动进行系统分析，同时也检验理论框架的合理性。

第四节　研究意义与创新之处

一、研究意义

本书兼具理论意义和实践意义。自从"河长制"上升为国家层面的治水方略后，有关流域协同治理的研究日渐增多，多聚焦于政府与社会、政府与企业之间的合作，但理论上协同治理还包括政府内部部门间的横向合作。因此对流域治理跨部门协同的研究有助于进一步检视协同治理理论，同时是对协同治理理论的补充和完善。运用科学的方法和标准，公平公正地评估跨部门协同绩效，既是"河长制"治水的核心工作之一，也关乎"河长制"能否持续有效运行。跨部门协同绩效的评估不能只关注环境结果，而忽视协同的过程及其产生的社会效应。本书尝试搭建多维度的绩效评估框架，拟完善当前"河长制"跨部门协同的评价指标体系。该指标体系不同于一般地方政府"河长制"工作评价办法，也不同于跨部门协同绩效评估体系，而是将协同治理理论和"河长制"融合创新。

尽管当前国内有些学者主张，跨部门协同是解决复杂公共问题的有效政策工具，但主要围绕"为什么要协同"和"怎么进行协同"两个主题进行探讨，并没有回答"协同怎样才能发挥更好的作用"这一关键问题。应当说，流域治理领域中的跨部门协同已进入研究者的视野，但仍未厘清"跨部门协同在怎样的情形下才能切实发挥作用"。理论层面的研究如果不能与实践层面的问题联系起来，那么协同治理的理论研究就会沦为空中楼阁，

"实践中的失败"也就会加剧地方政府对"协同"这一治理工具的质疑。因此，对流域治理跨部门协同绩效影响因素进行探究，有利于充实协同治理的范畴，也有利于回应理论和实践中对"河长制"跨部门协同的"怀疑主义"。

借鉴西方的协同治理理论解决我国棘手的公共问题，必须考虑其"本土化"和"适用性"问题，如此方能增强理论的解释力和说服力。历史的经验证明，改革者需要的不是各种"行政谚语"，而是根植于特殊背景和特定问题的"适恰理念"与"正确选择"。"河长制"为我国地方政府跨部门协同设置了特殊的制度情境，河长的能力和领导风格影响着跨部门协同的进程，河长办对涉水部门之间的合作关系具有黏合和管理作用。本书充分考虑这些"中国特色"元素，采用实证的方法分析了制度设计、变革型领导、关系管理与"河长制"跨部门协同绩效的关系，讨论了任务复杂性视角下协同治理的限度问题。现有国内外协同治理的理论框架主要遵循分类建构思路，具有很强的异质性，难以贴切地阐释"河长制"跨部门协同的运行机制。基于"河长制"治水所需的资源、信息、人力等基本要素，本书构建了适合中国国情的地方政府流域治理跨部门协同理论框架，这为该领域的相关研究提供了一些新的知识增量，也推进了协同治理理论本土化的研究。

从实践意义上看，"河长制"背景下各地方政府就流域水环境治理纷纷采取了协同行动，但公共管理者并没有适用的标准来评估跨部门协同行动的效果，也没有可参考的跨部门协同治理运行模式。因此，本书提出的跨部门协同绩效评估指标体系和评估方法，可以为地方政府查找"河长制"工作差距和提升治水能力提供参考依据。地方政府为"河长制"治水工作投入了大量的人力、物力和财力，期望达到预期的治水效果，但涉水部门之间的信任危机、制度设计的阙如、权责关系的模糊不清、共同激励的缺失和信息沟通不畅等问题，都或多或少会影响"河长制"治水实效。本书构建的"河长制"跨部门协同框架可为地方政府多部门联合治水行动提供相对完整的诊断标准，对于矫正流域水环境治理中的跨部门协同失灵具有重要的现实意义。此外，研究"河长制"跨部门协同绩效的影响机制，探寻政府、企业和公众的合作之道，有助于整合社会各方面的利益和力量，推动"河长制"的持续、长效化以及实现跨部门协同治理绩效的优化，最终推动美丽中国的成效建设。

二、本书的创新之处

第一，构建"河长制"跨部门协同绩效评估指标体系。构建科学、适用的评估指标体系是进行"河长制"跨部门协同绩效评估的关键所在。从总体评估指标体系看，流域治理跨部门协同绩效评估指标体系研究取得了不少成果，但大多聚焦于协同结果的评估，轻视了协同过程的重要性，而且普遍存在指标粗疏、覆盖面不足、定性指标偏多、可操作性不强等问题。这使得评估工作在实际操作中具有不小的难度，被评对象认可度不高，缺乏真正能与"河长制"治水接轨的体系和方法。绩效评估指标体系应与评估工作的实际需求相契合。本书在借鉴、吸收现有国内外跨部门协同绩效评估指标体系基础上，引入协同过程维度，并将"河长制"绩效考核关键指标融入其中，构建包含协同过程、社会结果和环境结果三个维度，共12个二级指标、35个三级指标的"河长制"跨部门协同绩效评估指标体系。该指标体系具有较高的综合性、科学性、适用性和可操作性，得到被评对象的认同。

第二，结合协同主体、协同情境特征，构建以协同过程为中介、以任务复杂性为调节变量的"河长制"跨部门协同绩效影响因素概念模型。国内关于跨部门协同绩效影响因素的探讨大多停留在经验总结的层面，定性分析相对较多，而定量研究偏少，尤其缺乏基于"前提—过程—结果"的系统分析，尚未揭示各影响因素间的内在关系。本书基于协同治理进程，将合作前提因素划分为主体因素和情境因素，以合作过程为核心构建"前提因素—过程因素—跨部门协同绩效"的中介模型以及"过程因素—任务复杂性—跨部门协同绩效"的调节模型，并对所提假设进行实证检验，尝试将现有实证研究中多变量的直接关系模型扩展为既含中介变量又包含调节变量的混合模型。这在国内公共管理学界尚不多见，具有一定的开拓性。

第三，构建符合中国国情的流域治理跨部门协同理论框架。当前国内大部分有关协同治理的研究都是借鉴西方的理论模型或框架，忽视了其对中国问题的适用性，也未考虑"河长制"这一特定的制度背景。本书对国外学者Ansell 和 Gash 的协同治理 SFICO 框架[①]进行了"本土化"改造，得到适用于

---

① Ansell C，Gash A. Collaborative governance in theory and practice ［J］. Journal of Public Administration Research & Theory，2008（4）：543–571.

分析"河长制"下地方政府多部门联合治水活动的 SRPCO 框架。具体来说，修正后的理论框架包含起始条件、河长、公众参与、过程和结果五个维度。其中，河长、公众参与是国外合作治理框架极少提及的两个维度；将制度设计视为协同治理的起始条件之一；简单、直观地将部门间协同过程理解为由协商、信息共享、制订行动计划和联合行动四个环节构成的一个循环，并突出河长办在协同过程中所起到的关系管理作用。

▶ 第二章　文献综述与理论基础

本章将围绕跨部门协同相关的研究主题与理论基础进行综述，从而更好地借鉴已有的研究成果，在此基础上进行深化和拓展。首先，对近年来学界的"河长制"研究进行回顾与反思；其次，围绕流域治理跨部门协同以及跨部门协同理论框架两个研究主题对国内外相关文献进行梳理和评述，从中找到本书的突破口和切入点；最后，阐述资源依赖理论、制度理论、界面管理理论和网络治理理论的主要观点，对后文的实证研究提供理论依据和理论支撑。

第一节　"河长制"相关研究

随着"河长制"的全面推行，近年来"河长制"在学术界得到了广泛关注和研究。在 CNKI 数据库中，以"河长制"为主题检索词进行期刊文献检索，最终检索到年代跨度为 2015~2021 年的学术论文共 1501 篇（检索时间为 2021 年 12 月 31 日）。这些丰硕的研究成果大致集中在四个方面。

一、"河长制"运行的制度逻辑研究

任敏认为，"河长制"是一种将职务权威与组织权威进行混合而形成的新型混合型权威依托的等级制，它不仅借由领导干部"包干制"从制度方面解决了激励问题，还推动了跨部门之间的分工与合作[①]。从权力的运行向度来说，流域治理场域中存在横向和纵向两种权力作用机制，"河长制"主要是通过纵向机制的强化推动流域治理从"弱治理"模式转向"权威依赖治理"

---

① 任敏."河长制"：一个中国政府流域治理跨部门协同的样本研究［J］.北京行政学院学报，2015（3）：25-31.

模式①。李波、于水认为，"河长制"依靠"合作式治理"和"资格锦标赛"两种策略，实现了跨部门协同治理，遵循的是达标压力型体制的运行逻辑②。作为地方政府流域治理的政策创新，"河长制"是一种以上下分治为基础的行政发包制，在对地方官员缺乏有效约束的情形下，它在组织运行中容易出现"阳奉阴违"式政策冷漠③。常轶军等认为，"河长制"属于"空间嵌入"式治理方式，要求多元治理主体和权力的整合，将传统治理方式中的部门首长负责制改为地方首长负责制④。张贯磊认为，"河长制"是通过"用科层反对科层"的方式破解原科层制组织存有的平级协调困境，用层级压力关系形成流域治理体系的高效运转⑤。吕志奎和蒋洋通过实证案例调研发现，河长的权利和责任分配是通过契约治理机制实现的，"河长制"的治理逻辑可概括为高层党政部门立治、具体职能部门施治、社会力量参治⑥。

二、"河长制"效果评价研究

构建定量化的效果评价模式，科学合理地评价"河长制"实施效果具有重要的意义。章运超和王家生等以"河长制"推行实践较早的江苏省为例，从水环境治理、水污染防治、水资源保护和水生态修复四个层面构建了"河长制"效果评价指标体系，评价结果表明，江苏省"河长制"绩效水平总体上呈上升趋势⑦。基于国控监测点水污染数据以及"河长制"演进数据，沈坤荣和金刚采用双重差分法，揭示了"河长制"在地方实践过程中的政策效应，发现"河长制"基本达成了预期的水污染治理效果，但少

---

① 熊烨.跨域环境治理：一个"纵向—横向"机制的分析框架［J］.北京社会科学，2017（5）：108–116.

② 李波，于水.达标压力型体制：地方水环境河长制治理的运作逻辑研究［J］.宁夏社会科学，2018（2）：41–47.

③ 李汉卿.行政发包制下河长制的解构及组织困境：以上海市为例［J］.中国行政管理，2018（11）：116–122.

④ 常轶军，元帅."空间嵌入"与地方政府治理现代化［J］.中国行政管理，2018（9）：74–78.

⑤ 张贯磊."用科层反对科层"：河长制的运作逻辑、内在张力与制度韧性——基于上海市秦镇的实证分析［J］.天津行政学院学报，2021（1）：55–64.

⑥ 吕志奎，蒋洋.制度激励与积极性治理体制建构——以河长制为例［J］.上海行政学院学报，2020（2）：46–54.

⑦ 章运超，王家生.基于TOPSIS模型的河长制绩效评价研究——以江苏省为例［J］.人民长江，2020（1）：237–242.

数地方政府存在粉饰性治污行为，水中深度污染物并未显著降低 ①。以东江源区赣粤出境水质变化为例，曾金凤分析了江西省"河长制"相关政策与措施的实施成效，发现"河长制"推行期间水质趋于明显好转 ②。姜明栋和沈晓梅从水污染减排、水功能提升、水资源管理、水环境整治四个方面构建了"河长制"推行效果评价体系，利用 2006~2015 年江苏省设区市的空间面板数据，系统分析了"河长制"推行成果的地区差异 ③。肖建忠和赵豪采用断点回归模型，探讨了湖北省"河长制"实施对水资源的保护作用，发现"河长制"政策效果具有一定的滞后性，仅仅两年时间并不能立竿见影，不能简单地、机械地将"河长制"视为"无用"政策，而应全面科学地对其进行研判 ④。

三、"河长制"存在的问题研究

随着"河长制"的推进，部分学者开始反思其弊端。王书明和蔡萌萌运用新制度经济学分析了"河长制"存在的制度缺陷，包括缺乏透明的监管机制、无法根除委托—代理问题、忽视了社会力量、容易出现利益合谋和行政问责难以落实 ⑤。在非危机治理情境下，"河长制"成为一种常规化的治理制度时会面临执行力"打折扣"、"责任发包"的责任困境、组织逻辑困境和体制外力量的吸纳不足等问题 ⑥。"河长制"在基层的运作中容易遭遇上下层级协同不力、合作治理手段的阙如与失当、政社协同的尴尬等一系列困境，"因事设岗"使得制度逻辑错乱，难以形成长效机制 ⑦。在有些学者看来，尽管"河长制"在当下的流域治理实践中发挥了积极作用，但仍然面临权力依赖特征明显、权责配置

① 沈坤荣，金刚 . 中国地方政府环境治理的政策效应——基于河长制演进的研究［J］. 中国社会学，2018（5）：92-115.

② 曾金凤 . 江西省河长制推行成效评价研究——以东江源区赣粤出境水质变化为例［J］. 水利发展研究，2018（6）：6-11.

③ 姜明栋，沈晓梅 . 江苏省河长制推行成效评价和时空差异研究［J］. 南水北调与水利科技，2018（3）：201-208.

④ 肖建忠，赵豪 . 河湖长制能否起到保护水资源的作用？——基于湖北省经验数据［J］. 华中师范大学学报（自然科学版），2020（4）：596-603.

⑤ 王书明，蔡萌萌 . 基于新制度经济学视角的河长制评析［J］. 中国人口·资源与环境，2011（9）：8-13.

⑥ 周建国，熊烨 . 河长制：持续创新何以可能——基于政策文本和改革实践的双维度分析［J］. 江苏社会科学，2017（4）：44-53.

⑦ 刘超，吴加明 . 纠缠于理想与现实之间的"河长制"：制度逻辑与现实困局［J］. 云南大学学报，2012（4）：39-44.

边界不清、共治精神不足以及配套制度无法有效衔接等制度困境[①]。此外，"河长制"可以较好地解决"权威缺漏"问题，但以权威为依托的特征没有改变，仍将面临能力困境、责任困境、组织逻辑困境和主体信任困境[②]。

四、"河长制"政策扩散研究

"河长制"作为地方政府破解流域治理困局的一种政策创新，因其实用有效，简单易行，很快在全国形成了扩散效应。在扩散路径上，横向的学习竞争与纵向的吸纳辐射双向并行；在动力上，问题驱动与任务驱动双重作用；在内容上，以模仿为主，政策创新不足[③]。熊烨和周建国以江苏省 12 个地级市"河长制"政策转移案例为研究对象，运用 QCA 方法探究了"河长制"政策扩散的影响因素，并总结出政策"再生产"的三种模式，即资源主导型、行政压力与社会力量复合驱动型、智库合作型[④]。有学者从时间、空间与层级三个维度分析了"河长制"在地方政府间扩散的进程与机制，发现与其他政策扩散不同之处在于：扩散是从诱致到强制，从学习到模仿，从竞争逐渐向多元主体参与的互惠互利方向发展[⑤]。由于"河长制"在流域治理中彰显了治理绩效，不少地方政府将"长制"模式看作解决老大难问题的通用良方，沿着"河长制"轨迹，在农田、山、林以及粮食安全管理领域出现了不同版本的"N 长制"，这极易导致基层政府疲于应付、治理效果内卷化和"南橘北枳"效应等风险[⑥]。在经济发展与环境治理的双重压力下，"河长制"可能在不同地区会产生差异化的政策效果。通过实证研究发现，在政策扩散过程中，流域治理效果在由上级政府主导的"向上扩散"地区得以成功复制，而在同级政府主动模仿的"平行扩散"地区并不显著[⑦]。

---

① 史玉成.流域水环境治理河长制模式的规范建构[J].现代法学，2018（6）：96-110.
② 詹国辉.跨域水环境、河长制与整体性治理[J].学习与实践，2018（3）：66-74..
③ 王洛忠，庞锐.中国公共政策时空演进机理及扩散路径：以河长制的落地与变迁为例[J].中国行政管理，2018（5）：63-69.
④ 熊烨，周建国.政策转移中的政策再生产：影响因素与模式概化——基于江苏省"河长制"的QCA 分析[J].甘肃行政学院学报，2017（1）：37-47.
⑤ 陈景云，许崇涛.河长制在省（区，市）间扩散的进程与机制转变——基于时间、空间与层级维度的考察[J].环境保护，2018（14）：49-54.
⑥ 陈涛.治理机制泛化——河长制度再生产的一个分析维度[J].河海大学学报（哲学社会科学版），2019（1）：97-103.
⑦ 王班班，莫琼辉，钱浩祺.地方环境政策创新的扩散模式与实施效果——基于河长制政策扩散的微观实证[J].中国工业经济，2020（8）：99-117.

第二节　流域治理跨部门协同相关研究

一、流域治理跨部门协同的特征

流域水环境是跨界特性最为典型的领域之一，也是最需要跨部门协同治理的领域之一。该治理模式强调以制度化的方式开展政府部门间的协同，整合各自的优势资源以合力解决"难缠"的流域水环境问题，以共同创造更多的公共价值。本节通过对流域治理跨部门协同的特征进行梳理，为协同绩效影响因素的归纳和中国情境下跨部门协同框架的构建提供参考依据。

O'Leary 认为，流域治理跨部门协同聚焦于行动者如何团结在共同目标周围，其特征体现在六个方面：①多元性。参与流域治理的成员既包括不同的政府职能部门，也可来源于企业、社会组织及社会公众。②主导性。政府部门在流域治理中处于中心地位，在决策制定方面起主导作用，在决策执行方面承担主要责任。③公共性。协同治理的目的是让公众满意。④正式性。协同行为一般是在比较正式的制度、规则确定之后启动的，或是在各方达成共识的基础上开始的。⑤互动性。协同成员通过积极互动取得预期目标，互动具体表现为议题、协同计划或方案的协商，信息、技术资源的共享，计划实施时的协调配合。⑥动态性。由于要解决的流域水环境问题存在诸多的不确定性，因而协同组织的架构、制度设计、议题范围、协同方案及协同成员等方面会有适时的变化①。

流域治理中的跨部门协同是治理群体协作关系的体现，除具有目标性、动态性等系统具有的一般特征外，还特别表现出行动策略上的互惠性和政策过程的共同学习两个特征②。在协同治理网络中，各协同主体是互惠互利的利益、责任共同体，这使得任何一个行动者的行动会对协同伙伴的行动策略选择产生影响，起到示范效应。所以，行动者要采取对话协商的方式对协同的目标、行动步骤、责任和利益分配等问题展开讨论，相互学习，以提高政府部门治理流域污染问题的能力。应该说，跨部门协同互动的过程也是共同学习的过程，体现为参与协同活动的成员在各种集体讨论中沟通信息、共享资

---

① O'Leary R. Big ideas in collaborative public management ［M］. New York：M.E Sharpe，2008.

② Grudinschi D，Kaljunen L，Hokkanen T，et al. Management challenges in cross—sector collaboration：Elderly care case study ［J］. Innovation Journal，2013（2）：112—134.

源、取长补短和相互认同，在改善互动关系的同时提升自身解决流域水环境问题的能力。

在 Agranoff 和 Mcguire 看来，作为美国地方政府解决流域水环境问题的新战略，跨部门协同在以下方面显示出自身的特点：首先，协同要求多元和参与，但不仅仅是参与，更是"决定"；其次，协同是结果导向的；再次，协同强调行动而不是分享利益；最后，协同强调分散权威，并不强调参与主体间的平等，其中一个主体处于"领导者"地位才能保障跨部门协同的顺利运行[①]。流域治理目标既不能通过政府部门的"分裂活动"来达成，又无法通过组建一个"超级管理机构"来完成，其关键是在不消除部门原有边界的前提下，跨越部门边界进行协同活动来实现。政策整合（Policy Integration）、结构整合（Structural Integration）、文化整合（Cultural Integration）和信息整合（Information Integration）是英国政府跨部门协同治理流域水环境所体现出的特征[②]。

澳大利亚地方政府面对流域水环境恶化时，反对单个政府组织孤立作战，主张"跨界联合"，设计和提供不同的"跨界"政策与项目。尽管跨部门协同在澳大利亚已不是新鲜事物，但政府部门对协同型环境治理方式的依赖与日俱增，基于此，澳大利亚政府流域管理委员会对部门间协同实践活动进行了总结，凝练出一种跨部门协同最佳实践模式（见图2.1），其主要特征归纳为四个方面：文化与哲学；新的工作方式；新的责任和激励机制；制定政策和设计治理方案的新途径[③]。

跨部门协同是加拿大极富特色而又颇有成效的流域治理方式，其呈现出的特征包括采用理事会协调机制；基于决策共识与利益协调；非政府组织积极参与；以环境协议为依托。具体来说，加拿大环境部长理事会既是一个决策机构，即采用政治协议的方式通过相应水环境政策，制定流域治理领域的原则、规章和标准等；也是一个论坛平台，即对重大环境事件进行磋商，分享环境领域的信息。在加拿大，流域治理领域的跨部门协同讲究"桌上平等"和共识决策，吸纳非政府组织成员，通过环境协同协议来明确参与者的权责

① Agranoff R，Mcguire M. Collaborative public management：New strategies for local governments ［M］. Washington，DC：Georgetown University Press，2004.

② 高轩. 整体政府与我国政府部门间协调［J］. 领导科学，2010（9）：15–17.

③ Christensen T，Lægreid P. The whole-of-government approach to public sector reform［J］. Public Administration Review，2007（6）：1059–1066.

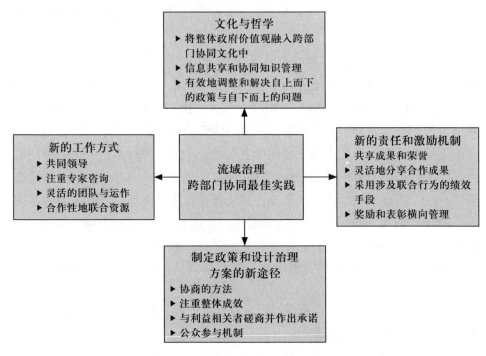

图 2.1　流域治理跨部门协同的最佳实践模型

利，并约束他们的行为①。

　　与传统的流域管理模式相比，跨部门协同扬弃了"中心—边缘"的治理结构，凸显出其独有的特征：①差异性与整体性。跨部门协同倡导多元主体通过协商对话、冲突管理来达到利益协同和目标一致，但这并不意味着否定或抑制了个体的特性。在协同过程中，各个主体依然保持自己独有的运行逻辑，只有存在差异，才能交换资源和集思广益，达到整体协同的效应。②治理系统的开放性。跨部门协同打破了传统官僚等级制的封闭性，主动引入社会力量参与流域水环境治理，使得各种物质流、信息流在治理系统中自由地流动和配置，既体现民主又具有技术高效率②。流域治理跨部门协同活动中的整合行为并非将部门职责边界模糊化，相反，是以明晰的边界和工作流程来消除职责的"空白地带"或"重复区域"。总而言之，流域治理跨部门协同破

① Benson D，Jordan A，Smith L. Is environmental management really more collaborative? A comparative analysis of putative 'paradigm shifts' in Europe，Australia and the USA［J］. Environment & Planning，2013（7）：1695-1712.

② 周鹏．区域生态环境协同治理研究［D］.苏州大学博士学位论文，2015.

除了"权利的藩篱"，不合理的设置得到了调整和优化，各部门的职责边界非但没有被打破，反而得到进一步的厘清[①]。

二、流域治理跨部门协同绩效的评估

流域治理中的跨部门协同预期目标是否实现，以及实现程度如何，这需要对协同绩效进行测量。近些年来，流域治理跨部门协同绩效评估已成为环境治理研究领域的热点问题之一。当前研究主要集中在以下三个方面：

第一，评估的目的。出于不同的动机，利益相关者对流域治理跨部门协同绩效的评估目的也迥然不同。协同的倡导者需要得到协同成功的有力证据，以提高协同的合法性和合理性；促进者关注的是在不同情境下诱导协同的最佳方法；参与者寄望于评估以调整流域治理的工作方案，在取得协同成效的同时实现自己的目标；政策制定者通过评估来制定恰当的、全面有效的协同规则；资助者需要考量流域协同治理活动是否值得支持；学者们探究的是流域治理跨部门协同所产生的影响以及对理论模型的检验。归纳而言，有效的评估能达到如下目的：①回应针对跨部门协同制度安排的批判；②证实跨部门协同治水的理想愿景能否成真；③了解跨部门协同的优势和不足；④完善跨部门协同的运作流程。

第二，评估的主体。谁是评估跨部门协同绩效的合适人选？有学者主张采用第三方评估，评估者站在中立的角度对流域水环境质量的改善作出公正、客观的评价，避免政府部门"自己评自己"的问题。也有学者提出，评估者应当参与协同治理活动，经历协同的整个过程，这样才能全面感知跨部门协同治水前后的变化，使评价指标的选取更符合实际情况。但协同的直接参与者作为评估人，容易受"晕轮效应"的干扰，难免会夸大跨部门协同的正面效果，降低评估的客观性。除此之外，流域治理跨部门协同绩效还可以由"局外人"采用非侵入性（Non-invasive）的方法进行评估，可以兼顾公正性和全面性，但成本高、耗时长，也不易操作。从一定程度上讲，评估人的选择完全取决于评估计划和目的。如果绩效评估的重心是流域水环境质量或公众满意度的变化，那么中立的"局外人"或第三方评估机构是首选；如果评估旨在修正协同的规则或改变利益相关者的行为，那么评估者最好置身于协同的情境中。

---

① 陈曦. 中国跨部门合作问题研究［D］. 吉林大学博士学位论文，2015.

第三，评估的指标。国内外学者针对跨部门协同绩效评估指标的研究较为丰富，从不同视角提供了多样化的测量指标。总体而言，流域治理中跨部门协同绩效的测量维度可分为社会绩效和生态绩效。

与公共服务供给、城区改造、食品安全等公共问题的协同治理一样，流域治理中的跨部门协同会产生信任、合法性、公共价值等一系列的社会结果。所以，学者们早期更多的是从社会角度对流域协同治理绩效进行评估。Innes和Booher在评估水资源的协同管理社会绩效时采用了三级评估指标：第一级社会绩效评估指标包括高质量的协同协议、创新性的战略、社会资本、联合行动等，考察的是协同活动的中间产出；第二级社会绩效评估指标包括新的治水设施、共同学习、感知上的改变和事实上的改变等，适用于协同工作结束之后；第三级社会绩效指跨部门协同带来的持续性影响，具体的评估指标包括新的伙伴关系、新的制度规范、更多的协同演进和更少的破坏性冲突、新的话语模式[1]。流域污染问题是复杂的公共问题，参与协同治理的各方需要进行密集型协商（Intensive Deliberations）。因此，利益相关者之间的相互学习也可以作为社会绩效的评估指标。Connick和Innes在研究美国加州水资源协同规划活动时，采用结束僵局、创新、柔性的新制度、降低决策制定的成本、态度或行动的改变等指标来评估政府机构之间的协同绩效[2]。Rogers和Weber在前人研究的基础上，又拓展了三个用于评估流域治理跨部门协同所产生的社会绩效的指标，分别是公共部门解决流域水环境问题能力的提升、超越已有环保标准、治水技术的开发和转移[3]。从上述可以看出，许多学者在研究流域协同治理时都强调社会绩效的重要性，提出的社会绩效评估指标主要测量参与者的主观感知，具有很强的可操作性。

按理说，流域治理生态绩效评估需要能够客观反映跨部门协同活动对水生态环境产生的影响，比如用水质监测数据、植被覆盖率等反映水生态环境的改善。但现实情况是，用客观数据评估跨部门协同的生态绩效面临多重障碍：①大多数协同治水团体很少监测水生态环境变化状况，因而难以获取研究所需的

① Innes J E, Booher D E. Consensus building and complex adaptive systems: A framework for evaluating collaborative planning [J]. Journal of the American Planning Association, 1999 (4): 412–423.

② Connick Sarah, Innes Judith E. Outcomes of collaborative water policy making: Applying complexity thinking to evaluation [J]. Journal of Environmental Planning & Management, 2003 (2): 177–197.

③ Rogers E, Weber E P. Thinking harder about outcomes for collaborative governance arrangements [J]. The American Review of Public Administration, 2010 (5): 1–22.

相关数据和信息；②流域治理跨部门协同的周期一般较短，而水生态环境的恢复需要较长的时间期限；③流域水生态环境的改善是由多种因素共同作用的结果，无法准确地单独分析协同与水质之间的函数关系。Conley 和 Moote 指出，水生态环境是一个复杂的大系统，众多影响水质变化的因素超出了行动者的可控范围，比如气候变化、经济发展等[①]。从实践角度讲，我们不能将流域水质的变化与协同治理的生态绩效完全等同起来。针对这一棘手问题，Koontz 和 Thomas 主张将协同的产出（Outputs）和行动（Actions）替代协同治水的生态绩效[②]。政府部门之间努力达成的契约是有形的协同产出，例如流域水环境治理综合性规划、描述性报告等。然而，契约的达成并不等同于水环境治理规划的实施，充其量不过是行动的前兆，所以还应该评估流域水环境协同治理的实际行动。水生态修复项目的实施就是一项典型的协同治理行动，也是诸多学者评估生态绩效时常用的代替物。此外，Biddle 和 Koontz 通过实证研究验证了预设污染减少目标的完成是生态绩效的有效代理指标（Proxy Measures）[③]。有部分学者偏好评价协同参与者对水质变化的感知，认为这可以作为水质状况监测数据的一种重要补充。除水质变化的感知之外，水生物的多样性、栖息地质量、湿地植被覆盖率等都可以作为生态绩效的评估指标。

流域治理跨部门协同绩效的评估是一项系统工作，需要结合社会和生态两个维度进行综合考量，否则会造成评估结果的片面性问题。为此，有些学者建立了一整套评估标准。Leach、Pelkey 等在评估加州和华盛顿2个地区共44条流域的伙伴关系绩效时提出了8个指标：①学习和网络，即对人力和社会资本的提升程度；②教育和拓展活动；③契约达成的程度；④冲突的解决，是指协同对于利益相关者消除分歧，求同存异的贡献程度；⑤修复项目和政策改革；⑥监测项目；⑦对流域水环境改善的感知效果；⑧协同目标的完成程度[④]。Aysin 为自然资源管理中组织间协同绩效的综合性评估给出了参考性框架：①目标达

---

① Conley A，Moote M A. Evaluating collaborative natural resource management［J］. Society & Natural Resources，2003（5）：371–386.

② Koontz T M，Thomas C W. What do we know and need to know about the environmental outcomes of collaborative management［J］. Public Administration Review，2006（s1）：111–121.

③ Biddle J C，Koontz T M. Goal specificity：A proxy measure for improvements in environmental outcomes in collaborative governance［J］. Journal of Environmental Management，2014（12）：268–281.

④ Leach W D，Pelkey N W，Sabatier P A. Stakeholder partnerships as collaborative policymaking：Evaluation criteria applied to watershed management in California and Washington［J］. Journal of Policy Analysis & Management，2002（4）：645–670.

成。主要包括：规划、方案或政策的应用或执行；生态和修复项目的达成；组织协作能力的建构；现实中的争端问题得以解决；问题的解决方案与可用的预期标准一致。②协同各方达成协议的可持续性与制度稳定性。③组织间关系得以增进。协同各方的沟通增加，工作关系增进，信任的建立和相互尊重。④协同各方的满意度。这包括参与各方的整体满意度、对决策的影响、共同收益的产生、实施决策的意愿和结果的合理公平分配。⑤资源利用效率和时间利用效率①。Lynn 和 Kurt 以美国费城地区为例对流域治理跨部门协同绩效进行了实证分析，并结合社会绩效和生态绩效两个方面进行综合评估，指标包括：加深对流域治理问题的理解；新的工作关系；新的知识或技能；新制度的创立；流域生态修复项目的完成程度；特定资源环境参数的变化②。

就目前国内相关研究看，已有不少学者采用了主观多维的方式测量，如程冠桦在研究淡水河流域的协力治理时，提出了用于评估绩效的五大标准：水污染整治的有效性；组织之间关系质量的提升；视野的开拓；互动频率的增加；权利关系更加的平等③。姚引良等用公众满意度、目标达成度、成本节约、学习协同理念、学习管理理念、业务流程改造六个指标对地方政府跨部门协同的直接效果和间接效果进行了测量④。

通过系统的文献回顾可以发现，学者们大多数采用主观评价法对流域治理跨部门协同绩效进行综合评价，这解决了许多指标难以衡量的难题。由于被调查者参与了协同过程，对协同项目的结果非常清楚，所以被调查者的评分能比较全面地代表他对协同绩效的整体认识。当然，对绩效的衡量所选用的指标也会因不同的研究目的或研究侧重点的不同而存在差异。

三、流域治理跨部门协同绩效的影响因素

流域治理跨部门协同绩效受到多方面因素的影响，在当前国内外研究中，不同学者根据不同方法对这些影响因素进行了分类。本部分内容借鉴 Sabatier

① Ayşin Dedekorkut. Determinants of success in interorganizational collaboration for natural resource management [D].The Florida State University, 2004.
② Lynn Mandarano, Kurt Paulsen. Governance capacity in collaborative watershed partnerships: Evidence from the Philadelphia region [J]. Journal of Environmental Planning & Management, 2011 (10): 1293–1313.
③ 程冠桦.淡水河流域整治之研究：协力治理之观点 [D].台湾中兴大学博士学位论文, 2011.
④ 姚引良, 刘波, 王少军.地方政府网络治理多主体合作效果影响因素研究 [J].中国软科学, 2010 (1): 138–149.

和 Focht 研究合作型流域管理的思路[①]，从以下四个方面对跨部门协同绩效影响因素的研究进行综述：

（一）主体因素

主体因素指参与协同治理的主体以及他们之间的关系。Gray 指出，关键利益相关者的"缺席"是流域治理伙伴关系成功的一个重要的限制条件。她用实证表明：假如受影响的关键当事人代表没有参与对实质性问题的磋商，那么很大程度上会削弱流域协同治理协议的实施程度[②]。Berardo 等构建了一个研究政府机构间协同保护生态系统的理论框架，其中特别提出协同需求、协同能力、协同目的、信任关系的建立、协同路径的选择等主体因素与协同绩效密切相关[③]。流域治理中协同成员的权利不平衡容易引发冲突，协同过程也易于被强势者操纵，继而阻碍协同绩效的提升。有些协同者不具备流域治理的专业知识和技能，不适合参与讨论有关高度技术的问题。这时需要由"中立的"机构帮助弱势群体发声，否则协同结果将对他们不利[④]。合作伙伴之间先前的关系也是影响协同绩效的主体因素之一。先前的冲突未必是跨部门协同的"黑色屏障"，倘若利益相关者间存在高度相互依赖关系，高水平的冲突可以引起反转效应，为协同注入强大的助推力[⑤]。如果协同主体之间有过积极的互动，其积累的经验和社会资本以及掌握的技能会对新一轮的协同产生正向影响。Imperial 在研究美国流域管理中的伙伴关系时，提出了影响协同绩效的要件框架，其中主体因素包括信任、组织间关系、个人关系、协作知识和经历、成员同质性、资源互补性、退出机会[⑥]。

在 O'Leary 看来，影响合作型流域治理绩效的主体因素包括目标的一致

① Sabatier P, Focht W. Swimming upstream: Collaborative approaches to watershed management [M]. Cambridge, MA: MIT Press, 2012.

② Gray B. Collaborating: Finding common ground for multiparty problems [J]. The Academy of Management Review, 1989 (3): 37-49.

③ Berardo R, Heikkila T, Gerlak A K. Interorganizational engagement in collaborative environmental management: Evidence from the south florida ecosystem restoration task force [J]. Journal of Public Administration Research and Theory, 2014 (3): 697-719.

④ Huxham C, Vangen S. Leadership in the shaping and implementation of collaboration agendas: How things happen in a (not quite) joined-up world [J]. Academy of Management Journal, 2000 (6): 1159-1175.

⑤ Futrell R. Technical adversarialism and participatory collaboration in the U.S. chemical weapons disposal program [J]. Science Technology & Human Values, 2003 (4): 451-482.

⑥ Imperial M T. Using collaboration as a governance strategy: Lessons from six watershed management programs [J]. Administration & Society, 2005 (3): 281-320.

性、伙伴的选择和协同能力建设、协同的动机。协同伙伴之间的利益可能会发生冲突，但他们必须在总体目标上达成一致[①]。大量研究表明，只有协同的目标或任务得到所有合作方的认可，流域治理活动才能达到理想的效果。所以，任何组织在参与协同活动前，都需要考虑自己的目标是否与协同目标相互兼容。对伙伴的选择应该注重对方的技能、资源、专业、知识、文化背景和价值观等要素。协同能力指协同成员能否为协同活动带来人力、技术、政策等必需的资源，它关乎部门间共同使命感的形成，因此能极大地改善跨部门协同绩效。公共部门参与协同的动机各异，比如交换资源或知识、高效的公共服务、寻求合法性等。在协同行动之前评估对方的协同动机对于双方深入地协同至关重要。Yeboah-Assiamah 通过实证研究证实了先前的经验、社会网络、声誉、资源互补性、同质性等主体因素会直接影响流域治理跨部门协同的效果[②]。姜庆志总结了地方政府跨部门协同绩效的关键影响因素，其中与协同主体有关的因素包括相互依赖、合作态度、协同能力和资源投入[③]。朱春奎和申剑敏将协同主体间先前的关系称为合作历史，既包含合作成功的历史，也包括冲突历史以及单个部门的失败。合作历史是跨部门协同启动的重要条件，也会促进或制约流域治理团队绩效的提升[④]。

（二）情境因素

跨部门协同绝不会发生在真空中，其缘起和运作都镶嵌于特定的情境中。情境条件为跨部门协同的产生和启动提供了现实场域，既形塑着协同的样态，又影响着协同的效果。Biddle 将影响流域治理跨部门协同绩效的情境因素归纳成如下几种：政策和法律框架；社会经济和文化的多样性；传统管理模式的失灵；政府部门间的政治动力和权利关系[⑤]。协同情境其实是跨部门联盟活动所处的"系统环境"，组织文化差异、公平氛围、身份认同氛围、合理的制

① O'Leary R，Vij N. Collaborative public management：Where have we been and where are we going？[J]. American Review of Public Administration，2012（5）：507–522.

② Yeboah-Assiamah E，Muller K，Domfeh K A. Rising to the challenge：A framework for optimising value in collaborative natural resource governance [J]. Forest Policy & Economics，2016（6）：20–29.

③ 姜庆志 . 面向新型城镇化的县域合作治理绩效影响机制研究 [D]. 华中师范大学博士学位论文，2015.

④ 朱春奎，申剑敏 . 地方政府跨域治理的 ISGPO 模型 [J]. 南开大学学报（哲学社会科学版），2015（6）：49–56.

⑤ Biddle J C. Improving the Effectiveness of Collaborative Governance Regimes：Lessons from Watershed Partnerships [J]. Journal of Water Resources Planning & Management，2017（9）：1–12.

度设计等情境因素会激励参与者有更好的工作表现、组织认同感和工作满意度[①]。Sullivan 对流域治理中的跨部门协同提出了诸多要件，其中，情境因素包括国家环境政策、地方政府的接受程度、资源（时间、资金、设备）、外部支持[②]。Agranoff 认为，协同治理的形成和持续性受到竞争和体制的双重压力。要使流域治理中的协同活动获得合法性，必须要适应法规、法律和监管内容在内的制度环境[③]。通过 6 个流域协同治理项目案例的比较研究，Imperial 以美国太浩湖治理为例，揭示了制度环境（组织体制）、问题结构（原因、严重程度和特征）、历史条件、项目条件等情境因素会对跨部门协同的结果产生影响[④]。Emerson 在研究流域水环境的多元共治时发现，公共组织采取跨部门协同行为大概是出于适应流域水环境问题的不确定性的一种本能反应。所以，不确定性是影响协同行为及其绩效的关键情境因素。具体地讲，不确定性指流域水环境问题的性质与根源、各部门的立场、资源的可利用性、解决办法等方面处于模糊、信息有限的状态[⑤]。Moshtari 对影响跨部门协同治理自然灾害的关键因素进行了类别划分，其中，政治议程、保障措施、公众需求、资源的可利用性、专项资金等归属于情境因素，它们可以促进或阻碍协同活动，却难以通过个人努力而获得改变或控制[⑥]。

李辉建构了一个用于研究地方政府跨部门协同机制的理论模型。在该理论体系内，影响流域治理跨部门协同绩效的情境因素不外乎以下几种：一是行政安排，指上级政府出台的推动协同的政策措施，包括政策引导、制度安排等；二是信息公开与信息共享平台等基础设施条件；三是要素支撑，指支撑跨部门协同运行的资金、技术、人才等关键要素[⑦]。刘波等在研究地方

①　Marylene Gagne，Edward L. Deci. Self-determination theory and work motivation［J］. Journal of Organizational Behavior，2010（4）：331-362.

②　Sullivan H，Skelcher C. Working across boundaries：Collaboration in public services［J］. Health & Social Care in the Community，2003（2）：185-196.

③　Agranoff R，Mcguire M. Collaborative public management［M］. Washington，DC：Georgetown University Press，2004.

④　Imperial M T. Moving from conflict to collaboration：Watershed governance in Lake Tahoe［J］. Social Science Electronic Publishing，2003（4）：1009-1055.

⑤　Emerson K，Nabatchi T. Evaluating the productivity of collaborative governance regimes：A performance matrix［J］. Public Performance & Management Review，2015（4）：717-747.

⑥　Moshtari M，Gonçalves P. Factors influencing interorganizational collaboration within a disaster relief context ［J］. Voluntas International Journal of Voluntary & Nonprofit Organizations，2016（4）：1673-1694.

⑦　李辉，全一. 地方政府间合作的协同机制研究［J］. 社会科学辑刊，2011（5）：118-121.

政府多主体协同效果时,将各级政府制定的相关政策和下发的相关文件看成是协同的政治氛围,而将公众对公共服务提供方式的关注和参与视为社会环境①。王力立等将伙伴能力和公众参与视为影响地方政府环境治理跨部门协同的情境因素,并特别指出:公众参与是合作型环境治理的重要诱因。当某个公共环境问题吸引了社会公众的关注和参与时,公共部门会迫于外在压力而开展联合行动。有了公众的参与,政府内部的跨部门协同可以获得更多的外部资源支持,协同行为也增加了约束力,继而有利于提高协同成功率②。

(三)客体因素

从双向反映论的认知模式看,治理的对象是影响跨部门协同绩效的客体因素。流域水环境这一客体对象从本质上决定了跨部门协同治理的性质和目标,它本身的类型和特点直接关乎着协同的成效。流域水环境问题属于公共危机,可以划分为外部型公共危机和人为型公共危机两种类型:前者由外部的、自然性的风险发展演变而来,后者由人类的实践活动直接或间接的影响造成的。流域水环境问题的特点主要体现在以下几个方面:不确定性和不可预见性;突发性和紧迫性;关联性和连锁性;扩散性和广泛性;持续性和次生性;破坏性和灾难性。在开展跨部门协同治水前,首要的是认识水环境问题的类型和特点,然后针对客体对象选择恰当的协同方式、治理手段,做出最佳的资源调配方案,整合各部门的技术优势等③。作为客体因素,流域水环境问题对跨部门协同绩效形成的影响不是单一的,而是复合叠加的,比如边界模糊、知识困境、理念分歧、利益冲突等。网络化治理尽管有助于提高水环境问题的可治理性,但治理结果往往与问题本身的复杂性程度密切相关④。

在马风光和屠文娟看来,流域水环境问题的协同治理属于公共决策的执行过程,问题的深度、广度越大,决策执行的效果越差;流域水环境问题

① 刘波,王彬,王少军.地方政府网络治理形成影响因素研究[J].上海交通大学学报(哲学社会科学版),2014(1):12-22.

② 王力立,刘波,姚引良.地方政府网络治理协同行为实证研究[J].北京理工大学学报,2015(1):53-61.

③ Diaz-Kope L, Miller-Stevens K. Rethinking a typology of watershed partnerships: A governance perspective [J]. Public Works Management & Policy, 2014(1):29-48.

④ Horning D, Bauer B O, Cohen S J. Missing bridges: Social network connectivity in water governance [J]. Utilities Policy, 2016(3):43-58.

涉及的目标群体人数和种类的多少，一般与协同政策执行的难度成正比；政策需要目标群体行为改变的幅度的大小，也关系到协同治理的效果[①]。此外，流域水环境问题的跨域性、负外部性、不可分割的公共性等特征属性促成了政府的跨部门协同，同时造成各利益相关方之间相互影响，"牵一发而动全身"，任何一个部门、组织或政府层级的变化，都会影响到整体的治理效果。罗冬林通过对区域大气污染地方政府协同网络治理机制的研究，得出的结论之一：任务复杂性作为客体因素，不仅驱动协同网络的形成，还会影响最终的协同治理成效[②]。流域水环境问题的棘手化在于它没有唯一"正确"的解决方案，更确切地说，它的内在本质属于一种根本性矛盾，这种矛盾即使可以凭借可能性计算得以缓解，但难以根除，始终会影响协同各方作出的努力[③]。

（四）过程因素

协同本身是一个过程。对于跨部门协同过程的认知，学术界存在"线性说"和"循环说"两种不同观点。前者认为协同过程是分阶段的线性序列，后者认为协同过程是一个由若干相互关联的环节构成的迭代循环。虽然学者们在对协同过程的阶段划分存在分歧，但他们的一致意见是，过程因素对于协同成功起着至关重要的作用。Conley 和 Moote 认为，共同愿景、明确可行的目标、广泛参与、组织之间的"连接"、公开透明的流程、基于共识的决策制定、清晰的书面计划既是合作型流域管理要遵循的过程标准，也是影响协同结果的过程因素[④]。Morse 研究美国水资源伙伴关系时将影响部门间协同绩效的过程因素进行了以下归纳：地位平等；共同商议；调解人的有效性；正式化程度；资源承诺水平；信任的维护[⑤]。Leach 在探究西方国家流域伙伴关系（Watershed Parternships）时发现，过程的民主化会直接影响协同的社会绩效，而协同过程的民主化可细分成包容性（Inclusiveness）、代表性、审议性

① 马风光，屠文娟.公共决策执行过程中的影响因素［J］.理论探讨，2002（4）：69-71.

② 罗冬林.区域大气污染地方政府合作网络治理机制研究［D］.南昌大学博士学位论文，2015.

③ 陈亮.走向网络化治理：转型时期中国社会治理的复合困境及破解之道——基于"理念—主体—客体—介体"的系统分析视角［J］.内蒙古社会科学（汉文版），2017（3）：21-28.

④ Conley A，Moote M A. Evaluating collaborative natural resourcemanagement［J］. Society & Natural Resources，2003（5）：371-386.

⑤ Morse R S，Stephens J B. Teaching collaborative governance：Phases，competencies，and case-based learning［J］. Journal of Public Affairs Education，2012（3）：565-583.

（Deliberativeness）、公正性、合法性、透明性和授权七个维度[①]。Lynn 和 Lynn 以美国费城地区的流域伙伴关系为例，证明了如下过程因素会对跨部门协同的结果带来改变：过程质量（社区居民代表参与、适合互动的氛围、决策透明化）；科学信息的利用（使用科学研究成果、专家参与、信息合理且客观）；教育机会（水资源环境教育旅游、自发的净水行动、开展技术研讨会）[②]。值得注意的是，以上的单个过程因素不足以对协同绩效产生影响，而是需要它们共同发挥作用。

陈江立足中国国情，构建了一个适用于治理跨边界公共问题的政府部门间联动协作模型。其中，协同过程是一种高度迭代、非线性的过程，也是一个宽泛的变量，可进一步细分成 6 个影响最终成果的变量：①面对面的对话；②建立信任；③签订协作协议；④建立协作领导层；⑤实施；⑥中间成果[③]。朱德米和李明在研究合作型环境管理时，将影响合作绩效的 17 个过程因素划分成 5 个维度，分别是共同决策制定、管理、自主权、相互关系、信任[④]。王玉明在研究流域跨界水污染的协同治理时发现，协同过程中的风险共担、利益分配、冲突解决、沟通机制、承诺等因素均对淡水河的协同治理成效有较大的正向影响[⑤]。

第三节　跨部门协同理论框架研究

关于如何形象地描述和分析跨部门协同，学者们从不同的学科视角提出或构建了相关的理论框架。值得注意的是，框架和模型之间存在差别。按照 Ostrom 的观点，框架集中且具体地说明了研究者感兴趣的变量及它们之间的关系，模型比框架更为详细，要求研究者对变量之间的关系作出准

① Leach W D. Collaborative public management and democracy：Evidence from western watershed partnerships [J]. Public Administration Review，2006（12）：100-110.

② Lynn Mandarano，Kurt Paulsen. Governance capacity in collaborative watershed partnerships：Evidence from the philadelphia region [J]. Journal of Environmental Planning and Management，2011（10）：1293-1313.

③ 陈江. 政府间联动协作治理研究——基于协作性公共管理的视角 [J]. 北京航空航天大学学报（社会科学版），2012（6）：6-12.

④ 朱德米，李明. 合作型环境管理的知识图景 [J]. 同济大学学报（社会科学版），2012（4）：50-56.

⑤ 王玉明. 流域跨界水污染的合作治理——以深惠治理淡水河为例 [J]. 广东行政学院学报，2012（5）：28-33.

确的假设，然后对假设进行检验并对结果进行预测[①]。跨部门协同框架是指导流域协同治理实践的理论分析工具，国内外学者主要从过程、制度、要素三个视角构建跨部门协同理论框架，这些框架对本书研究具有重要参考价值。

一、基于过程视角的跨部门协同理论框架

跨部门协同是一个动态过程，从过程视角构建跨部门协同框架能够为多元主体共治行动提供清晰思路与实践指引。比如，Ring 和 Van de Ven 构建了跨部门协同的过程框架，将协同看作"谈判—承诺—实施—评估"的反复循环过程[②]；王千文提出了公私协同运作框架，把协同过程划分成策略制定、发展、执行和评估四个环环相扣的阶段，并认为协同过程受制于外部环境系统[③]。总体来说，基于过程视角的跨部门协同理论框架将协同视为一个相互连接的完整过程，最具代表性的模型有："前因—过程—结果"框架、循环式的协同过程框架。

（一）"前因—过程—结果"框架

部分学者把协同描绘成分步骤或分阶段的线性序列。譬如，Edelenbos 将跨部门协同分成准备、政策发展和决策制定三个阶段[④]。诚然，他们为公共管理者了解如何协同提供了有价值的观点，但协同的过程仍然是一个黑箱。Thomson 和 Perry 在前人研究的基础上，提出了协同的前因（antecedents）、过程（process）、结果（outcomes）三阶段框架[⑤]，尤其丰富了协同过程阶段的内容，如图 2.2 所示。

协同前因可以看作是跨部门协同活动应具备的起始条件，包括相互依赖、资源匮乏、风险共担需要、协同历史、复杂性问题等要素。这些要素会诱发协同意愿和协同行为，是开展跨部门协同的直接动因。

---

① Ostrom E. Understanding institutional diversity [M].Princeton, NJ: Princeton University Press, 2005.

② Ring P S, Van de Ven A H. Developmental processes of cooperative interorganizational relationships [J]. Academy of Management Review, 1994（1）: 90–118.

③ 王千文. 应用德非法建构理想的公私协力运作模式 [J]. 政策研究学报, 2009（9）: 83–146.

④ Edelenbos J. Institutional implications of interactive governance: Insights from dutch practice [J]. Governance, 2010（1）: 111–134.

⑤ Thomson A M, Perry J L. Collaboration processes: Inside the black box [J]. Public Administration Review, 2006（1）: 20‑32.

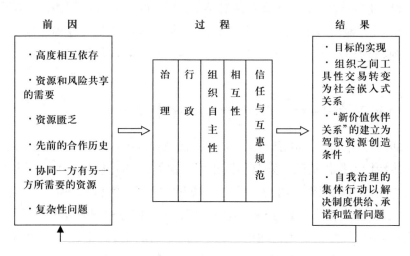

图2.2 "前因—过程—结果"框架

协同过程是跨部门协同的核心阶段，共包含五个维度。其中，治理、行政是结构性维度；组织自主性是代理维度；相互性、规范是社会资本维度。公共管理者及其他们的协同伙伴需要平衡这五个维度，才能有效解决集体行动的困境。具体而言，治理指协同各方共享权利、共同决策和处理棘手问题的过程。治理虽然强调信息共享、尊重他人观点，但参与者也许要经过漫长的谈判才达成并不代表"最佳解决方案"的共识。行政意味着协同从治理到行动，功能包括协调交流、角色与职责的划分、监督机制、目标的设定、跨界技能等。组织自主性指处理存在于协同关系中组织自身利益与团体利益之间固有的紧张关系，并将其视为一个调和的过程。相互性指通过不同的运作去达到互利的关系，为组织间形成共同的观点提供基础。协同过程中的相互性被组织行为学学者看作是，处理因不同利益而引起内在冲突的双赢技巧。规范代表的是发展信任和互惠的模式。互惠可以概念化两个不同的方向：一方面是短期和偶发性的，另一方面是长期和源于对责任的理解。信任被定义为在不同的团体间建立共同的信念：良好诚实的方式遵循承诺；诚信协商；不采取"钻空子"做法。

协同结果：表现为目标的实现、组织之间的交易转变为社会嵌入式关系、"新价值伙伴关系"的产生、自我治理的集体行动。协同结果是衡量协同绩效的重要标准，但成功的协同要求公共管理者综合考虑协同所包含的所有要素，以及取得各个环节的衔接与平衡。

（二）自然资源共同管理（Co-management）框架

根据公共池塘资源的非排他性和竞争性的特点，Plummer 提出了自然资源共同管理框架，其核心理念是，某一特定资源的使用权利和责任在政府部门和本地用户之间重新分配和共享[①]。该框架由三个相互关联的部件和联结机制组合而成，每个部件都包含了若干个要素，如图 2.3 所示。

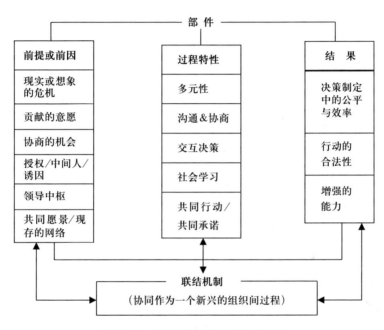

图2.3　自然资源共同管理框架

前因或前提：是共同管理的基础，也是协同的动力，但未必会直接导致协同的成功。自然资源共同管理的前提可分为外部环境和人为因素两个维度。前者包括现实的或想象的危机、政府的合法授权、中间人和诱因；后者包括当地用户贡献的意愿、磋商的机会、外部支持、领导力、共同愿景和现有的关系网络。

过程特性：指共同管理有别于其他类型的自然资源管理形式的独有特点。共同管理过程所具有的五个特性之间不会相互排斥，比如多元性是社会学习、交互式决策、共同行动等其他特性的必备要素。这些过程特性为实践者认识

---

① Plummer R，Fitzgibbon J. Co-management of natural resources：A proposed framework［J］. Environmental Management，2004（6）：876-887.

和区分共同管理提供了指南，也可以充当共同管理基本流程的指标。

结果：指共同管理的产品、成果或累积性后果。通常来讲，自然资源的共同管理会产生决策效率和公平性的提升、行动的合法性和能力的提高三种正面效果。合法性不仅包括组织的合法地位，还包括组织的目标、责任和权威的可靠性。能力具体指公众或社区自我决策的能力、管理资源的能力和有效利用资源的能力。

联结机制：连接三个部件其实是社会互动的过程，即自然资源管理中的协同。这三个部件内的任何元素既是输入，也是结果。比如，共同愿景有助于决策制定，并最终会提升合法性。协同是一个新兴的（Emergent）组织间过程，具有动态性、易变性的特点，但往往会在众多的利益相关者间产生新的协商秩序。共同管理的三个部件通过协同的基础机制进行相互连接。每个部件内的要素既影响协同，同时受其影响。

二、基于制度视角的跨部门协同理论框架

基于制度视角的跨部门协同理论框架，一方面强调制度或规则对合作行动与结果的影响，另一方面寻找解决合作困境的有效机制。制度分析与发展框架、制度性集体行动框架是其中的典型代表。

（一）制度分析与发展框架

公共池塘资源未必只有交给政府部门或完全私有化之后才能实现有效管理，通过合理的制度安排可以取得优于先前根据标准理论所预测的结果。Ostrom 提出的制度分析与发展框架（Institutional Analysis and Development Framework）致力于解释应用规则在内的外部变量如何影响公共池塘资源治理的政策结果，为利益相关者提供一套能够增强信任与合作的制度设计方案及标准，并用以评估、改善现行的制度安排[①]。Ostrom 通过制度分析与发展框架表明，对水环境、土壤、动植物种类等问题的研究不应仅限于自然属性，社区的特性（Attributes of Community）、管理体系、用以规范行动者之间关系的应用规则等社会因素与自然属性同等重要。由 7 组主要变量构成的制度分析与发展框架（见图 2.4），对公共池塘资源治理具有普遍的适用性和解释力，可以应用于流域协同治理。对公共池塘资源治理制度进行分析时，无论是从

---

① Ostrom E. Background on the institutional analysis and development framework [J]. Policy Studies Journal，2011（1）：7–27.

自然条件、社区的特性和应用规则三组外部变量入手，还是从行动舞台或结果入手，首先应确认行动舞台。它由行动情境和行动者两组变量构成，在外部变量的影响下，两者会相互作用并产生结果。其次结果会对行动情境和行动者产生反作用，继而直接或间接地影响行动舞台和外生变量。行动情境是行动舞台的核心，决定了行动个体如何把外部变量与结果连接起来。

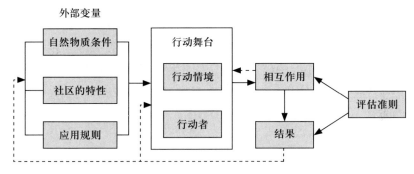

图 2.4　制度分析与发展框架

在确立行为规则的前提下，集体行动是解决公共池塘资源治理复杂性这一难题的有效途径之一。对于一个没有或者缺乏规则的治理体制而言，引入规则可极大改善治理成效；对于一个已经有了既定规则的治理体制而言，合理修改完善规则会使治理更加有效。那么，在流域跨部门协同治理活动中，如何通过规则来实现资源的合理使用以及产生好的结果呢？Ostrom 向我们提供了 5 种相对有效的策略：制定边界规则改变资源使用者特性；通过身份规则创建监督体制；通过选择规则改变容许的行为集合；通过偿付规则改变结果；通过信息规则、范围规则、聚合规则改变结果[①]。

（二）制度性集体行动框架

美国佛罗里达州立大学教授 Feiock 提出的制度性集体行动框架（The Institutional Collective Action Framework）[②]，不仅为理解和集成近年迅猛发展的协同治理、区域治理、网络治理等学术研究提供了一个富有解释力的理论化框架，更为日益增多的跨部门协同困境的化解提供了有效的理论指导。地方政府或部门之间的协同合作都可以被视为制度性集体行动。在行政分权体制

---

① 王群 . 奥斯特罗姆制度分析与发展框架评介［J］. 经济学动态，2010（4）：137–142.

② Feiock R C. The institutional collective action framework［J］. Policy Studies Journal，2013（3）：397–425.

下，当某一个政府部门作出的决策对其他政府部门造成了干扰或不良影响时，制度性集体行动困境便会出现，其包括横向合作困境、纵向合作困境和功能性合作困境三种类型。当一个政府部门无法独自有效地提供公共服务时，或者一个政府部门在生产公共服务时导致了跨部门的负外部性问题时，往往会出现横向合作困境。Feiock 从制度视阈提出了合作困境的一般解决机制（见表 2.1），编号 1~9 的解决机制建立在政府部门自愿参与合作的基础上，编号 10~12 的解决机制存在更高一层权力部门参与和强制推行[①]。从制度视角寻找合作困境的有效解决机制，还需对现行制度、体制进行关注。根据制度性集体行动理论，跨部门协同的出发点是合作收益，阻碍性因素主要是交易成本，成功的关键在于协同主体如何规避合作风险并在多种合作机制中作出恰当的选择。

表 2.1　合作困境解决的一般机制

各种复杂集体行动	多重自组织系统 7	政府合作委员会 8	区域行政组织 9	部门合并 12
中度合作 / 多边合作	工作组 4	伙伴关系 5	多重合作目标的区域 6	有外部力量的网络 11
单一事务 / 双边合作	非正式合作网络 1	签订合作合同 2	单一合作目标的区域 3	授权合作的协议 10

三、基于要素视角的跨部门协同理论框架

基于要素视角的理论框架意图涵盖跨部门协同行为中多种相关要素，以期把握协同治理的关键点，并从整体上对协同活动提供诊断依据。跨部门协同 IPSCO 框架、协同治理 SFICO 框架以及协同治理整合型框架是其中的典型代表。

（一）跨部门协同 IPSCO 框架

Bryson 等提出了用于解决复杂公共问题的跨部门协同 IPSCO 框

---

① 蔡岚.解决区域合作困境的制度集体行动框架研究［J］.求索，2015（8）：65–69.

架^①。如图 2.5 所示，该框架包含初始条件（Initial Conditions）、过程（Process）、结构和治理（Structure and Governance）、偶然性和约束（Contingencies and Constraints）、结果和问责（Outcomes and Accountabilities）五个部分，每个部分概括总结了跨部门协同需要把握的关键要素。

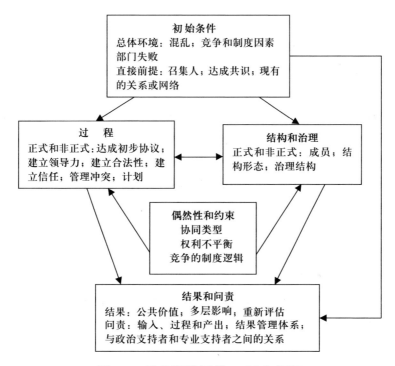

图 2.5　跨部门协同的 IPSCO 框架

初始条件包括协同嵌入的总体环境、部门失败以及影响协同形成的直接前提。协同形成的总体环境包括环境的复杂性、部门之间的竞争环境以及诸如规范、规章、法律等制度环境。部门失败通常指协同前单个部门试图解决问题的失败经历。直接前提也称作"联结机制"，包括中介组织或合法的召集人、在问题界定方面达成共识、先前的关系或现有的网络。

协同过程包括如下内容：一是达成初步协议，非正式的协议只会对协同的构成、使命和过程作出说明，正式的协议才具备问责功能；二是建立领导

① Bryson J M，Crosby B C，Stone M M. The Design and implementation of cross‑sector collaborations：Propositions from the literature［J］. Public Administration Review，2006（1）：44–55.

力，协作型领导者的任务是在缺乏科层制权利的情况下，将不同的观点和想法汇集到一个焦点，围绕共同目标将协同的不同维度形成一个整体并努力取得成效；三是建立合法性，协同组织的合法性体现在形式、实体和互动等关键维度；四是建立信任，部门之间相互表明各自的协同能力和善意、资源共享意愿，有利于信任关系的建立；五是冲突管理，合作安排中的冲突主要源于合伙人之间目标和预期差异、意见相左或扩大协同成果的控制，开展"边界工作"（boundary work）能有效地管理合作冲突；六是计划，就协同的具体任务、实施步骤、目标等做出规定。

协同的结构包括协同成员的组成、劳动分工、规则、标准化的操作程序和委派的职权关系等要素。它们会受到体系的稳定性、协同的战略意图等环境因素的影响。与紧密相连的"完全集成"型网络相比，围绕一个领导组织而形成的合作网络结构形态能取得更好的总体效果。治理指协作型领导者为了维护协同而进行的协调、指导和监督活动，也包括建立价值观、规范等一些社会机制。

在 IPSCO 框架中，偶然性与约束都会对协同过程造成影响，主要体现在协同类型、权利的不平衡和竞争的制度逻辑三个方面。其中，涉及系统层面规划活动的协同比管理层面的协同、服务供给伙伴关系能提供更多的协商机会。权利不平衡是协同伙伴之间不信任的根源之一，会对有效的协同产生威胁。不同部门的成员可能代表和实施竞争的制度逻辑。简单地说，参与协同的部门都有能为自己的行动提供合理解释的规则，但这些规则极有可能相矛盾，从而影响协同过程。

跨部门协同的结果是多维度的，表现为协同所创造的公共价值、多层影响以及事后的问责。领导者应对协同的结果进行评估，以决定是否重新设计协同策略以获取更大胜利。协同组织只有建立追踪输入、过程和结果的问责体系以及结果管理体系，跨部门协同才更有可能成功。

（二）协同治理 SFICO 框架

Ansell 和 Gash（2008）在回顾了 137 个跨政策部门协同的案例后，提出了协同治理 SFICO 框架[①]。如图 2.6 所示，该框架将影响协同成功的要素划分成五个维度。

---

① Ansell C，Gash A. Collaborative governance in theory and practice［J］. Journal of Public Administration Research & Theory，2008（4）：543–571.

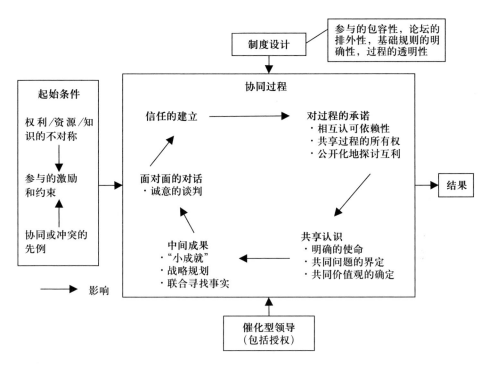

图 2.6   协同治理 SFICO 框架

起始条件（Starting Conditions）：跨部门协同只有在特定的条件下才能启动和发展，这些条件一般包括权利或资源的不平衡、参与的激励、合作或冲突的历史等。具体来讲，不平衡体现在参与者之间组织地位、知识技能、资源拥有等方面的不对称。参与的激励，也被学者们称作"参与的诱因"，主要指参与者对协同过程所能产生有意义的结果的期望，当然也包括法律的授权、诉讼或监管的压力。成功的协同历史会产生高水平的社会资本，继而形成一个良性的协同循环。当参与者之间存在相互依赖的关系，高水平的冲突会对协同起到正面刺激作用。总之，起始条件为协同创造了机会，同时影响着协同过程和绩效。

催化型领导（Facilitative Leadership）：推动跨部门协同的主要推动者和维护者，引领合作成员共同经历协同过程，在规则制定、促进对话和追求互利共赢等方面起关键作用。

制度设计（Institutional Design）：指促进和约束协同的制度或规则。协同过程的可进入性本身就是最基本的设计问题。清晰的规则和过程的透明化、共识导向是制度设计的重要特征。

协同过程（Collaborative Process）：协同治理框架的核心，也是一个非线性的、不断重复的互动过程。所有的协同治理都建立在面对面的对话基础之上。信任是一种重要的社会资本，对组织内整合和组织间协同非常重要，能促使各合作方产生共享资源的意愿。承诺意味着合作双方对彼此的依赖关系表示认可，本着互惠互利的原则自愿投入资源以取得理想的政策结果。共享认识指各协同方对问题的界定，或者对解决问题所需相关知识的一致同意。中间结果指协同的优势或目标在一定程度上已经具体化了，或者说协同活动取得了阶段性的"小成就"。

结果（Outcomes）：上述四个维度中的各个变量共同影响协同成效，以及协同的持续性。

（三）协同治理整合型框架

与其他学者相比，Emerson 等提出的协同治理整合型框架（The Integrative Framework for Collaborative Governance）具有更广泛的包容性[①]，对协同的理解突破了不同层级政府之间、不同公共机构之间以及公共、私人和社会领域之间的边界。如图 2.7 所示，该框架的核心是协同治理体系，这是一个有协同动力系统推动协同行动不断循环运转的体系。其实，协同动力系统本身是一个迭代循环的小系统，它由三个相互关联的要素组成：原则化参与、共享的激励、联合行动能力。只有三个动力要素的共同作用才会导致协同行动，而协同行动的开展反过来又会对动力系统的运行进行修正和调适。每个动力要素都可细分成若干个影响协同行动的子要素，原则化参与细分成发现、界定、审议、决定四个子要素，共享的激励可细分成相互信任、相互理解、合法性、共同承诺四个子要素，联合行动能力则包含制度安排、领导、知识、资源四个子要素。在协同治理体系外部存在一些驱动协同治理体系运作的环境驱动要素，具体包括资源条件、政策合法框架、先前解决问题失败、政治动员等。在外部环境驱动力的作用下，协同动力系统开始运转，继而产生实质性的协同行动。同时，协同治理体系的运行也会对系统环境产生影响，并促使协同治理体系不断地调适，以达到与系统环境相匹配。总体来说，协同治理整合型框架突破了三阶段分析框架的线性限制，整合了多层次的分析要素，协同治理的路径演进也更为清晰。

[①] Emerson，Kirk，Nabatchi，et al. An integrative framework for collaborative governance.［J］. Journal of Public Administration Research & Theory，2012（1）：1–29.

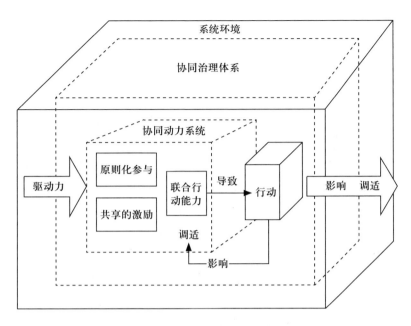

图 2.7　协同治理整合型框架

　　综上所述，现有的跨部门协同理论框架采用的全过程剖析思路、强调的制度规则以及提炼的关键要素等都为流域协同治理提供了宝贵借鉴，但针对流域水环境这一特殊对象的治理需求，其治理主体、治理过程、治理目标等方面都与其他领域的协同治理存在差异。因此，需要结合"河长制"这一制度背景，构建一个符合中国地方政府现实情境、行之有效的跨部门协同理论框架，并开展实践应用。

第四节　文献评述

　　"河长制"本身具有特定的政治属性、公共属性，再加上和社会公众的切身利益密切相关，自实行之初就获得了学术界的广泛关注。另外，随着社会问题的不确定性、复杂性和动态性的逐渐上升，诸如流域水环境、大气污染等"棘手问题"成为当下公共事务的核心特征，跨部门协同已成为公共部门必须面对的常态。为此，国内外学术界对跨部门协同的主要特征、类型、理论框架和绩效评估等多方面进行了大量的研究工作，并且取得了较为丰硕的成果。但通过前文对国内外相关文献的梳理，可以发现已有研究仍存在以下不足，有待我们进一步深入探讨：

第一，"河长制"背景下的流域治理跨部门协同研究偏少。现有研究更多的是剖析"河长制"这一极具中国特色的治水制度，即着重分析"河长制"运行的制度逻辑、制度设计中的困境或悖论、成效和完善路径，忽视了"河长制"对地方政府涉水部门之间的合作互动所起到的桥梁作用。在"河长制"框架下，各级地方党政领导成为流域治理网络中的核心行动者，他们采取指导、协调和监督等方式对分散的部门力量进行整合，实行"首长负责、部门分工协作"的流域治理模式，改变了原有的部门分散性管理机制。在地方政府层面，"河长制"正向强化了流域治理的跨部门协同，而涉水部门之间的协同合作是"河长制"发挥治水功效的核心机制。所以，相关研究不应仅限于"河长制"本身，还应围绕"河长制"的核心问题——跨部门协同来进行。鉴于此，我们有必要基于跨部门协同的流程，围绕协同的参与部门、协同的内容、沟通途径和协调机构等方面对我国地方政府流域治理跨部门协同现状进行分析，并从协同主体、协同过程、协同制度与资源、社会力量参与等方面系统研究协同的困境，以期充实相关研究成果。

第二，对适合中国国情的跨部门协同理论框架的研究尚待深入与完善。从既有文献看，西方学者更注重对跨部门框架或模型方面的研究，构建了过程型、制度型和整合型等多种成熟的理论框架，并取得了如动态论、协作论、循环论、黑箱论等丰硕成果。国内对于这方面的研究仍处于引介阶段，主要侧重于借鉴国外的理论框架来分析中国案例，忽视了中西方国情的差异性。虽然有极少数的学者尝试构建了中国情境下的协同治理理论框架，但并未区分政府间协同与政社协同的运行逻辑，也没有根据流域这一特定的治理对象进行针对性的框架设计。基于此，本书将总结中国情境下跨部门协同运作的关键要件以及"河长"在其中的作用，在此基础上尝试对 Ansell 和 Gash 提出的 SFICO 框架 [①] 进行修正，构建适用于系统分析"河长制"下地方政府跨部门协同治水活动的综合性框架。

第三，跨部门协同绩效影响因素的实证研究成果相对匮乏。从已有的相关文献看，国外学者主要通过大量的案例分析，归纳影响跨部门协同绩效的关键因素；大部分国内学者则以理论模型或概念模型分析主体因素、情境因素和过程因素对协同绩效的影响，而从实证角度进行研究的较少。按照 Gray

---

① Ansell C, Gash A. Collaborative governance in theory and practice [J]. Journal of Public Administration Research & Theory, 2008（4）: 543–571.

和 Wood[①]、Thomson 和 Perry[②] 等的观点，跨部门协同可以划分成"前提—过程—结果"三个相互关联的阶段，而为数不多的实证研究只是单独考察协同前提或协同过程对协同绩效的直接影响效应，鲜有学者探讨协同过程在协同前提与协同绩效间的中介作用。被国内学术界所忽略的关系管理其实是协同过程必不可少的一个要素，因为要以"河长制"促进"河长治"，"河长"只有精心管理合作部门间的关系才能保障跨部门协同治水活动得以维系。作为跨部门协同形成的重要诱因之一，任务复杂性对协同绩效的直接影响作用已被大量研究所证实，而目前关于任务复杂性在协同过程与协同绩效之间的调节作用的研究偏少。综合上述分析，基于我国流域水环境治理跨部门协同的实践，本书参考协同过程的"三阶段"论，将协同前提细分为协同主体和协同情境；然后通过实证研究来探讨协同过程在"协同前提—协同绩效"之间的中介作用，以及任务复杂性对"协同过程—协同绩效"的调节作用。

第四，流域治理跨部门协同绩效评估指标体系不够完善。在协同绩效评估指标选取方面，现有的研究多数"避重就轻"地选择社会维度，有意回避生态维度或完全忽视过程维度，未能全面、真实地反映流域治理跨部门协同的整体绩效。流域治理跨部门协同既要达到生态环境改善的目的，也要注重社会效益和过程的包容性、开放性、互动性。此外，现有文献提及的流域治理跨部门协同绩效评估指标纷杂，缺乏系统的归纳，未考虑到"河长制"这一特定的制度背景，而且其中有一些指标难以量化和获取，不具有可操作性。因此，我们有必要本着系统性、导向性、可比性和可操作性原则，构建一个能反映"河长制"下流域治理跨部门协同综合绩效的评估指标体系，并对难度较大的跨部门协同绩效测度问题做出一定的探讨与尝试。

第五节　本书的理论基础

正如 Agranoff 和 Mcguire 所言，公共管理领域中关于跨部门协同的知识大多源于公共管理领域之外[③]。尽管跨部门协同所涉及的理论纷繁多样，笔者

① Gray B，Wood D. Collaborative alliances：Moving from practice to theory［J］. Journal of Applied Behavioral Science，1991（1）：3–22.

② Thomson A M，Perry J L. Collaboration processes：Inside the black box［J］. Public Administration Review，2006（1）：20–32.

③ Agranoff R，Mcguire M. Collaborative public management［M］. Washington，DC：Georgetown University Press，2004.

选择与本书主题关系较为密切的资源依赖理论、制度理论、界面管理理论以及网络治理理论加以详述，同时依次剖析它们对政府部门内部跨部门协同研究所作的理论贡献。

一、资源依赖理论

作为组织理论的重要理论流派之一，资源依赖理论从 20 世纪 70 年代开始已被广泛应用于组织间关系的研究。资源依赖理论最早由 Emerson 提出，他认为组织间关系需要互相依赖才能得以维系，任何一个组织都需要依靠利用由其他组织控制的资源才能有效达到自己的预期目标[①]。其基本假设是，没有组织是自给的，为了生存，所有组织必须与外部环境中关键要素的掌握者进行交换与互动。在与环境的交换中，组织可以获得有利于运作及实现目标的稀缺资源，比如资金、人才、技术、权利、信息、知识、政治支持等。

按照资源依赖理论的观点，组织间的依赖程度取决于三个决定性因素，分别是：资源对于组织运作的重要程度；替代性资源来源的难易程度；获取资源的复杂程度。当一个组织特别需要某种稀缺且没有替代品的资源来实现自身目标时，那么它将高度依赖掌控这种资源的其他组织。从这一意义讲，组织间协同的重要目的是试图降低组织对外部关键资源的依赖程度，同时尽力寻求一种稳定的途径以获取影响组织生存与发展的关键资源。Thompson 将组织间依赖分为三种类型：①汇集式依赖，指为了完成组织共同的整体目标，一个独立运作部门愿意将其产出与其他部门进行整合，但两个部门是平等的；②连续式依赖，指部门之间的投入与产出首尾相连，呈现单向依赖关系，下游的产出结果会受上游的产品品质的影响；③互惠式依赖，指互补共赢的依赖关系，在资源共享、优势互补的基础上实现组织间协同共赢[②]。此外，资源依赖理论还主张组织其实是可以让环境适应自身的主动行动者，大量的组织合并、联合、网络等行为正是组织主动控制环境资源的实例。例如，组织通过水平的扩展而吸收竞争者，以消除竞争中的不确定性；组织会通过垂直的整合以消除与其他组织的共生式依赖。

跨部门协同对资源依赖理论的吸纳主要体现在对各参与主体之间关系的分析上，政府职能部门之所以参与协同，往往是因为各方彼此在不同的资源

---

① Emerson R M. Power-dependence relations [J]. American Sociological Review, 1962（1）: 31-41.

② Thompson J. Organizations in action: Social science bases of administrative theory [M]. New York: McGraw-Hill, 1967.

方面存在相互依赖的关系。资源依赖理论帮助管理者和参与者认识到协同成员间关系的实质，即协同表层次上（Surface-level）的关系最终由其深层次的资源分配和占有模式而定 ①。跨部门协同的领导者不仅要看到资源方面的相互依赖关系，更要注重如何通过互补的依赖性来凝聚更强的合力。

任何一个政府部门都不可能拥有充分的权威、资源或能力去影响政策的出台与目标的实现。相反，政策制定和执行需要所有拥有重要资源并且彼此相互依赖的各方协同工作。由于政府部门间存在资源依赖关系，单一部门必须得到其他部门的资源支持才能顺利运转或提供高效的公共服务。资源依赖理论认为，公共部门参与协同的动机主要源于提高资源使用效率以追求更多公共价值，而资源相互依赖和共同利益目标是跨部门协同得以发生的前提条件。

二、制度理论

制度理论认为，任何一个组织只有遵从它所处的制度环境中的规范和社会期望，才有可能提高"生存机会"。也就是说，倘若一个组织试图获得合法性以提升自身的地位、声誉和形象，那么它必须与制度环境保持一致 ②。组织对制度环境的遵从主要包括模仿行业或群体的规范、标准以及成功的实践。这可以从两个方面去理解：一方面，组织所依赖的其他组织向它施加了正式和非正式的压力，以及互动场域中存在的社会规范对其施加了压力，即制度性压力；另一方面，当组织在缺乏充足的信息而独立决策时，模仿其他成功组织的行为不失为一种理性的选择。其结果是，许多组织纷纷参与双边或多边的协同，仅仅因为周围的组织都是这样走向成功的。

Guo 和 Acar 认为，制度理论重点关注的是制度环境下组织间的互动过程，而不是协同关系本身 ③。组织总是不断地与制度环境进行互动，因而协同被视为组织固有的一部分。通过反复的互动，组织联盟会对互动场域的规则建立共同的理解，而规则其实为协同过程创造了情境。当组织间由于文化、

---

① Pfeffer J，Salancik G R. The external control of organizations：A resource dependency perspective［J］. Economic Journal，1979（2）33–41.

② Barringer B R，Harrison J S. Walking a tightrope：Creating value through interorganizational relationships［J］. Journal of Management，2000（3）：367–403.

③ Guo C，Acar M. Understanding collaboration among nonprofit organizations：Combining resource dependency，institutional，and network perspectives［J］. Nonprofit & Voluntary Sector Quarterly，2005（3）：340–361.

政治信仰等的差异而无法在它们面临的制度环境下进行成功的互动时，那么协同将变得更具挑战性。Lynn 等总结了导致组织间互动的因素：一个组织对另一个组织存在依赖；资源集中化；不确定的技术或过程；松散耦合；专业化分工 ①。

在制度理论视域下，成功的协同取决于参与者是否了解制度环境及自己所承载的期望，而对协同过程和结构的共同理解也是协同的必要条件。当然，成功的协同会使组织获得更好的声誉、增加社会资本和拓展网络关系。协同通常可以解决重要的经济、技术和战略问题，所以协同安排会不断地出现、复制，并最终被视为可接受的组织方式。协同制度化的风险是，它可能会导致实施者把协同当作是目的而不是达到目的的手段。当联盟成员认为协同是一种无效的组织方式时，原有的推动协同的制度压力或许会变成协同的阻力。Ostrom 在研究公共池塘资源的自主治理时指出，制定适宜的协同制度是一项既耗时又充满冲突的任务，而且外部环境的突变会极大地阻碍协同的进程 ②。

与企业不同的是，公共部门之间形成联盟或伙伴关系是为了符合法律或监管的要求。实际上，来自上级的制度压力或授权对部门间协同关系的形成提供了动力源，否则协同行为也许不会自动发生。公共组织较强地依赖于上级部门的资源支持，所以它们无法抵御约束他们行为的制度压力。比如，为了获得上级的资金、政策或技术支持，生态环境部门需要表明他们将与其他职能部门共享资源、协调公共事务管理的承诺。随着协同已成为解决复杂社会问题的上佳方案，有关组织间协同的制度化水平也越来越高，这将成为政府跨部门协同的持续性压力 ③。总体来说，制度理论对政府部门之间为什么协同提供了合理解释，但并没有探讨不同的制度条件是如何影响协同过程与协同效果。

三、界面管理理论

1987 年，Shanklin 和 Ryans 共同提出界面管理理论，以研究企业内部部

① Lynn L E, Heinrich C J, Hill C J. Studying governance and public management：Challenges and prospects [J]. Journal of Public Administration Research and Theory：J-PART, 2000（2）：233-261.

② Ostrom E. Governing the Commons：The evolution of institutions for collective action [M]. Gambridge：Cambridge University Press, 1990.

③ Longoria R A. Is Inter-organizational collaboration always a good thing [J]. Journal of Sociology & Social Welfare, 2005（3）：123-138.

门之间的界面为源头，旨在促进部门间的协同①。此后，追随者们对界面管理理论进行了拓展，将其运用于政府部门间关系的研究。管理学中的"界面"泛指组织间相互联结、相互作用的状态，具体可描述为，为了完成某一任务或解决某一问题，所有被涉及的职能部门、成员之间，或各种程序、流程、结构之间的联系或衔接状态②。界面管理亦可理解为"交互作用的管理"，其本质是界面双方（多方）进行相互联结与相互作用，将界面关系纳入管理状态以实现有序的组织协调、指导和监督，以实现整体绩效最优化的目标③。界面在公共行政过程中扮演着愈加重要的角色，也是冲突的焦点。Kettl 总结了美国公共行政系统内五种无形的、非实体化却切实影响组织间关系的"边界"，分别是使命、能力、资源、职责和问责，在不破坏民主的基础上进行多部门、多组织间的和谐协作是界面管理的新策略④。

界面管理的存在缘于界面中互动的主体较多，资源要素的连接或交换涉及多方面、多层次。界面管理得好，则意味着能很好地控制界面、界定职位和职责，从而改进团队协作和团队建设⑤。有效的界面管理主要包含如下内容：其一，制订详尽完善的界面管理计划，分析可能对目标实现造成影响的"边界问题"，并了解界面冲突的成因与性质。界面冲突是把双刃剑，一方面会降低界面双方的协同效率，另一方面却能刺激创新，提升协同工作质量。跨界领导者需要利用各种管理工具和方法，适当诱发积极的界面冲突，抑制消极的界面冲突，在动态中控制界面冲突的范围与水平，使界面双方达到平衡和适应。其二，沟通是保障界面良好运行的关键能力。沟通可以避免信息不对称而导致的行动分歧与偏差现象，也能增进界面双方的了解，认识彼此的差异，进而有效改善界面关系。⑥ 作为界面双方进行有效沟通的枢纽或"大使"，跨界领导者自身的沟通协调能力对确保界面关系正常运行至关重要，尤其是"面对面"的正式沟通将对界面冲突起到调和、缓解作用。其三，对界

① Shanklin W L, Ryans J K. Organizing for high-tech marketing: Harvard business review [J]. Journal of Science Policy & Research Management, 1987 (2): 103–118.

② 聂柯渐. 界面管理理论研究 [D]. 福州大学博士学位论文, 2006.

③ 蔡翔, 赵君. 组织内跨部门合作的内涵及其理论阐释 [J]. 科技管理研究, 2008 (6): 268–269.

④ Kettl D F. Managing boundaries in American administration: The collaboration imperative [J]. Public Administration Review, 2006 (1): 10–19.

⑤ 李文钊, 翟文康. 从条块到界面：基层政府"放管服"改革的内在逻辑——基于江苏省徐霞客镇的案例研究 [J]. 甘肃行政学院学报, 2021 (1): 23–31.

⑥ 李强彬. 界面协商关系的构筑及其实现——民主决策的视角 [J]. 行政论坛, 2013 (2): 26–30.

面关系进行管理，解决界面主体的专业分工与协调的矛盾，关乎多主体互动的稳定性和持续性，继而影响界面主体在技术、信息等方面的共享。

界面管理理论发生作用的前提是，不同的组织在职能、流程等方面存在互联、互赖的关系，而这些组织间相互关联的职能、流程处于同等重要的位置，并没有严格的时间、空间前后顺序，主要表现为横向平行作用关系。对于政府部门而言，即便是规模最大、功能最健全的机构也无法独立完成全部工作，横向的跨部门协同是实现整体目标的理性选择。界面管理理论对跨部门协同的贡献在于：各部门在协同前应制订合作规划，而在协同过程中要建立沟通协商机制和做好关系管理，才能突破横向界面的阻隔，出现各种积极要素协调匹配、工作效益最大化的局面。

四、网络治理理论

网络是多学科共同关注的领域。社会学视角下的网络是多个社会行动者以及他们之间关系组成的集合，关注的是个体与个体之间的联系与互动，而并非孤立的个体行动者[①]。新制度经济学假定诸如信息、声誉等网络关系能够克服或减少管理地方公共资源时的集体行动困境，降低交易费用的同时促进参与者就共同面临的问题达成一致[②]。公共行政视角下的网络关注的是政策领域中政策专家、政府官员和非政府利益相关者之间的互动对政策结果的影响[③]。虽然不同学科对网络的理解存在差异，但共同点在于，它们都一致强调网络结构中行动者之间存在或多或少的关系。可以说，网络是一种独特的组织间关系结构，更是一种既不同于科层也有别于市场的治理方式。

自从20世纪80年代以后，公共管理的核心理念从"统治"转变为"管理"，"跨部门/机构边界的组织形式"随之成为公共管理学者关注的新焦点。比如，O'Toole和Laurence将跨部门协同视为"网络"，并认为网络作为组织间协同的安排，可以解决单一部门无力解决的公共事务[④]。那是因为，网络结

---

① Hill C. Network literature review: Conceptualizing and evaluating networks [R]. Calgary Health Region, 2002.

② Dyer J H. Effective Interfirm collaboration: How firms minimize cost and maximize transaction value [J]. Strategic Management Journal, 1997 (7): 535–556.

③ Weible C M, Sabatier P A. Comparing policy networks: Marine protected areas in california [J]. Policy Studies Journal, 2005 (2): 181–201.

④ O'Toole Jr., Laurence J. Treating networks seriously: Practical and research–based agendas in public administration [J]. Public Administration Review, 1997 (1): 45–52.

构中的多方主体是平等的，可以自我协调和平衡，通过平等的谈判和沟通协调产生正和博弈的结果，使多方参与主体能够受益[①]。网络治理的最主要特征是多方共治：治理主体不囿于公共部门，还可以是私人部门、社会组织和公民，多元主体的相互联系和作用形成一个有效的治理网络[②]。治理网络中的权利向度是多元的、相互的，它的运行逻辑以谈判为基础，强调行动者之间的对话与协作，凸显治理的民主性。网络的运行不依赖科层制下的"命令—执行"，或市场下的"等价交换"，而是基于成员间相互依赖的伙伴关系实现"1+1＞2"的整体协同效应。

在公共管理领域，协同被视为公共部门集体改进网络治理的一种手段，只要公共部门与合作伙伴共同作出决策并付诸执行，这其实是整体化的"协同型组织"在行动。但是，网络治理的主体是多元的，网络结构也是非正式的，需要借由长效的沟通协商机制调适行动主体间的关系，降低多元互动所带来的不确定性以增强整体的系统优势。行动主体间的互信是网络治理得以形成及持续运行的基础，可以对行动者形成约束，使其遵守网络规则，减少机会主义行为，并将彼此锁定在利益网络中。公共部门间的网络关系可以得到正式确认，方式如合同或谅解备忘录，当然还可以建立在部门之间的相互承诺上。对于网络治理而言，各个行动主体相互之间缺乏权利约束，有效的、持久的承诺对协同网络关系的存在能够产生积极的维持作用[③]。网络治理理论对跨部门协同的主要贡献在于，它强调相互依赖、网络优势和共同受益是组织参与协同的重要动力，而信任、沟通和承诺是协同网络发挥作用的关键因素。

以上几种理论，分别从不同的角度和层面为跨部门协同提供了有价值的思想元素，通过资源依赖理论透视跨部门协同的动机与本质，通过制度理论和网络治理理论理解跨部门协同的外在压力与关系结构，通过界面管理理论了解关系管理对于跨部门协同维系的重要作用。此外，这四种理论都或多或少阐释了影响跨部门协同成功的关键因素，如表2.2所示。

[①] Robins G，Bates L，Pattison P. Network governance and environmental management：Conflict and cooperation［J］. Public Administration，2011（4）：1293–1313.

[②] 鄞益奋. 网络治理：公共管理的新框架［J］. 公共管理学报，2007（1）：89–96.

[③] 刘波，王莉，王华光. 地方政府网络治理运行稳定性与关系质量研究［J］. 西安交通大学学报（社会科学版），2011（6）：63–71.

表 2.2　不同理论关注的重心及对协同成功因素的阐释

理论基础	关注的重心	协同成功关键因素
资源依赖理论	协同的动机	相互依赖、共同目标
制度理论	协同的过程	制度设计、资源支持
界面管理理论	协同的冲突	制定规划、沟通、跨界领导者、关系管理
网络治理理论	协同的结构	信任、沟通、承诺、非政府组织参与

资料来源：笔者整理所得。

本章小结

首先，对"河长制"、跨部门协同、跨部门协同绩效两个研究主题进行了文献综述。通过文献梳理发现，现有"河长制"研究大多聚焦于制度运行的逻辑，忽视了使其发挥治水功效的跨部门协同机制；国外有关跨部门协同理论框架的研究比较成熟，但目前还缺乏富有中国特色且符合"河长制"制度情境的跨部门协同理论框架；国外关于流域治理跨部门协同绩效影响因素的研究以规范分析为主，已有的量化研究多以多变量直接模型为主；国内研究尚处于问题描述和变量识别阶段，较少用实证方法探究各变量之间的因果关系，也缺乏对流域治理跨部门协同进程的关注。这些情况的存在为本书研究的开展提供了空间。

其次，着重介绍了用以支持实证研究的理论基础。由于公共管理领域中"跨部门协同"研究是多种学科知识的"大杂烩"，笔者根据前文对跨部门协同概念的界定，主要选取资源依赖理论、制度理论、界面管理理论以及网络治理理论进行分析。这些理论不仅阐释了跨部门协同的本质、动力源、结构和运作机制，还融合了合作成功的关键因素，这为本书研究的实证设计提供诸多理论依据。

▶ 第三章 "河长制"下地方政府流域治理跨部门协同的现状、动因与困境

"河长制"是探索流域治理方式的重大制度创新，作为一项新生水环境协调治理制度，可以有效弥补原先流域分散管理的不足，在跨部门协同治理中发挥着整合资源、化解冲突、提高效率和促进目标实现等作用。但"河长制"并不是能解决一切问题的灵丹妙药，地方政府流域治理中的跨部门协同仍然会遭遇一些现实困境。

第一节 "河长制"下地方政府流域治理跨部门协同的现状

随着"河长制"在全国范围内的全面推行，跨部门协同治水已成为近年来地方政府一项重要的环保惠民工作。本章从微观视角对当前我国地方政府流域治理跨部门协同的现状进行考察，重点分析参与主体、合作内容及运行情况等。

一、流域协同治理的参与部门

现代行政组织是按照职能分工原则来设计组织结构的，这导致我国地方政府的诸多职能部门从不同属性与用途来管理流域水环境。"河长制"出台前，流域治理中的一个普遍现象就是："环保不下水，水利不上岸"，"管水量的不管水质、管水源的不管供水、管供水的不管排水、管排水的不管治污"，部门间相互封锁，管理工作呈现"碎片化"特征。"河长制"确立以后，"河长"作为当地的党政主要负责人，能依托行政权威统筹协调辖区内涉水部门间的职责分工，主导、整合各部门力量，明确合作的目标任

务，按照流域水生态规律实行统一协调管理。"河长"对当地河流治理最具发言权，除给涉水部门下达任务指标外，关键是可以协调部门之间的行动。这就避免了以前多部门管理无人沟通、无人协调的问题。可以说，"河长制"是地方政府横向部门间协同治水的一剂良方，生态环境局、水利局、住建局、城管局等以往涉水管理中的关键部门，以及农林局、发改委、文旅局、财政局等核心部门都在流域协同治理过程中有了相应的任务和分工。从数量上看，同级地方政府内部参与与流域协同治理的部门一般在 11 个以上。

　　"河长制"在实际运行过程中，地方政府会根据流域治理的阶段性目标来确定协同治理的主体。流域治理的目标按时间期限一般可分为短期目标和中长期目标，这些目标即是部门间合作不同阶段的任务重心，决定了需要哪些职能部门参与治水。例如，《广州市全面推行"河长制"实施方案》将流域治理的目标确定为"一年消除黑臭水体，三年消除劣 V 类水体断面，四年水清案绿景美"[①]。因此，跨部门协同初期阶段的主要任务是有效控制水质恶化的趋势，这需要生态环境局、发改委、工信局、农业农村局等部门联合整治重污染企业与畜禽养殖业，建设污水与垃圾处理工程；合作中期阶段的主要任务是使流域水环境质量得到明显好转，此阶段需要生态环境局、水利局、工信局、农业农村局、城管局、市场监管局等部门协同控制面源污染、倒逼产业转型升级和监管执法；合作末期阶段的主要任务恢复水生态功能，提高水生物的多样性，这需要生态环境局、水利局、住建局、自规局、林业和园林局、财政局等部门共同实施河道综合整治、促进河流生态修复。总体来说，各职能部门是以流域水环境改善目标为导向建立合作关系，所以每个治理阶段的合作成员不尽相同。换而言之，并非所有的涉水部门都需要参与完成每项治理任务，而是根据任务的需要来选择恰当的成员单位和组建跨部门协同团队。无论是哪些部门参与流域协同治理，每个成员单位在合作过程中都有明确的职责分工，如表 3.1 所示。

---

① 广东省人民政府.广州印发全面推行河长制实施方案［EB/OL］.［2017-04-01］. http：//www.gd.gov.cn/govpub/zwwgk/201704/t20170401_249651.htm.

表 3.1　主要参与部门在流域治理中的职责

部门	主要职责
生态环境局	负责流域水环境治理方案的制定；水质的监测预警；工业企业污水处理厂环境监管
水利局	负责落实黑臭河道整治；流域水文监测；开展河道疏浚清淤和水利配套设施建设及河道日常管护工作
住建局	负责指导和监督流域内集中污水处理厂及管网建设；流域内的分散村落生活污水处理
农业农村局	负责对流域内养殖业、种植业的规范整治和管理；指导各类种植户科学合理施（使）用化肥农药
城管局	负责城区内河的综合整治工作；污水管网日常管理；加强对涉河乱倒垃圾、建筑废弃物的执法力度；拆除沿河两侧的违法建筑
发改委	负责指导流域内经济和社会协调发展规划的制定；明确产业发展方向和产业政策；组织开展各类工业园区循环化建设、改造；将流域整治重点项目进行包装，积极向上争取资金支持
工信局	负责流域内产业结构优化升级；促进企业实行清洁生产，淘汰不符合国家或地区产业政策的企业
林业和园林局	负责流域内森林植被恢复和水源涵养工程；完成景观林改造治理工程
市场监管局	负责河道巡查，规范和监督河湖周边各类生产经营行为，维护河道整洁干净
自然资源和规划局	做好土地管理及协调解决流域整治项目用地指标

资料来源：笔者整理所得。

二、跨部门的协调机构

为了推进和维系涉水部门之间的合作关系，各地方政府都成立了流域综合治理工作的协调机构。无论是以"'河长制'工作领导小组""'河长制'工作委员会"，或是"指挥部"命名的跨部门协调机构大都具有相似的组织形态。从图 3.1 可以看出，作为一个不同于常设部门的组织机构，跨部门的协调机构一般由党政领导（市委书记或市长）兼任"总河长"，其角色是作为地方政府处理跨部门合作事项的全权代表，对治水任务的处理具有最后的决策权、议事召集权、文件签发权，并担任第一责任人。此外，协调机构还设置有 2~3 名副总河长，其角色是协助第一领导开展工作。生态环境局、水利局、城管局、农业农村局、住建局等成员单位各派出一名"代表"就构成了协调机构的非领导成员。部门代表通常是各个部门内分管相关工作的副职，担任辖区内某条河流的河长或段长。

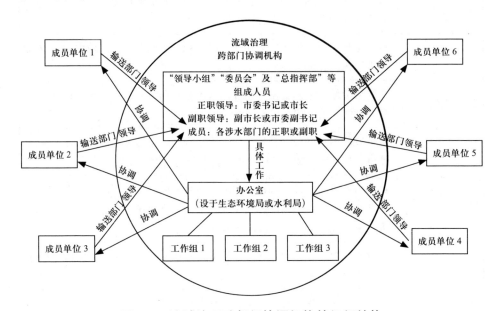

图 3.1　流域治理跨部门协调机构的组织结构

资料来源：笔者整理所得。

　　协调机构下设办公室，办公室一般设在生态环境局或水利局，从各成员单位抽调骨干工作人员进行集中办公。"委员会""领导小组"或"指挥部"通常只负责诸如组织调研、拟定政策、统筹协调等较为宏观的任务，而办公室则是日常事务的具体实施者，其主要职责包括：一是牵头收集议题，落实会议召开事宜；二是制订流域治理工作计划，分解落实各项任务和措施，督促有关部门按进度实施计划；三是协调工作中遇到的跨部门问题，重大情况及时向领导小组报告；四是提供技术指导服务，组织实施评估考核工作[1]。大多数跨部门的协调机构办公室按职责分工设有综合协调组、行业整治组、项目推进组、督查考核组、宣传报道组等不同的工作组，在领导小组统一指挥

---

[1] 南京市玄武区人民政府.关于成立玄武区友谊河流域水环境整治提升工作领导小组的通知［EB/OL］.［2017-05-29］. http://www.nj.gov.cn/xxgk/qzf/xwq/201706/t20170620_4594463.html.

下开展工作。办公室的工作人员其实充当了部门间合作的"连接人",他们要把领导小组成员在会议上确定的共识性决议得以具体化,并使之贯彻落实到各个成员部门中。由此可知,协调机构及其办公室的设立为各涉水部门之间的合作提供了平台,加强了部门间的横向沟通,使得各部门的行动能够协调一致,并能够迅速集聚各种资源来推动跨部门协同治水工作的有效开展。

三、跨部门协同的内容

当前,"河长制"下地方政府流域治理跨部门协同的内容主要体现在政策制定和政策执行两个层面。在政策制定层面的协同中,合作参与者共享知识、技术等方面的资源,并联合发布工作计划,这一层面的合作增强、提升或者限制了执行层面的合作活动;在政策执行层面的协同中,部门间合作发生在集体行动的规则范围内,以完成单一部门无法或难以完成的任务。

在政策制定层面,流域治理跨部门协同的内容主要包括:编制流域水环境的综合治理规划;制定流域统一的监测方法;建立水环境管理信息共享平台;制定食品、造纸、医药、皮革等重污染行业水污染治理方案;制定水生物多样性保护方案;商定突发水污染事件应急应对工作方案;整合环保、水利、农业、林业、城建等方面的专项资金。不难发现,以上合作内容将对政策执行层面的相关合作活动起到"掌舵"作用,因为它们大多聚焦于参与者的沟通、合作行动的协调、政策整合和集体目标的确定。

政策执行层面的跨部门协同内容会受到资源的可利用性、水环境问题的结构、制度环境等因素的影响,因而有些合作活动是临时性的,有些合作活动是持久性的。尽管不同地方政府面临的流域水环境问题各不相同,如水质的污染类型、污染源分布、规模及数量,但政策执行层面的协同内容大致有以下几个方面:联合监管执法;农业面源污染防治;船舶污染防治;工业企业污染整治;流域断面监测;饮用水源保护;河道整治和生态恢复;水环境保护主题宣传。事实上,政策执行层面的跨部门协同内容更多的是以"专项行动""整治工程"等形式出现。比如,河北省雄安新区在治理白洋淀流域时,职能部门间的协同主要围绕"十大"专项整治行动来展开[①];汾河流域治理过程中,山西省临汾市涉水部门在政策执行层面的协同内容囊括了水质

---

① 中国水网.雄安新区及白洋淀流域水环境整治攻坚行动方案:集中10项任务[EB/OL].[2017-09-08].http://www.h2o-china.com/news/263517.html.

监测网络完善、工业园区污水处理、垃圾无害化处理、河道截污纳管等工程建设[①]。

四、跨部门协同的信息沟通途径

信息沟通是政府部门间协同的黏合剂和桥梁。部门间的有效信息沟通可以增强团队凝聚力和执行力，实现资源共享，从而提高流域治理效率，节约人力、物力和财力。当前，"河长制"下地方政府流域治理跨部门协同的信息沟通途径主要有联络员制度、联席会议、专家座谈会、信息共享（见表3.2）。每种途径有各自的特点和功能，形成了多层次的对话交流机制。具体来说，联席会议一般由总河长或总河长委托副总河长召集并主持召开，生态环境局为牵头单位，发改委、工信局、城管局等成员单位的负责人为联席会议成员。联席会议不定期召开，主要功能是研究确定重大工作问题，统一工作思路，并对多部门联合治水进行全面部署。比如，甘肃省舟曲县建立了"河长制"工作部门联席会议制度，主要职责是督促相关部门按照职责分工落实责任，协调解决"河长制"推行过程中的重大问题，议定阶段性工作安排[②]。

表 3.2　流域治理跨部门协同的信息沟通途径

途　径	参与主体	功　　能	方　式
联席会议	总河长或副总河长；责任部门领导	议定重大决策部署；通报工作进展情况；协商解决疑难问题	不定期召开
联络员制度	部门代表；河长办	协调日常工作；信息报送与共享	日常联系
技术交流会	河长办；部门代表；专家；环保企业代表	技术指导；经验交流；知识学习	根据需要
信息共享	责任部门；河长办	提高信息资源利用效率，服务和支撑"河长制"各项任务顺利完成	政府公报；官方网站；公文交互系统

资料来源：笔者整理所得。

---

① 临汾市人民政府办公厅.关于印发临汾市加强汾河流域水环境治理和水生态建设实施方案（2017-2020）的通知［EB/OL］.［2018-03-26］.http://www.linfen.gov.cn/gov/article_67267.html.

② 舟曲县人民政府.舟曲县全面推行河长制工作部门联席会议制度［EB/OL］.［2012-07-09］.http://www.zqx.gov.cn/info/1020/21142.htm.

此外，联席会议的各成员单位指派 1 名联络员，负责向"河长制"工作领导小组办公室报送信息，开展经常性信息互通交流。以泸州市河长联络员单位工作制度为例，各涉水部门的联络员负责水污染防治信息的收集、通报、网络传送等有关工作，每个月向领导小组办公室报送本部门的水污染整治、违法行为查处情况①。联络员所报送的信息经领导小组办公室整理后形成简报，印发各成员单位，在水质状况、水质目标、水污染治理项目申报与实施、污染源治理、资金管理等方面进行信息沟通和共享。

在跨部门合作过程中，涉水部门还会邀请水环境治理领域的专家和环保企业代表召开流域综合治理技术交流会。会上，各部门的负责人和专家围绕流域治理技术路线、水污染防治规划的编制等相关问题展开面对面的对话。技术交流会不仅为政府治水工作人员了解新的治理理念与技术工艺提供了直接的沟通渠道，也为涉水部门之间经验交流、意见交换和相互学习提供了机会。

信息共享遵循及时、准确和高效等原则，共享的内容包括与全面推行"河长制"工作相关的水污染防治、水环境治理、水资源保护、水域岸线管护、水生态修复五个方面的规划、现状、治理、监测与监管等有关信息，河长办和成员单位主动共享数据信息②。

五、跨部门协同的成效

"河长制"全面推行之后，我国地方政府的涉水部门在河长的组织领导下打破部门之间存在的壁垒，纷纷开展联合治水行动，并在流域水质改善、水生态修复、工作机制创新和公众满意度提升等方面取得了一定的成效。比如，2017 年重庆市永川区对临江河流域实施跨部门协同治理，水质由 2017 年的劣 V 类、2018 年 V 类提升到了 2019 年的Ⅳ类、2020 年的Ⅲ类水质③。在多部门协同治水过程中，江门市联系实际探索出一些创新性的做法，如将河长约谈制写入地方法规、带着"三个清单"去巡河、借助现代科技探索"智慧河

---

① 泸州市人民政府.关于印发《市级河长联络员单位工作制度》［EB/OL］.［2017-06-23］.http：//slj.luzhou.gov.cn/rdzl/qmthhzz/content_331999.

② 安庆市水利局.安庆市河长制信息共享制度［EB/OL］.［2017-11-01］.http：//aqxxgk.anqing.gov.cn/show.php? id=568602.

③ 重庆市永川区人民政府.临江河流域综合治理见成效［EB/OL］.［2020-12-17］.http：//yc.cq.gov.cn/sy_204/qxdt/202012/t20201217_8660588.html.

长"①。又如，昆明市各涉水部门从 2016 年年初开始对滇池进行协同治理，2 年后全湖水质类别由 V 类上升为 IV 类，水体透明度上升 17.9%；调查显示，昆明市居民对滇池水污染治理的满意率为 86.5%，比 2015 年提升了 15.1 个百分点②。再如，南宁市以河湖长制工作为抓手，采取跨部门协同方式集中解决水生态、水环境、水资源等方面存在的突出问题，2021 年第一季度地表水考核断面水环境质量状况在全国 333 个地级城市中排名 15，居全国省会城市首位③。茅洲河曾是珠三角污染最严重的河流，2015 年水质为劣 V 类，河水持续发黑发臭如同墨汁一般。2016 年，深圳市摈弃过去零碎敲打治理模式，河长办统筹协调，多部门协作联动。2020 年，茅洲河水质稳定达到或好于 V 类水，氨氮指标从 22.8 毫克/升降至 2 毫克/升，"水清岸绿、鱼鸥翔集"，成为沿岸深圳市民眼中的"网红河""打卡地"④。在访谈调研中（见附录一），大部分受访者认为深圳市"河长制"跨部门协同取得了很好的环境性结果。如一位受访者描述道：

"'河长制'开始之前，水花生对河道、防汛抗旱的时候影响特别大。几年没管理，可以长到河道上，也没人打捞，河道很脏很脏，简直是连鱼都没了，什么都没有。当'河长制'开展之后，水确实清了，也没有水花生了……现在效果简直是太好了，老百姓对这个也确实很赞成……河道也变成我们小时候那个样子了，污水很少了，也没有垃圾了，慢慢鱼也多了，偶尔有好些小野鸭子，这个效果挺好的。"（深圳市河长办工作人员：LYF20201021）⑤

第二节 流域治理跨部门协同的动因

除了"河长制"的制度压力，地方政府内部不存在隶属关系的横向部门

---

① 人民网.江门：河长制四大创新形成合力［EB/OL］.［2018-05-29］. http://gd.people.com.cn/n2/2018/0529/c123932-31638191.html.

② 人民网.昆明滇池流域水环境综合治理取得成效［EB/OL］.［2018-04-09］. http://yn.people.com.cn/n2/2018/0409/c378439-31436332.html.

③ 南宁新闻网.南宁市全面推进河长制湖长制工作取得积极成效［EB/OL］.［2021-05-11］. http://www.nnnews.net/yaowen/p/3077473.html.

④ 深圳政府在线.深圳茅洲河治理显成效［EB/OL］.［2020-06-16］. http://www.sz.gov.cn/cn/xxgk/zfxxgj/bmdt/content/post_7799661.html.

⑤ 本书的访谈编码规则为：机构＋职务＋姓名拼音＋年＋月＋日。

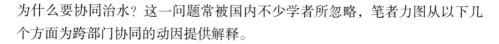

为什么要协同治水？这一问题常被国内不少学者所忽略，笔者力图从以下几个方面为跨部门协同的动因提供解释。

一、避免部门间职能交叉

根据《环境保护法》的规定，各级地方政府是流域治理名义上的责任主体。但事实上，流域治理由众多相关业务部门具体负责，主要是对水污染防治实施统一监管的环保部门以及对水资源实施统一监管的水利部门。除两大核心部门外，农业、林业、住建、城管、渔业、海洋、发改等部门也在各自职责范围内承担着与水有关的行业分类管理职能。尽管各部门有着相对独立的管辖领域，但在实际的流域公共治理过程中，这些领域往往矛盾重重，导致部门之间职责边界模糊[①]。例如，《水法》规定水利部门的职责是对流域水质进行监测，向环保部门通报；《水污染防治法》规定环保部门负责统一发布水环境信息。显而易见，环保和水利两个部门在流域的水质监测方面都有权利和责任，但谁起主导作用并不明确。另外，卫生、交通、国土、公安等部门也都承担了相应的职责对水污染问题进行监管。此外，住建部门和农业部门在农村生活污水处理方面存在职能交叉；渔业部门和海事管理机构在渔业污染事故的处理方面存在职能重叠；水利部门与城管部门在河道违建物拆除责任方面存在争议。因职责不清导致的重复建设、政出多门、各自为战、资源分散等现象，在地方政府流域治理活动中广泛地存在着。一旦流域水质出现问题，各涉水部门则相互推诿扯皮、推卸责任。这在很大程度上既降低了行政效能，又有损政府形象。流域治理多元主体相关职能的交叉、分散化现象导致了协同共治的需求。跨部门协同不过分强调分清所有的职能，而是明确牵头部门，分清主办和协办关系，并在部门间建立一种互动、共动、联动关系的协调机制，形成治水合力。加强涉水部门之间的合作与协调，能避免或减少职能交叉、推诿扯皮现象；同时，通过资源共享和信息互通，避免政策执行过程中出现"内耗"问题，有助于提升治水效率。访谈中，有人指出：

"以前的治水方略有很多，但都面临一个问题——落实难。为什么？水产养殖涉及农业和农村局、企业生产技术改造涉及工信局、水源附近矿山开采涉及自规局，污水处理厂归我们来管……管水的部门多，有时责任分不清，

---

① 曹新富，周建国.河长制促进流域良治：何以可能与何以可为 [J].江海学刊，2019（6）：139-148.

管理上容易存在一定的'真空'。'河长制'推行以后，（协同）最大的亮点是每一条任务后面都明确列出牵头负责及参与的主要部门，具体到由谁负责落实。而且，每一条都列出完成最后时限和目标任务，再想'扯皮'就难了。"（台州市住建局科长：XDF20181120）

"就拿西枝江流域来说吧，水质保护和治理主要涉及的部门有 16 个，环境治理最忌多个职能部门交叉管理。谁都能管，谁也管不好，常常出现'有利争、见难推'的现象。再说，河流或者湖泊是一个整体，不可能分类管理、局部修复。跟过去'九龙治水'的时代不同，河长办统筹下的联合治水把每项工作落实到位了，包括哪个部门牵头、哪个参与、谁负责，大家要做什么都很清楚。我们启动联合治水行动，很大原因就是想减少职能交叉，形成工作上的合力。"（惠州市河长办副主任：CDB20190725）

二、缓解部门间利益冲突

如同盈利的企业一样，公共部门除实现公共价值外，也会追求部门私利。

在流域治理中，地方政府的职能部门会利用掌握的公共权力合乎规程地做些有利可图的事情，理性地将利益的天平倾向自己。这是造成部门间利益冲突的主要根源。例如，发改部门在对影响水环境的建设项目进行审批时，可能会谋求部门利益而将后续难题留给其他部门；城建部门会利用污水处理和截污项目、管网建设项目为部门争取更多资金支持。当然，部门立法制度为涉水部门提供了看似"合法"的方式去争夺"私利"。它们总是力争自身利益最大化，通过出台环境标准、管理条例等规范性文件"堂而皇之"地扩大利益范围。例如，2005 年 4 月 5 日，淮河水利委员会发布了《淮河流域主要污染物限制总量指标》。但随后，环保部门指出其信息发布行为违反了《水法》和国家有关规定[①]。信息发布权之争的背后，是因为水利部门需要申请治污资金，环保部门需要考核治污效果，双方追求的是部门自身的个体利益，这显然与流域水环境整体性治理的要求相违背。

涉水部门间的利益冲突在很大程度上是由部门目标差异引起的，例如，环保部门关注的是企业的污水达标排放（水质），水利部门关心的是水量，林业园林部门关注的是水生态景观，自然资源部门关注的是流域国土空间规划。

---

① 中国水网．水环境质量不容乐观，九部委博弈《水十条》[EB/OL]．[2014-06-10]．http://www.h2o-china.com/news/128332.html.

要缓解部门间的利益冲突，关键在于协调各部门的目标，这需要涉水部门以积极合作的姿态进行协商对话，达成共识。跨部门协同治理从流域整体出发，强调流域水资源统一规划管理，将单一部门的利益同流域综合治理目标结合起来，通过合作目标的实现带动并促进各部门目标的实现。当部门之间达成深度合作状态时，流域多部门管理系统处于"有序性""整体性"状态，部门之间的利益冲突就会得合理的解决。在调研中，一位参与跨部门协同治水的人员讲道：

"渔业行政执法队负责湖上执法和渔业保护，林业和园林局只管湿地生态系统建设。他们大多从自己（部门）利益出发，有利争着抢，无利则能不做就不做。河长看重的是治水大局，不倾向哪个部门的利益，让我们合力解决一批（治水）的'老大难'问题。"（九江市河长办工作人员：ZXC20200513）

"以太湖流域为例，一个湖泊往往有10多个职能部门参与管理。比方讲，我们主要负责产业结构调整，牵头制定太湖治理项目实施计划，住建局负责生活污染治理，林业和园林局承担湿地生态系统的建设保护，市农业农村局负责面源污染控制……大家只顾自己（利益），很少顾及全局，加剧了湖泊管理无序。当上面有（治污）资金下拨时，一些部门会想着法子、变着法子争。一到落实责任时，就你推我我推你。如何化解这些矛盾？部门之间如何做到拧成一股绳，劲往一处使，这正是我们想通过协同合作来解决的问题。"（常州市发改委副主任：LTT20190108）

三、部门间相互依赖

涉水部门能够从碎片化走向整体性，除了流域水环境问题超出单一部门能力外，业务上的联系与交叉是跨部门协同的关键原因之一。换而言之，当两个或更多部门要完成自身任务而彼此之间相互依赖，跨部门协同不可避免。流域水污染问题在环境、社会、经济等多个领域表现出很强的相互依赖性，使得水环境的协同治理成为必然。流域范围内的各种自然要素是相互关联的，土壤、水、植被和水生物形成了一个复杂的共生网络。比如，土地利用方式和植被覆盖密度会影响水质水量；反之，水质水量会对土地的使用、植被和水生动物产生影响。这些要素间的关联性正好反映了涉水部门间的相互依赖性：水利、环保、农业、林业和渔业等部门在工作上存在相互依赖，没有其他伙伴的行动支持，任何一方都无法顺利完成自己的政绩考核目标。同时，涉水部门之间的政绩具有共享性，完成流域协同治理任务带来的收益被多个部门共享。

此外，管理流域水环境问题会遭遇诸多的不确定性：水环境问题本身就具有不确定性，如生态威胁、土壤流失、观光客的涌入等；解决方案不是单一的，而是竞争和未知的；信息和资源的可用性处于不确定状态；每个政府部门对传统的管理方式是否产生预期的结果也存在不确定性。政府部门内部无法解决的不确定性驱使它们变得相互依赖，目的是通过集体行动去应对流域水质恶化问题。从根本上讲，相互依赖是涉水部门参与合作的诱因，它来自部门之间资源共享或风险共担的需求。各个部门希望通过协同合作获取相关资源及解决流域问题的完美信息，从而达成各自的目标。

"水质不达标会对农业种植产生影响，比如水中的氯化物超标会导致水稻的死亡；在农业种植中，必然会使用氮肥、磷肥等氮磷含量较高的肥料。这些肥料用得不合理，会引起水体富营养化，严重的话，还会造成流域水质恶化，水生态系统受到破坏。水质变差虽说由生态环境局负责，不归我们管，但在这方面我们是'一损共损，一荣共荣'，联合开展（水污染）整治行动对双方都有利。"（台州市农业农村局科长：GHQ20181120）

"我们工作的最终成效会受到一些其他部门工作的影响。比方说，水污染防治关键是源头控制，而淘汰落后的高污染企业是发改委的工作任务；水环境改善引流'活水'是良方，但属于水务局的职责。没有他们的配合，我们很难完成既定的水质达标目标。当然，其他部门也离不开我们的配合，城管局就需要我们提供垃圾填埋场渗滤液处理方面的技术帮助，发改委的产业园区规划也需要我们进行环评。所以说，大家都依赖对方，只有协同配合才能把（各自的）工作做好。"（惠州市生态环境局副局长：HGC20190726）

四、对组织合法性的追求

合法性是连接组织和环境的桥梁，组织联合行动的目标之一便是获取合法性，即帮助组织从外部利益相关者那里获得认可和支持。国内外不少学者认为，取代效率的是组织对合法性的追求，其目的是使自身的行为被认为是可取的、恰当的、合适的、普遍性的。对于公共部门而言，组织活动既要符合现有制度框架的认可，也要获得上级领导和社会公众的一致认可。没有这种认可，公共部门就无法获得所需要的关键资源。在流域公共治理中，水污染危机和治理的碎片化现象已经引起了人们的广泛关注和对相关部门合法性的质疑，这使流域公共治理的主体处于一定的压力和期望中。因此，涉水部门间的协同正是出于对组织合法性的追求而发生的。例如，2013年温州市民悬赏邀请环保局局长下河游泳，看似公众以调侃的方式对政府治水不力的问责，实则反映出涉水部门的合法性地位在公众心目中已下降，即政府部门"各自为政"的治理状态没有得到社会公众的认可。为了及时回应公众的诉求和质疑，温州市环保局联合水利、农业、城管执法等多个部门展开了规模空前的协同治水行动。在访谈中也有人谈道：

"采取多部门联防联治的一个重要原因是，让我们的治水工作成效得到公众的认可。有不少的市民很关注流域的水质情况，局里收到的举报和投诉比前些年明显增多，这其实也是对我们治水工作的监督。对于公众的诉求，我们必须及时回应，否则会认为环保部门不作为，形同虚设。但实际情况是，一些水污染问题成因复杂，单靠一个部门（解决）很困难，比方说养猪场导致的水污染。只要有群众反映，我们就会联合农业农村局、城管局，一起到现场调查，协商解决，给群众一个满意的答复。"（常州市生态环境局科长：XL20190109）

任何一个政府职能部门要提高组织的合法性，必须顺应主流规范和行政改革的潮流。在多元化、信息化和网络化催生出的全新治理时代，"跨界"协作已成为"公共部门的新形态""复杂公共问题的解决之道"，部门协同的主体由中央部委之间扩展到了地方政府部门之间。多部门联合治水顺应了我国地方政府治理创新的新趋势和服务型政府建设的要求，为改善流域水环境这一共同目标而"从破碎走向整合"。当有强大的外部力量推动时，跨部门协同发生的可能性会进一步增大，如上级领导的重视、制度压力和政策导向等。各部门选择合作，能合理合法地获得资金支持、技术支持和政治支持。

"市委书记担任总河长，他的重视和支持对协同治水有很大的推动作用。领导发话了，大家都得行动起来。我们要和上面保持一致，肯定要参与（协同治水）。另外，合作也有好处，我们有机会获得更多的水利项目配套资金，原计划的一些水利工程项目，比如说排涝站、水文监测站网，能够加快建设进度。"（常州市水利局综合协调处负责人：PHX20190110）

"为了有效推进'河长制'，市里建立了部门联动工作制度，制度压力下我们必须参与（合作）。城区内河整治、拆除涉河违建和垃圾集中处理由我们负责，也是剿灭劣Ⅴ类水的一项重要工作，我们理应参与。不只是'河长制'，'水十条'和'五水共治'也要求做到部门联动。近几年，流域流经的市、县都在开展多部门联合治水活动。尤其是丽江市和金华市做得特别好，它们的治水经验成为全国范本，这对（台州）市领导和各部门领导的触动很大，更坚定了我们协同治水的决心。"（台州市城管局科长：LWW20181121）

第三节 "河长制"下地方政府流域治理跨部门协同的困境

"河长制"在运行过程中很大程度上破解了地方政府"九龙治水"困局，使流域得以整体性治理。但跨部门协同治水并非易事，需要克服阻力才能顺利地启动和深度推进。我们从协同主体、协同过程、协同制度和资源等几个方面对当前流域治理跨部门协同存在的困境进行分析。

一、协同主体的困境

（一）"河长办"协调权威不足

"河长"由地方党政一把手担任，主要负责总调度和总督导工作，统筹协调工作实际上由"河长办"完成。"河长办"的设置主要可以归纳为两类：一是从各个相关部门抽调工作人员组成临时机构，集中独立办公；二是设在水利局，由水利局明确1个处室承担日常事务，其他职能部门抽调业务骨干到"河长办"挂职。无论哪种形式，各职能部门都会指定一个业务处室或一名联络员与"河长办"对接。"河长办"与其他职能部门不存在上下级关系，也不同于党委办、政府办，只能依靠党政一把手的"长官意志""个人威信"约束涉水部门，自身没有足够的权威开展协调工作。尤其是在地方政府党政领导不担任河长办主任的情形下，"河长办"对其他部门的约束力很小，相当于水利部门在出面协调。此外，一些地方政府的"河长办"除了保障河长履职尽责，还同时承担水务部门工作，缺乏完备的组织架构与明确的角色分工。相关部门容易以权责不清为由，推脱应承担的治水任务，与"河长办"的工作对接也存在较大的随意性，导致流域治理跨部门协同陷入困境。比如，部分单位认为河道治理本属于水利局的工作，与自己关系不大，最后很大可能还得由"河长办"或水利局独自完成任务。

"生态环境局是水污染防治的主管部门，但现在河长办的职能出现了交叉，我们也不知道出了问题究竟由谁来管。另外，他们（河长办）人员不稳定，临时抽调的人员对业务不太熟，有些工作很难交接。"（惠州市生态环境局水生态环境科负责人：YB20190725）

"河长办本来属于协调机构，就因为挂在水利局，很容易被其他部门认为就是水利局在布置工作，我们权威不够，协调起来困难重重。"（惠州市河长办工作人员：YJH20190726）

"河长办感觉像是一块夹心饼，责任很大，既要对上负责，又要协调好兄弟单位共同治水。但权力和能力却很小，黑臭水体的整治工作我们就很难说服其他部门来支持。"（九江市河长办工作人员：JMC20200514）

（二）部门之间缺乏充分信任

作为一种"社会资本"，信任关系是政府部门间合作产生的基础，也是跨部门协同得以维系的保证。可以说，没有信任的跨部门协同治水行动是低效的，甚至是无法完成的。但实际情况是，任何一个职能部门都是基于特定领域的知识和经验管理公共事务，部门之外的人通常不了解相应的专业知识和相关信息，很难对该部门的工作做出评判，或提供更好的建议。比如，城管、公安部门人员对水生态修复知识知之甚少，寻找污染源头时没法辨别哪条是污水管道、哪条是雨水管道，与生态环境、水利部门人员合作起来依然存在缝隙。"河长"领导下的跨部门协同涉及水资源保护、水域岸线管理、执法监管、水环境治理与修复等多项工作，"用专业的人做专门的事"，具体治水任务最终由对口职能部门主导完成，其他职能部门不便也不愿深度参与。此外，以部门利益为导向的"部门本位主义"或多或少地在一些政府部门有所体现，在这种理念影响下，涉水部门要随时提防合作伙伴的机会主义行为，彼此之间自然缺乏充分的信任。部门之间过去的良性互动会产生认知型信任，即合作方的能力、责任感、可靠性都是值得信赖的[①]。遗憾的是，"河长制"推行之前，地方政府涉水部门之间互动的频率低、互动内容范围狭窄，因此产生的信任关系并不牢靠。在流域协同治理过程中，由于受信息不对称或不完全性的影响，以及对合作预期收益和成本认知差异，涉水部门对彼此的信任会大打折扣，在合作中相互猜忌，表面上重视，实际上轻视。涉水部门之间缺乏充分的信任，意味着"河长制"下的跨部门协同还缺少足够的"润滑剂"，会导致政令不畅、相互掣肘，增加各类合作成本，从而降低协同治水的实效性。在调研访谈中，我们也发现了类似的问题：

"我们和生态环境局在业务上以前来往比较少，有一些专业科室，人员彼此之间不是太了解，配合起来总感觉不太顺手，缺少点默契。我们主要负责

---

① 郑拓. 突发性公共事件与政府部门间的协作及其制度困境［D］. 复旦大学博士学位论文，2013.

水土流失防治和生态湿地修复工作，大家都怕别人偷懒让自己吃亏，不是自己的工作绝不多干，所以在工作相互支持上有的时候就会比较无力。"（常州市林业和园林局副主任：XZS20190108）

二、协同过程的困境

通过会议达成、任务分解等方式设定协同治理目标，需要各个部门在协同过程中切实执行，才能最终实现。选择性执行和信息沟通不畅是地方政府流域治理跨部门协同过程中普遍存在的困境。

（一）选择性执行

"河长制"将流域治理责任发包给地方党政领导，但并不意味着"河长"替代各职能部门工作，而是依然强调部门职责分工，要求相关部门承担合作任务。对于参与协同治水的职能部门而言，只要合作任务属于固有的职责范围，他们就会全力投入到协同治水工作中。当围绕"河长制"设计的流域治理格局，对原有的流域管理"职能版图"造成了冲击，合作任务超出了职能部门的固有职责范围时，那么他们必然会将内部的有限资源首先用于执行对自己有益的部分，这就是选择性执行。涉及部门数量越多的流域环境问题，越有可能被各部门边缘化，合作任务选择性执行的可能性越大。选择性执行的通常表现为：工作挑着干，有利、好干的干，无利、难度大的敷衍干；执行上级决策不认真，甚至搞"上有政策，下有对策"；合作任务执行"龙头蛇尾，半途而废"。从部门间关系的角度看，治水部门也会对合作承诺进行选择性执行。如果两个横向政府部门间存在不对称的资源依赖关系，强势部门的合作动力自然没有资源相对短缺的弱势部门来得强烈。随之而来的是，拥有更多话语权的强势部门会依据互惠性而选择性地兑现自己对合作过程中作出的承诺，从而实现"投我以桃，报之以李"的对等效应[①]。合作任务或承诺的选择性执行会影响合作伙伴的工作积极性，延滞协同治水项目的进度，甚至会致使合作关系破裂，跨部门协同的预期目标难以实现。

"按照（'河长制'）分工，生态环境局负责打击违法排污行为。上个月有民间河长发现某段水域有储备地违法排污，河长办安排生态环境局（人员）处理，他们认为储备地排污一直属于自然资源局管。自然资源局回应说，按

---

① 尹艳红. 我国地方政府间公共服务合作中的承诺与兑现——面向长三角地区的探索性研究 [J]. 国家行政学院学报，2013（1）：20-25.

现在的分工就应该（由）生态环境局负责查处，结果排污现象无法得到很好的解决。"（常州市河长办工作人员：CWJ20190110）

（二）信息共享不畅

协同治理的最优状态是协同主体之间实现完全的信息共享。许多地方政府制定了"河长制"信息共享制度，要求信息共享做到及时、主动、准确，尤其要做好治水部门工作动态信息和基础数据信息共享。但事实情况是，部门间信息共享与互通渠道不够顺畅，多源数据缺乏有效融合，造成信息共享效果不尽如人意。

一方面，各部门从自身业务需求的角度出发，组织监测并积累了大量的水环境监测数据，但所使用标准并不统一，导致监测结果缺乏可比性。比如，生态环境和水利两个部门都各自在长江流域设立了水质监测网络，可是在监测断面的布局、监测指标的选择及监测方法方面差异较大，导致同一河段的水质监测结果不同。

另一方面，由于安全、兼容性、部门利益等问题，治水部门之间缺乏统一有效的信息共享交换平台。流域的气象水文水质、污染源、生态环境、地理空间、社会经济发展等信息分布于不同主体，仍处于封闭不流通的状态，形成一个个"信息孤岛""应用孤岛"，这削弱了流域治理决策的科学性与精确性。同时，信息共享困难，使得参与协同治水的部门无法快捷地从合作伙伴那里获取所需的业务信息，无疑会羁绊"河长"领导下的多部门联合治水行动。

（三）难以建立共享理解

共享理解（Shared Understanding）是促进部门间相互包容的桥梁，也是多方有效互动的前提。在协同治水中对问题形成共享的理解，有利于各方对协同目标与治水行动达成共识，继而作出共同承诺[1]。每个部门都是从自身的专业背景和利益立场对协同治水规则进行操纵，不愿意舍弃各自的专业所长、价值判断和行动规则，也无法轻易摆脱固有的治理理念和治理风格，因而部门之间很难建立共享的理解和做到相互包容。本课题组在江西省赣州市调研时发现，当地的生态环境部门认为，赣江水污染主要源头是生活污水，其他部门则认为工业园区排污才是罪魁祸首，河长办一直强调农业污水影响了水

---

① Tonelli D F，Sant' Anna L，Abbud E B. Antecedents，process，and equity outcomes：A study about collaborative governance［J］. Behav Res Methods 2018（5）：1-17.

质，而农业农村部门反驳说有确切数据证明当前农业灌溉所产生的污水比重非常低，且在河流自净能力范围内。由此可见，部门之间对同一问题不易形成共同理解，意见相互抵触，解决办法更是大相径庭，使得跨部门协同治水举步维艰。另外，许多地方政府实行"河长制"时急于聚焦成效，未对各部门治水职能进行梳理和重新合理分工，对流域治理的内容范畴、分区施策、具体工作事项等均无详细解释和规划，使得协同治水无章可循，疲于应付，在部门本位主义思维作用下，"不求有功，但求无过"的观念对共担共治共享提出了挑战。

"很多工作开展起来，大家都有自己的看法。就拿控源截污工作来说，水利局认为应该花大力气来整治'小散乱污'企业；生态环境局觉得污染源是生活污水，应搞好污水管网建设和处理设施；城管局认为河道垃圾清理不是关键问题，应该截住岸上的污水……每个部门对问题都有自己的理解，觉得自己是对的，意见很难统一，协调不好的话，影响他们的工作情绪。"（九江市河长办工作人员：JMC20200514）

三、协同制度与资源的困境

（一）协同治理制度不健全

良好的制度与规则可以最大化地凝聚团队的集体力量，群策群力地实现既定目标[1]。从制度来讲，"河长制"下的跨部门协同治水体系能否良好运行与保持，更多地取决于行政压力，缺乏必要的法律支撑。"河长制"实质上是流域治理领域中的"首长负责制"，依赖地方党政一把手的权威来促成部门协作。这容易在地方政府内部形成一种"权威思维定式"：党政一把手高度重视，涉水部门会服从上级权威，积极响应协同治水；党政领导重视程度弱化或"不在场"，涉水部门往往又"各行其道，互不相干"[2]。"河长制"寄希望于贤明一人，有悖于法治的规则至上的精神，在本质上仍属"人治"。也就是说，地方党政领导的意志决定着跨部门协同治水的目标和方向。在"一把手抓"权利运作机制中，"河长"掌握着水资源调配与利用权、行政自治权，很难避免其滥用职权、懒政怠政和盲目决策的发生。只有将"河长制"的相关规定法律化，使其运行有章可循、有法可依，才能避免此项制度在实施过程

---

① 俞可平.治理与善治［M］.北京：社会科学文献出版社，2000.

② 曹新富，周建国.河长制促进流域良治：何以可能与何以可为［J］.江海学刊，2019（6）：139–148.

中带来各种偶然性、差异性和随意性，也能让跨部门协同治水在合法程序的支持下保持稳定性[①]。

此外，协同治水的考核激励机制存在漏洞。"河长制"推动协同治水的过程中呈现"行政高压""一票否决"等强力问责态势，上级给下级下达任务时"一刀切"，不考虑生态环境"欠账"、流域的地理区位和复杂性，动辄亮出问责大棒，容易让参与治水的干部心寒。当前大多数地方政府单纯地以治水成效考核"河长制"工作，并未制定治水部门的考核细则，这容易滋生部门投机行为，从而影响流域治理的整体效果。"河长制"工作考核大多都是自上而下的体制内"自考"，很少参考社会公众的意见，也没有引入第三方评价机制，致使考核结果缺乏可信度与公正性。有个别地方政府出台了"河长制"下的流域协同治理问责办法，如云南省大理州的洱海治理、广东省汕头的练江治理、重庆市永川区的临江河流域治理，但关于违纪情况和问责程度的关系规定不清，造成问责过程中自由裁量权加大，对治水部门的威慑力和约束力不足。地方政府对考核不及格的"河长"进行约谈或追责，但对考核优异的"河长"却缺乏正面激励，"河长"推动跨部门协同治水的积极性面临着"重罚轻赏"的双重挫伤。"河长"的治水绩效被划归于治水部门，因而治水部门在无任何奖励机制的情形下，还得共担风险与责任。

（二）资金投入和技术力量不足

"河长制"下的流域治理工作牵涉面广、周期长、难度大，充足的资金和技术资源是跨部门协同治水成功的重要物质基础和保障。在治水资金方面，大多地方政府财力不足，过多依赖上级政府的专项资金投入，普遍缺乏创新性的融资方式，造成社会资金注入渠道少、治水经费捉襟见肘的尴尬局面。流域治理是一项复杂的综合性工程，涉及污水处理厂建设、生态修复、河道清淤、污水管网建设等诸多项目。以内蒙古自治区巴彦淖尔市流域综合治理为例，改造 13 千米的生态沟渠和建成 1.9 平方千米的生态隔离共耗资近 2000 万元[②]。单靠地方政府财政支出，难以满足治水项目资金的需求，各部门治水的任务也难以按时按量完成。可以说，资金不足已成为阻碍跨部门协同治水的一个重要瓶颈。

"对我们来说，资金短缺是当前开展治水工作的一大障碍。地下管网的排

---

① 时文艺.论水环境治理中的河长制困境及出路［J］.四川环境，2020（4）：93-96..

② 巴彦淖尔人民政府.我市争取到重点流域水环境综合治理资金 2000 万元［EB/OL］.［2021-07-13］. http://www.bynr.gov.cn/dtxw/zwdt/202107/t20210713_349347.html.

查及疏通工作，由于缺少资金，无法聘请有资质的专业排查公司。对资金投入大的项目，比如河道清淤工作，推进乏力，只能先做一些垃圾清理及河面保洁的面上工作。"（惠州市水利局河湖管理科负责人：CHW20190726）

"我市（流域）水域面积大，河道水系复杂，拦河建筑物也多，河道保洁任务繁重，无法落实常态化河道保洁人员经费。示范河建设按预算最少需要200万元，市领导很负责，组织相关单位筹集资金，但目前只到位少部分，仍有不少缺口。一些小流域污染比较严重，但因为面积小，很难获得保护资金。"（九江市水利局水资源科负责人：ZQW20200514）

"河长制"强调流域水环境综合治理，要涉及水利、环保、市政、生态、景观等多个专业，涵盖防洪排涝、截污治污、生态修复等多项子工程，所需的技术包括水环境监测预警技术、工业污染源控制与治理技术、生活污水处理技术、农业面源治理技术和水污染生态修复技术等。就市级或区级地方政府层面而言，这方面的人才储备严重不足，很多都要依靠上一级乃至外地的专业部门或公司。有些一线的治水人员属于临时配备，欠缺治水经验，难免出现工作有偏差或落实不到位的情况。另外，我国地方政府水污染防治和水质改善技术集成能力较弱，若各专业配合不利难以保障单项技术的运行效果，可能导致流域治理短期效果尚可，长期恶化反复。当然，治水技术可以通过涉水部门自行研发和向社会组织购买两个途径获得，而这两个途径的核心在于资金投入。以南宁市的那考河流域治理为例，受限于有限的资金投入和技术经验不足，水环境整治只能采取分段分期的方式，从下游向上游推进，造成协同治水工作断断续续，建设与管理也脱节，最后是投入大量财力仍无法有效改善水质[①]。

四、社会力量参与的困境

从善治的视角看，政府不再是公共管理的唯一权力中心，涉水部门应该与社会力量进行良好的互动。让社会力量主动、有序、合法地参与流域治理，是地方政府开展跨部门协同治水工作的必要补充。但是，"河长制"属于典型的科层治理模式[②]，地方政府内部的跨部门协同主要依靠等级制权威及考核问责等行政手段推进，治水任务也是通过强制性的指令完成。这容易导致政策

① 搜狐网."按效付费"，南宁那考河大变身［EB/OL］.［2017-03-13］. http://www.sohu.com/a/128705542_480217.
② 冷涛.贵州推行"河长制"的现状及改进方向研究［J］.理论与当代，2019（5）：20-23.

执行网络相对封闭，社会力量被排斥在流域协同治理行动外。

一是社会公众主动参与性不足。虽然近年来社会公众的环保意识有所提升，但长期以来在公共事务治理上存在"政府依赖症"，觉得流域治理主要是政府的事，没有政府的鼓励和引导，很少主动参与治水。

二是社会公众参与的形式不尽合理。公众参与可以呈现出非常多的形式，是一个包括信息交流、咨询、参与讨论、与政府协作、共同协商决策等环节的完整链条。目前流域治理中的公众参与往往被局限于公示、听取意见、咨询、听证等少数形式，而政府与公众协商决策则较少，且公众意见也是有选择性的被采纳。

三是水环境信息公开的内容不充分。环境信息公开是社会公众参与的前提，只有信息充分公开，才能调动全民的参与。我国水环境质量、水环境污染源等信息一般通过政府网站、新闻发布会等形式公开，企业环境信息以自愿公开为主，且要求公开的信息范围也较窄。地方政府很少将流域治理方案、治理责任人、治理进度、治理验收情况等信息完全公开，无法满足社会公众的知情需求，进而影响其参与流域协同治理的积极性。

四是环保组织缺乏实质性授权，很难在协同治理中发挥其专业技术特长。环保组织仅有获得政府部门的授权，才能得到身份的认同和行使相应的权利。"河长制"实践中，参与流域治理的环保组织所获得的行政授权实为"行政委托"，无法全过程地参与流域协同治理活动，担当的主要角色为监督者[1]。即使环保组织内拥有专业化人才，却鲜有机会在协同治水中发挥出其专业性，助力"河长制"。例如，绿氧生态保护组织参与了成都市温江区"河长制"治水工作，仅获得了区领导同意公开披露水环境治理情况和执行监督权，不能直接参与到治水的关键环节，非完全起到协同主体的作用。

五是忽视了对市场力量的吸纳。课题组通过实地调研发现，部分地方政府仍然存在认识误区，认为"河长"和企业是管理与被管理的关系，"企业排、政府治"的局面尚未完全改变。浙江省绍兴市和湖南省邵东市的做法值得其他地方政府学习借鉴，即：政府倡导企业老总担任河道"河长""我的污染我来治、附近河道我来管"，从源头控制河流污染源，推动企业从流域治理的"旁观者"向"合作者"转变。

"一些群众觉得治水是政府的事，主动参与保护的意识不强。涉水违建拆

---

① 张雅芝.地方政府水治理中的跨部门协同研究［D］.西南财经大学博士学位论文，2019.

除不配合，向河道倒垃圾，在河里洗拖把，河岸上开垦菜地种蔬菜……造成河流水质的二次污染，这不仅加大了我们的工作压力，还增加了河道的保洁成本。"（台州市河长办工作人员：ZRJ 20181122）

"良好的流域环境，一方面考验着企业的社会责任感，另一方面考量着我们的监管能力。其实，治水本来就是企业的责任，在这一点上，企业和河长办的目标是一致的，但倡导企业参与治水的呼声还很少。河水的污染源主要来自企业，尤其是工业区，如果企业能自律，管住违法生产、偷排，那（协同）治理起来就事半功倍了。"（九江市河长办工作人员：YQM20200514）

本章小结

随着"河长制"的全面铺开，各地方政府都成立"'河长制'工作领导小组"或"'河长制'工作委员会"统筹协调跨部门协同治水工作，部门间主要通过联络员制度、联席会议、专家座谈会、信息共享等途径进行信息沟通。流域治理跨部门协同的内容包括政策制定和政策执行两个层面，并在流域水质改善、水生态修复和公众满意度提升等方面取得了一定成效。地方政府涉水部门之间进行合作，主要是为了避免职能交叉、缓解利益冲突以及追求组织的合法性。"河长制"下的地方政府跨部门协同治水工作仍面临着部门间缺乏充分信任、难以建立共享理解、制度不健全、社会力量参与不足和资金短缺等困境。

▶ 第四章 "河长制"下地方政府流域治理跨部门协同绩效评估指标体系的构建

一个完善的跨部门协同绩效评估指标体系，是落实涉水部门责任的机制安排，检验地方政府是否有效实施"河长制"的标准。依据评估指标体系，地方政府可以找出流域治理跨部门协同的不足，有针对性地调整协同治水方案，以达到最好的"河长制"政策执行效果。构建评估指标体系应遵循公众为本、绩效导向的价值取向，首先确定评估内容和初步指标，其次分别运用隶属度分析法、层次分析法删除不能自洽的评估指标并确定各个指标的权重，最后形成一套完整的评估指标体系。

第一节　评估指标体系的初步建立

一、指标选取的基本原则

Emerson 和 Nabathi 在《协同治理机制》一书中衡量协同绩效时[1]，沿着"提出原则—构建指标—论证指标"的思路进行。在这里，我们借鉴 Emerson 和 Nabatchi 的逻辑构建"河长制"跨部门协同绩效的评估指标体系。尽管评估对象和评估主体不同，但设计绩效评估指标所遵循的原则是相通的，所以本书综合《协同治理机制》所提出的观点与"河长制"跨部门协同的特征，提出如下原则：

第一，全面性原则。"河长制"跨部门协同是一项复杂而系统的工作，需要从多方面衡量其绩效。但是，当前学界研究的重点大部分放在协同治理的

---

[1] Emerson K, Nabatchi T. Collaborative governance regimes [M]. Washington. DC: Georgetown University Press，2015.

环境结果上，忽视了协同的过程、行动产出与社会结果。缺乏对协同过程、社会效应的关注会削弱"河长制"政策执行的持续性，也难以体现"为群众谋福祉"这一流域治理根本目标。所以，本书尽可能使评估指标体系覆盖所要评估的内容，不求做到穷尽，但求做到突出重点，以最少的指标全面科学地反映"河长制"跨部门协同最关键的内容。

第二，独立性原则。独立性包含两方面内容：一是所选取的绩效评估指标必修具有其独立性，指标间应避免内容范围发生重复、交叉等情况；二是要求指标与本身的概念相一致，对指标的概念要有一个清晰明确的解释，不能出现一个指标有多重解释的情况，这样容易导致绩效评估误差。

第三，动态性原则。跨部门协同治水是一个动态性的过程，往往在持续一段时间后才有成效，因而不能只注重短期结果，应该看到地方政府实行"河长制"前后一段时期内的变化。此外，跨部门协同绩效的影响因素也处于不断的变化中，如地方政府部门的调整、新成员的加入、新制度的出台等情况，我们的评估指标也应反映出这种变化，以保证评估结果的准确性。

第四，可操作性原则。绩效评估指标的设定要便于数据的采集及数理统计，舍弃难以获得数据及无法进行统计分析的笼统性评估指标。统计标准统一，能在地方政府之间进行比较，区分优选。评估过程不能过于复杂，可通过网络和新媒体途径发布调研问卷，节约评估工作的人力、物力和时间成本。

二、跨部门协同绩效评估指标的设计思路

设计一套科学、规范的绩效评估指标体系，应先确定基本维度，然后在评估维度上结合"河长制"下地方政府流域治理的内容和特点细化、量化评估指标。首先，本书遵照图 4.1 的流程和方法，借鉴 Conley 和 Moote 提出的三个基本维度，即过程、社会结果和环境结果[①]，并参考大量国内外相关文献资料，初步构建起一套指标体系。其次，运用隶属度分析法删除排名靠后的指标，优化指标体系；通过均值方差检验使筛选出来的指标具有较高的信效度。最后，通过专家咨询法、层次分析法为各个指标赋权，使"河长制"跨部门协同绩效评估指标体系的构建更加合理、科学。

---

① Conley A，Moote M A. Evaluating collaborative natural resource management［J］. Society and Natural Resources，2003（5）：371–386.

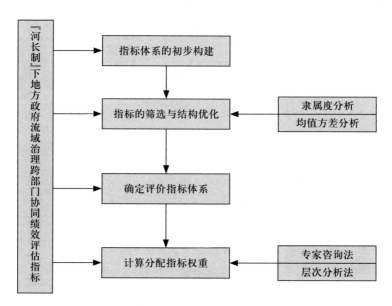

图 4.1 "河长制"下地方政府流域治理跨部门
协同绩效评估指标体系构建流程

三、初选指标内容

初选指标的来源必须具有合理性，不可随意捏造。本书通过借鉴国外合作型流域治理绩效评估指标，在分析国内"河长制"相关研究文献的基础上确立。

（一）过程维度

过程维度用以评估"河长制"跨部门协同的工作进程、工作量（Workload）和活动内容（Activities）。美国学者 Biddle 从目标一致、角色适宜（Role Congruence）、信息共享、持续参与、资源投入、相互信任等方面构建了流域治理伙伴关系的过程绩效评估指标体系[1]。基于此，本书在过程维度设有协同计划、责任分工、信息沟通、决策制定、合作关系、河长履职、公众参与 7 个二级指标和 23 个三级指标，如表 4.1 所示。

---

[1] Biddle，Jennifer C. Improving the effectiveness of collaborative governance regimes：Lessons from watershed partnerships dataset ［J］. Journal of Water Resources Planning & Management，2017（9）：1–12.

表 4.1　过程维度指标

一级指标	二级指标	三级指标
过程	协同计划	① 跨部门协同治水计划与"河长制"政策保持一致性的程度
		② 跨部门协同治水目标的明确性
		③ 跨部门协同治水计划的可操作性
	责任分工	④ 各部门责任划分的清晰度
		⑤ 部门权责的对等性
		⑥ 各部门任务分工的衔接性
	信息沟通	⑦ 部门间信息沟通的及时性
		⑧ 部门间信息沟通渠道的多样化
		⑨ 治水成员获得学习或培训的机会
	决策制定	⑩ 决策成员的代表性
		⑪ 决策过程的民主化
	合作关系	⑫ 部门间相互信任的程度
		⑬ 部门间相互支持的力度
		⑭ 合作关系的持续性
		⑮ 部门间相互理解的程度
		⑯ 部门间资源共享的程度
	河长履职	⑰ 承担治水任务的主动性
		⑱ 协调解决问题的能力
		⑲ 督查各部门任务落实的频率
		⑳ 组织各部门开展联合行动的能力
		㉑ 对各部门治水目标任务完成情况进行考核的公平性
	公众参与	㉒ 政府引导公众参与"河长制"工作的力度
		㉓ 公众参与治水渠道的多样化

（二）社会结果维度

社会结果维度用以评估"河长制"跨部门协同的社会效益、治理或制度创新。本书参照 Lynn 和 Kurt 等的观点[1]，在社会结果维度设创新、治理效能

---

[1] Lynn Mandarano，Kurt Paulsen. Governance capacity in collaborative watershed partnerships：Evidence from the Philadelphia region ［J］. Journal of Environmental Planning & Management，2011（10）：1293–1313.

和社会效应 3 个二级指标和 9 个三级指标，如表 4.2 所示。

表 4.2 社会结果维度指标

一级指标	二级指标	三级指标
社会结果	创新	㉔ 本部门工作理念的创新
		㉕ 流域水环境治理技术与方法的创新
		㉖ 流域治理跨部门协同制度的创新
	治理效能	㉗ 本部门治水能力的提升
		㉘ 跨部门协同解决流域环境问题的效率提升
	社会效应	㉙ 公众对跨部门协同治水效果的满意度
		㉚ 公众对"河长制"工作的认可度
		㉛ 社会力量对"河长制"工作支持度的提高
		㉜ 媒体对"河长制"工作成效的整体评价

（三）环境结果维度

参照 Koontz 和 Thomas、[①] 唐德善和鞠茂森[②] 的观点，环境结果维度用以评估"河长制"跨部门协同对流域水质及生态系统产生的积极影响，包括水质改善、生态环境修复 2 个二级指标和 8 个三级指标，如表 4.3 所示。

表 4.3 环境结果维度指标

一级指标	二级指标	三级指标
环境结果	水质改善	㉝ 流域总体水质改善目标的达成度
		㉞ 流域优良水体比例提升
		㉟ 流域劣 V 类水体比例下降
		㊱ 城市建成区黑臭水体的消除
	生态修复	㊲ 河道整治等生态修复项目的完成度
		㊳ "清四乱"等专项行动的效果
		㊴ 水生物种类或数量的增长
		㊵ 滨水生态景观的改善度

① Koontz T M, Thomas C W. What do we know and need to know about the environmental outcomes of collaborative management? ［J］. Public Administration Review, 2006（6）: 111–121.

② 唐善德，鞠茂森. 河长制湖长制评估系统研究［M］. 南京：河海大学出版社，2020.

第二节 评估指标筛选

依据相关文献初步构建的跨部门协同绩效评估指标体系，难免存在指标数量偏多、指标间相关性较大、辨别力度不够等问题。因此，有必要运用隶属度分析、均值方差检验等方法筛选出相关性较大的指标和测试指标的稳定性，从而构建出比较科学的评估指标体系。

一、评估指标首轮筛选——隶属度分析

在构建出初步的"河长制"下地方政府流域治理跨部门协同绩效评估指标体系的基础上，本书设计出了评估指标筛选的专家调查问卷（见附录二）。此次问卷按照依据李克特等距量表设计，采用五点量表法填写，5分代表"非常重要"，4分代表"比较重要"，依次类推。该问卷有 3 个一级维度指标，12 个二级维度指标，40 个三级维度指标，发放对象以高校的研究人员、政府涉水部门的工作人员以及环保 NGO 专家为主。本次发放问卷 55 份，收回 53 份，其中有效问卷 52 份，有效回收率为 94.55%。在调查样本中，对"河长制"跨部门协同绩效评价非常了解的占 34.62%，比较了解的占 48.08%，一般了解的占 13.46%，不太了解的占 3.84%；学历指标中博士占 28.85%，硕士占 40.38%，本科占 25%。本次问卷发放对象基本符合预期要求。

在模糊数学的概念里，当一个元素不完全属于某个集合，但很大程度上又属于该集合时，这个元素属于该集合的程度称为隶属度。将"河长制"下地方政府流域治理跨部门协同绩效评估体系 X={X1，X2，X3，……，Xn} 视为一个模糊集合，其中任意一个评估指标是元素 X_i，均有值域为［0，1］的隶属函数的值与之对应，该函数值越接近 1，则 X_i 隶属于 X 集合的程度就越高，越接近 0，则隶属程度越低[1]。隶属度公式如下：

$$R_i = \frac{P1+0.75P2+0.5P3+0.25P4+0P5}{52} \qquad （4.1）$$

式中，对于第 i 个指标 X1，P1 对应问卷中选择"非常重要"的人数，P2 对应选择"比较重要"的人数，依次类推。若 R_i 值越大，表明专家认为第 i 个评估指标 X_i 的作用越大，应予以保留；反之，则应删除评估指标体系中 R_i

---

[1] 邱东.多指标综合评价方法的系统分析［M］.北京：中国统计出版社，1991.

值相对不高的指标，以得到更有优化的指标体系。通过 52 份问卷统计分析，最终得到了 40 项指标的隶属度（见表 4.4）。参考王乐评价跨部门知识共享绩效的做法[①]，本书决定将隶属度定位于 0.7，删除隶属度低于 0.7 的 5 个评估指标（表中阴影部分），剩余 35 个指标构成新的指标体系。

表 4.4　跨部门协同绩效评估指标的隶属度

一级指标	二级指标	三级指标	隶属度
过程	协同计划	① 跨部门协同治水计划与"河长制"政策保持一致性的程度	0.897
		② 跨部门协同治水目标的明确性	0.851
		③ 跨部门协同治水计划的可操作性	0.894
	责任分工	④ 各部门责任划分的清晰度	0.796
		⑤ 部门权责的对等性	0.646
		⑥ 各部门任务分工的衔接性	0.808
	信息沟通	⑦ 部门间信息沟通的及时性	0.845
		⑧ 部门间信息沟通渠道的多样化	0.781
		⑨ 治水成员获得学习或培训的机会	0.814
	决策制定	⑩ 决策成员的代表性	0.815
		⑪ 决策过程的民主化	0.822
	合作关系	⑫ 部门间相互信任的程度	0.862
		⑬ 部门间相互支持的力度	0.854
		⑭ 合作关系的持续性	0.639
		⑮ 部门间相互理解的程度	0.675
		⑯ 部门间资源共享的程度	0.889
	河长履职	⑰ 承担治水任务的主动性	0.564
		⑱ 协调解决问题的能力	0.871
		⑲ 督查各部门任务落实的频率	0.862
		⑳ 组织各部门开展联合行动的能力	0.827
		㉑ 对各部门治水目标任务完成情况进行考核的公平性	0.853
	公众参与	㉒ 政府引导公众参与"河长制"工作的力度	0.864
		㉓ 公众参与治水渠道的多样化	0.873

[①] 王乐.政府跨部门知识共享绩效评价指标体系的构建与测度［D］.武汉大学博士学位论文，2017.

续表

一级指标	二级指标	三级指标	隶属度
社会结果	创新	㉔ 本部门工作理念的创新	0.658
		㉕ 流域水环境治理技术与方法的创新	0.847
		㉖ 流域治理跨部门协同制度的创新	0.803
	治理效能	㉗ 本部门治水能力的提升	0.779
		㉘ 跨部门协同解决流域环境问题的效率提升	0.855
	社会效应	㉙ 公众对跨部门协同治水效果的满意度	0.932
		㉚ 公众对"河长制"工作的认可度	0.896
		㉛ 社会力量对"河长制"工作支持度的提高	0.884
		㉜ 媒体对"河长制"工作成效的整体评价	0.815
环境结果	水质改善	㉝ 流域总体水质改善目标的达成度	0.937
		㉞ 流域优良水体比例提升	0.910
		㉟ 流域劣Ⅴ类水体比例下降	0.904
		㊱ 城市建成区黑臭水体的消除	0.886
	生态修复	㊲ 河道整治等生态修复项目的完成度	0.924
		㊳ "清四乱"等专项行动的效果	0.863
		㊴ 水生物种类或数量的增长	0.859
		㊵ 滨水生态景观的改善度	0.872

二、评估指标二轮监测——均值与标准差分析

在统计学中，均值反映数据集中趋势，标准差反映数据的离散程度。从表4.5可以看出，35个指标的均值都为4~5分，即位于比较重要和非常重要之间，集中趋势明显，由此说明专家的态度比较一致。此外，35个指标的标准差都小于1，表明这些指标具有相对稳定性。

表 4.5　跨部门协同绩效评估指标的均值与标准差

一级指标	二级指标	三级指标	均值	标准差
过程	协同计划	① 跨部门协同治水计划与"河长制"政策保持一致性的程度	4.65	0.728
		② 跨部门协同治水目标的明确性	4.42	0.804
		③ 跨部门协同治水计划的可操作性	4.49	0.783

续表

一级指标	二级指标	三级指标	均值	标准差
过程	责任分工	④ 部门责任划分的清晰度	4.36	0.798
		⑤ 各部门任务分工的衔接性	4.24	0.802
	信息沟通	⑥ 部门间信息沟通的及时性	4.52	0.814
		⑦ 部门间信息沟通渠道的多样性	4.47	0.823
		⑧ 治水成员参与学习或培训的机会	4.33	0.872
	决策制定	⑨ 决策成员的代表性	4.26	0.835
		⑩ 决策过程的民主化	4.41	0.712
	合作关系	⑪ 部门间相互信任的程度	4.68	0.701
		⑫ 部门间相互支持的力度	4.65	0.734
		⑬ 部门间资源共享的程度	4.62	0.750
	河长履职	⑭ 协调解决问题的能力	4.67	0.675
		⑮ 督查各部门任务落实的频率	4.64	0.819
		⑯ 组织各部门开展联合行动的能力	4.61	0.808
		⑰ 对各部门治水目标任务完成情况进行考核的公平性	4.58	0.763
	公众参与	⑱ 政府引导公众参与"河长制"工作的力度	4.50	0.652
		⑲ 公众参与治水渠道的多样化	4.43	0.674
社会结果	创新	⑳ 流域水环境治理技术与方法的创新	4.52	0.711
		㉑ 流域治理跨部门协同制度的创新	4.48	0.693
	治理效能	㉒ 本部门治水能力的提升	4.33	0.746
		㉓ 跨部门协同解决流域环境问题的效率提升	4.59	0.707
	社会效应	㉔ 公众对跨部门协同治水效果的满意度	4.72	0.615
		㉕ 公众对"河长制"工作的认可度	4.69	0.736
		㉖ 社会力量对"河长制"工作支持度的提高	4.61	0.709
		㉗ 媒体对"河长制"工作成效的整体评价	4.35	0.812
环境结果	水质改善	㉘ 流域总体水质改善目标的达成度	4.78	0.621
		㉙ 流域优良水体比例提升	4.69	0.678
		㉚ 流域劣Ⅴ类水体比例下降	4.62	0.731
		㉛ 城市建成区黑臭水体的消除	4.47	0.676
	生态修复	㉜ 河道整治等生态修复项目的完成度	4.58	0.705
		㉝ "清四乱"等专项行动的效果	4.44	0.728
		㉞ 水生物种类或数量的增长	4.49	0.702
		㉟ 滨水生态景观的改善度	4.53	0.613

三、绩效评估指标的确定

经过前面的两轮指标筛选，本书得到了"河长制"下地方政府流域治理跨部门协同绩效评估指标体系，如表 4.6 所示。

表 4.6　筛选后的跨部门协同绩效评估指标体系

一级指标	二级指标	三级指标
过程	协同计划	① 跨部门协同治水计划与"河长制"政策保持一致性的程度
		② 跨部门协同治水目标的明确性
		③ 跨部门协同治水计划的可操作性
	责任分工	④ 部门责任划分的清晰度
		⑤ 各部门任务分工的衔接性
	信息沟通	⑥ 部门间信息沟通的及时性
		⑦ 部门间信息沟通渠道的多样性
		⑧ 治水成员参与学习或培训的机会
	决策制定	⑨ 决策成员的代表性
		⑩ 决策过程的民主化
	合作关系	⑪ 部门间相互信任的程度
		⑫ 部门间相互支持的力度
		⑬ 部门间资源共享的程度
	河长履职	⑭ 协调解决问题的能力
		⑮ 督查各部门任务落实的频率
		⑯ 组织各部门开展联合行动的能力
		⑰ 对各部门治水目标任务完成情况进行考核的公平性
	公众参与	⑱ 政府引导公众参与"河长制"工作的力度
		⑲ 公众参与治水渠道的多样化
社会结果	创新	⑳ 流域水环境治理技术与方法的创新
		㉑ 流域治理跨部门协同制度的创新
	治理效能	㉒ 本部门治水能力的提升
		㉓ 跨部门协同解决流域环境问题的效率提升

续表

一级指标	二级指标	三级指标
社会结果	社会效应	㉔ 公众对跨部门协同治水效果的满意度
		㉕ 公众对"河长制"工作的认可度
		㉖ 社会力量对"河长制"工作支持度的提高
		㉗ 媒体舆论对"河长制"工作的整体评价
环境结果	水质改善	㉘ 流域总体水质改善目标的达成度
		㉙ 流域优良水体比例提升
		㉚ 流域劣Ⅴ类水体比例下降
		㉛ 城市建成区黑臭水体的消除
	生态修复	㉜ 河道整治等生态修复项目的完成度
		㉝ "清四乱"等专项行动的效果
		㉞ 水生物种类或数量的增长
		㉟ 滨水生态景观的改善度

第三节　评估指标赋权

一、层次分析法介绍

层次分析法（AHP）是由美国运筹学家托马斯·赛蒂于20世纪70年代提出的一种用于处理复杂评价过程中方案比较排序问题的方法。它的核心思想是首先将复杂问题简单化，即把评价问题按照目标层、准则层、指标层和方案层的顺序分解成不同层次的结构，下一层指标会对上一层指标产生影响。然后运用专家咨询法对每一层指标的相对重要性进行判断，予以量化，构成下层某指标对上层某指标的判断矩阵。最后利用数学方法计算出每一层所有指标的权重，并对指标的权重结果进行分析。在面临多目标、多准则的决策问题时，层次分析法的优点是，可以用比较少的定量化信息实现主观决策过程的数学化，进而能够很好地避免主观决策导致的误差出现。本书将层次分析法简化成四个步骤，如图4.2所示。

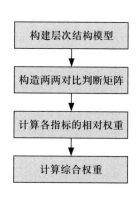

图4.2　层次分析法具体步骤

二、基于 AHP 的评估指标赋权

（一）构建结构层次模型

在应用层次分析法确定评估指标权重时，首先构建起层次结构模型，旨在将问题层次化、条理化。本书将"河长制"跨部门协同绩效的若干指标按属性划分成四个层次：第一层是目标层，即为"河长制"下地方政府流域治理跨部门协同绩效；第二层是准则层（A）（一级指标），包括协同过程、社会结果和环境结果；第三层是指标层（B），包括协同计划、责任分工、水质改善等共 12 个二级指标；第四层是方案层（C）（三级指标），共有 35 个具体的评价指标，如图 4.3 所示。

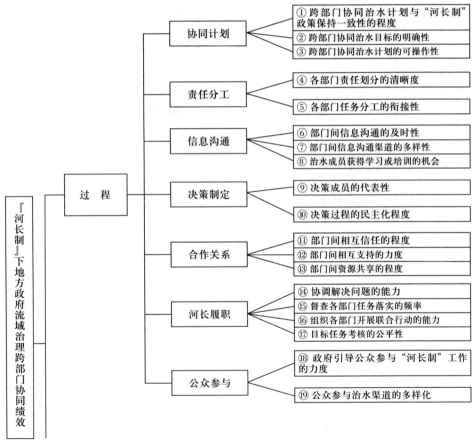

图 4.3 "河长制"下地方政府流域治理跨部门协同绩效
评估指标的层次结构模型

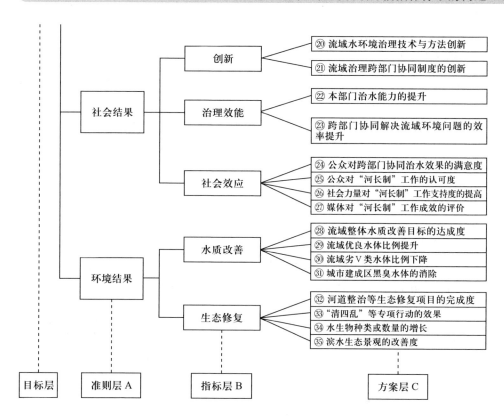

**图 4.3 "河长制"下地方政府流域治理跨部门协同绩效
评估指标的层次结构模型（续图）**

（二）构建两两比较判断矩阵

在构建指标层次结构模型的基础上，我们按照准则层、指标层、方案层的顺序构建两两比较矩阵，判断每个指标的相对重要性，并对结果进行量化。

1. 问卷设计与实施

首先，设计"河长制"下地方政府流域治理跨部门协同绩效评估指标权重调查问卷（详见附录三）。以一级指标为例（见表4.7），对A1、A2、A3三项一级指标对于跨部门协同绩效的重要性做出两两比较判断。第一行对比（A1与A2对比），若A1与A2相比，A2显得比较重要，则在第一行"比较重要"列填A2；第二行对比（A1与A3对比），若A1与A3相比，A3很重要，则在第二行"很重要"列填A3；第三行对比（A2与A3对比），若A2与A3相比，A3重要，则在第三行"重要"列填A3。其他情况以此类推。

表 4.7　一级指标调查问卷结果示例

两两比较判断的因素		非常重要	很重要	重要	比较重要	同等重要
A1 过程	A2 社会结果				A2	
A1 过程	A3 环境结果		A3			
A2 社会结果	A3 环境结果			A3		

本类问卷发放对象主要是公共管理领域的专家学者以及参与"河长制"治水的政府工作人员，他们也参与过指标筛选，共发放问卷 12 份，成功回收 10 份，回收率为 83.33%。

2. 数据定量化处理

本书用 5、4、3、2、1 分别代表"非常重要""很重要""重要""比较重要""同等重要"进行定量处理。假设指标 A1 相对于指标 A2 而言显得"非常重要"，则以数字 5 表示，而 A2 相对 A1 在矩阵表中以 1/5 表示；A1 相对于 A2 而言显得"很重要"，则以数字 4 表示，而 A2 相对 A1 在矩阵表中以 1/4 表示；依次类推，3、2、1 或 1/3、1/2、1。按此方法，将表 4.7 一级指标定量转化后可得到如表 4.8 所示的矩阵结果。

表 4.8　一级指标调查问卷结果定量转化示例

H	A1	A2	A3
A1	1	1/2	1/4
A2	2	1	1/3
A3	4	3	1

将一级指标定量转化为两两判断矩阵之后，10 份问卷就可得到 10 个一级指标判断矩阵，二级指标和三级指标的定量转化方法以此类推。

（三）计算指标权重

依据层次分析法的原理，本书以一级指标为例来演示如何运用算术平均法计算特征向量和最大特征根。

1. 计算几何平均值

$$H_{A1A2} = \left(H^1_{A1A2} \times H^2_{A1A2} \times H^3_{A1A2} \times \cdots \times H^n_{A1A2} \right)^{1/n} \qquad （4.2）$$

式中，H^1_{A1A2} 表示第 1 份问卷 A1 相对于 A2 的值，H^n_{A1A2} 表示第 n 份问卷 A1 相对于 A2 的值，n 表示有效问卷数量，由此可求出 A1 相对于 A2 的几何平均值，其他情况以此类推，可以将 10 份问卷中的一级指标合并成一个矩阵，如表 4.9 所示。

表 4.9　一级指标的几何平均值

H	A1	A2	A3
A1	1.0000	0.8360	0.7278
A2	1.1962	1.0000	0.7800
A3	1.3741	1.2821	1.0000

按上述方法，本类问卷共可得到 1 个一级指标量化矩阵，3 个二级指标的量化矩阵和 12 个三级指标的矩阵。

2. 归一化处理

将每一列做归一化处理，以表 4.9 为例，第一列第一空几何平均值为 1，则在表 4.10 中相对应的归一化处理值为 1/（1+1.1962+1.3741）=0.2801，第二空归一化处理值为 1.1962/（1+1.1962+1.3741）=0.3350，第三空归一化处理值为 1.3741/（1+1.1962+1.3741）=0.3849。第二列和第三列以此计算，可得到表 4.10。

表 4.10　一级指标每列归一化处理后的判断矩阵

H	A1	A2	A3
A1	0.2801	0.2681	0.2902
A2	0.3350	0.3207	0.3110
A3	0.3849	0.4112	0.3988

3. 求列向量

将表 4.10 每一行数值相加得到一个列向量 M：

$$M [0.8384 \quad 0.9667 \quad 1.1949]^T$$

4. 求相对权重

对列向量 M 进行归一化处理，得到新向量 W：

$$W [0.2795 \quad 0.3222 \quad 0.3983]^T$$

向量 W [0.2795　0.3222　0.3983]^T 即为判断最大特征根的特征向量，同时也是一级指标（准则层）的相对权重，如表 4.11 所示。

表 4.11　一级指标相对权重

一级指标	过程	社会结果	环境结果
相对权重	0.2795	0.3222	0.3983

根据权向量可得出求最大特征根另一组向量：

$$AW_1=1×0.2795+0.8360×0.3222+0.7278×0.3983=0.8387$$

$$AW_2=1.1962×0.2795+1×0.3222+0.7800×0.3983=0.9672$$

$$AW_3=1.3741×0.2795+1.2821×0.3222+1×0.3983=1.1955$$

最大特征根 $\lambda_{max}=\dfrac{1}{3}×\left(\dfrac{0.8387}{0.2795}+\dfrac{0.9672}{0.3222}+\dfrac{1.1955}{0.3983}\right)=3.0014$

随机一致性比率 $C.R.=\dfrac{C.I.}{R.I.}=\dfrac{\lambda max-n/n-1}{R.I.}=\dfrac{3.0014-3/3-1}{0.58}=0.0012<0.10$，

所以该矩阵通过一致性检验。其中，R.I. 代表矩阵的平均随机一致性指标，如表 4.12 所示。

表 4.12　平均随机一致性指标

n	2	3	4	5	6	7	8	9	10
R.I.	0	0.58	0.90	1.12	1.24	1.32	1.41	1.45	1.51

注：n 代表构建矩阵的阶数。如二阶矩阵，n=2；三阶矩阵，n=3。

5. 所有指标相对权重的计算和一致性检验

根据一级指标判断矩阵 H 的计算原理，剩余 15 个判断矩阵的相对权重也可一一计算出来，得出"河长制"下地方政府流域治理跨部门协同绩效评估指标的相对权重，如表 4.13 所示。

表 4.13　"河长制"下地方政府流域治理跨部门协同绩效评估指标相对权重

目标层	准则层	指标层		方案层	
"河长制"下地方政府流域治理跨部门协同绩效	A1 0.2795	B1	0.1538	C1	0.3892
				C2	0.3247
				C3	0.2861
		B2	0.1079	C4	0.5237
				C5	0.4763

续表

目标层	准则层	指标层		方案层	
"河长制"下地方政府流域治理跨部门协同绩效	A1 0.2795	B3	0.1240	C6	0.3029
				C7	0.2670
				C8	0.4301
		B4	0.0897	C9	0.4694
				C10	0.5306
		B5	0.1806	C11	0.3115
				C12	0.3502
				C13	0.3383
		B6	0.2284	C14	0.3210
				C15	0.2093
				C16	0.2874
				C17	0.1823
		B7	0.1156	C18	0.4094
				C19	0.5906
	A2 0.3222	B8	0.2360	C20	0.5187
				C21	0.4813
		B9	0.2854	C22	0.4592
				C23	0.5408
		B10	0.4786	C24	0.3452
				C25	0.2700
				C26	0.2061
				C27	0.1787
	A3 0.3983	B11	0.5318	C28	0.2615
				C29	0.2574
				C30	0.2486
				C31	0.2325
		B12	0.4682	C32	0.2740
				C33	0.2583
				C34	0.2065
				C35	0.2612

在进行权重计算时，各矩阵也进行了一致性检验。通过检验，本书的判断矩阵 C.R. 值均低于 0.10，表明一致性检验通过。

6. 计算合成权重

以上得出的权重为指标相对于上一层的权重，而最终要计算出各层指标相对于总目标的合成权重，公式如下：

$$C_i=A_mB_jC_{ij} \quad （i=1, 2, 3\cdots n；j=1, 2, 3\cdots n）\qquad （4.3）$$

式中，C_i 为三级指标的合成权重，是指三级指标层（方案层）中第 i 个指标相对于目标层的权重值，A_m 是一级指标（准则层）中第 m 个指标相对于目标层的权重值；B_j 是二级指标层（指标层）中第 j 个指标相对于一级指标层（准则层）的权重值；C_{ij} 是指三级指标层中第 i 个指标相对于二级指标层中第 j 个指标的权重值。为将合成权重与相对权重区分开来，本书将合成权重以百分比形式呈现，如表 4.14 所示。

表 4.14 "河长制"下地方政府流域治理跨部门协同绩效评估指标合成权重

一级指标		二级指标		三级指标	
指标	权重（%）	指标	合成权重（%）	指标	合成权重（%）
过程（A1）	27.95	协同计划（B1）	4.30	跨部门协同治水计划与"河长制"政策保持一致性的程度（C1）	1.67
				跨部门协同治水目标的明确性（C2）	1.40
				跨部门协同治水计划的可操作性（C3）	1.23
		责任分工（B2）	3.02	部门责任划分的清晰度（C4）	1.58
				各部门任务分工的衔接性（C5）	1.44
		信息沟通（B3）	3.46	部门间信息沟通的及时性（C6）	1.05
				部门间信息沟通渠道的多样性（C7）	0.92
				治水成员参与学习或培训的机会（C8）	1.49
		决策制定（B4）	2.51	决策成员的代表性（C9）	1.18
				决策过程的民主化（C10）	1.33

续表

一级指标		二级指标		三级指标	
指标	权重（%）	指标	合成权重（%）	指标	合成权重（%）
过程（A1）	27.95	合作关系（B5）	5.05	部门间相互信任的程度（C11）	1.57
				部门间相互支持的力度（C12）	1.77
				部门间资源共享的程度（C13）	1.71
		河长履职（B6）	6.38	协调解决问题的能力（C14）	2.05
				督查各部门任务落实的频率（C15）	1.34
				组织各部门开展联合行动的能力（C16）	1.83
				对各部门治水目标任务完成情况进行考核的公平性（C17）	1.16
		公众参与（B7）	3.23	政府引导公众参与"河长制"工作的力度（C18）	1.32
				公众参与治水渠道的多样化（C19）	1.91
社会结果（A2）	32.22	创新（B8）	7.60	流域水环境治理技术与方法的创新（C20）	3.94
				流域治理跨部门协同制度的创新（C21）	3.66
		治理效能（B9）	9.20	本部门治水能力的提升（C22）	4.22
				跨部门协同解决流域环境问题的效率提升（C23）	4.98
		社会效应（B10）	15.42	公众对跨部门协同治水效果的满意度（C24）	5.32
				公众对"河长制"工作的认可度（C25）	4.16
				社会力量对"河长制"工作支持度的提高（C26）	3.18
				媒体对"河长制"工作成效的整体评价（C27）	2.76

续表

一级指标		二级指标		三级指标	
指标	权重（%）	指标	合成权重（%）	指标	合成权重（%）
环境结果（A3）	39.83	水质改善（B11）	21.18	流域总体水质改善目标的达成度（C28）	5.54
				流域优良水体比例提升（C29）	5.45
				流域劣Ⅴ类水体比例下降（C30）	5.27
				城市建成区黑臭水体的消除（C31）	4.92
		生态修复（B12）	18.65	河道整治等生态修复项目的完成度（C32）	5.11
				"清四乱"等专项行动的效果（C33）	4.82
				水生物种类或数量的增长（C34）	3.85
				滨水生态景观的改善度（C35）	4.87

三、跨部门协同绩效评估指标权重分析

通过对指标权重进行分析，希望了解"河长制"跨部门协同绩效评估中的考察重点以及评估过程中容易被忽视的维度。

（一）一级指标权重分析

如图4.4所示，环境结果和社会结果的合成权重均大于30%，其中环境结果维度高达39.83%，而过程维度的权重相对较小，因此，在地方政府"河长制"跨部门协同绩效评估中，环境结果应作为评价考核的关键。

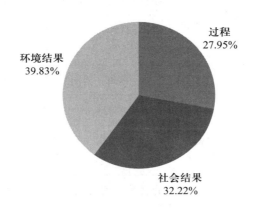

图4.4　一级指标权重分析

（二）二级指标权重分析

二级指标合成权重值由准则层与指标层的相对权重相乘得到。按照权重的大小，我们由低至高依次将 12 个二级指标进行罗列（见图 4.5）。通过比较这些指标的权重可以得出，水质改善指标权重最高且明显高于其余指标，达到 21.18%，说明该指标是专家学者和政府工作人员最看重的。治理效能、社会效应、生态修复、水质改善四个指标的权重都高于每个指标的平均权重（8.33%），说明这四项指标对于河长制下地方政府流域治理跨部门协同绩效评估极其重要。另外，我们可以看到其他指标的权重呈现一种缓慢增长的趋势，权重低于 5% 的指标有 5 个，绩效评估工作要做到统筹兼顾、重点突出。

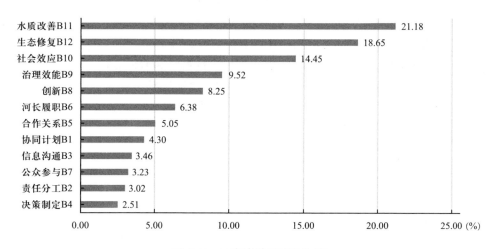

图 4.5 二级指标权重分析

（三）三级指标权重分析

将准则层、指标层、方案层的相对权重做乘法运算便可得到三级指标的合成权重值。35 个三级指标的平均权重为 2.86%，以此为基准，从图 4.6 中可以看出，有 20 个三级指标低于平均权重，高于均值的指标共 15 个。一方面，生态修复项目的完成度、劣 V 类水体比例下降、公众满意度、优质水体比例提升、总体水质改善目标达成度的权重均在 5% 以上，说明绩效评估过程中，专家对于水质改善、水生态修复等方面很重视，注重切切实实提升群众的满意度和获得感；另一方面，信息沟通渠道的多样性、信息沟通的及时性、决策成员的代表性、协同计划的可操作性以及目标任务考核的公平性等指标的均值都低于 1.3%，说明专家学者和政府工作人员对"河长制"跨部门治水中的信息沟通、决策制定、协同治水方案等方面重视不足，但评估工作绝不容忽视这些指标。

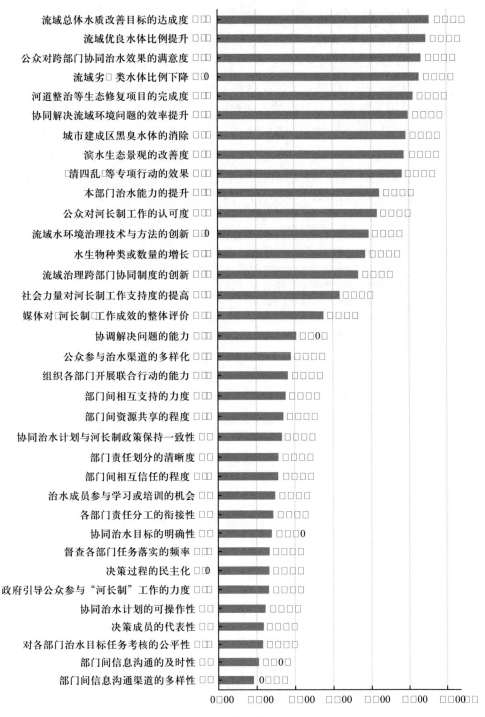

图 4.6　三级指标的权重分析

本章小结

在遵循全面性、独立性、动态性和可操作性等原则的基础上，本章首先从协同过程、社会结果、环境结果三个维度共选取了 12 个二级和 40 个三级初选指标；然后通过隶属度分析、均值方差检验等方法筛选出了相关性较大的 35 个三级指标；最后应用层次分析法构建了层次结构模型，并通过构建两两比较判断矩阵计算出每个指标的权重，形成了一套完整的"河长制"下地方政府流域治理跨部门协同绩效评估指标体系。当然，指标的合理性和科学性是不可避免的话题。那么如何评判其合理性和科学性呢？针对此问题，本书有三点说明：第一，评估指标的选取既借鉴了国外合作型流域治理绩效评价体系，又参考了地方政府"河长制"工作考核评分细则，尽量做到了理论结合实际；第二，隶属度分析法、层次分析法属于典型的指标筛选及指标赋权的方法，被大量专家学者应用于学术研究；第三，评估指标的初选、筛选、赋权等环节都运用了专家咨询法，吸取了专家学者知识与经验。有权威文献作理论支撑，经典的方法作框架，理论界和实务界的专家作评判，在一定程度上保证了"河长制"跨部门协同绩效评估指标体系的合理性与科学性。不过，再完善的跨部门协同绩效评估指标体系也要运用到实践中才能发挥它的真正效用，这为后文的内容做了铺垫。

▶ 第五章 "河长制"下地方政府流域治理跨部门协同绩效评估指标体系的应用

构建"河长制"下地方政府流域治理跨部门协同绩效评估指标体系的根本目的在于服务实践，促进跨部门协同治水水平的提升，并且指标体系也需实际应用进行检验。因此，有必要将理论构建完成的绩效评估指标体系面向特定区域展开实证研究。本章为"河长制"下地方政府流域治理跨部门协同绩效评估指标体系的实证应用部分，选取福建省 Q 市、江西省 N 市和陕西省 H 市为研究样本，计算出 3 个市级地方政府跨部门协同绩效得分，进而对评估结果展开分析，找出存在的问题。

第一节　样本概况与调研设计

一、样本概况

为了有效探讨"河长制"下地方政府流域治理跨部门协同绩效指标体系科学性、有效性等状况，本书选取了地处我国东部的福建省 Q 市、中部的江西省 N 市和西部的陕西省 H 市为研究样本，开展跨部门协同绩效评估指标体系的实证研究。

福建省 Q 市地处东南沿海，境内河流纵横、溪流密布，共有大小河流426 条，总长度 5225 千米；流域面积在 100 平方千米以上的河流有 34 条。Q市又是福建省的人口大市、制造业大市，连续 21 年经济总量居福建省第一。"全域工业化、就地城镇化"的发展模式导致城镇厂居混杂、生活污染和工业污染交织，沿海小流域污染问题比较突出，河道"四乱"现象时有发生，治理任务较为繁重。Q 市在 2014 年开始试行"河长制"，建立"各级政府主要领导人作为河流管理保护第一责任人"为核心的管河护河制度。2017年，在总结以往治水经验做法的基础上，Q市在福建省率先全面实行"河长制"。Q市立足实际，出台了跨部门协同治理保护河湖相关规定，建立了联络员、共享交流、定期会商、联合执法、快速反应处理、防汛联合调度、宣传合作7项部门协调联动机制。2021年，福建省Q市"河长制"工作因推进力度大、河湖管理保护成效明显，以全省唯一、全国8个地市之一的身份上榜"河长制"奖励名单。

江西省N市位于江西省中部偏北，自古因水而盛，水资源极为丰富，市内水网密布，拥有"一江""两河""八湖"。市中心区有东湖、西湖、南湖、北湖等四湖，城东有青山湖和艾溪湖，城西有象湖和黄家湖。赣江在N市境内的长度为70余千米，是城市饮用水水源和主要排污水体；玉带河用于截流地区雨污水，与青山湖水体相连，全长7.5千米。抚河是市内各河流湖泊与赣江的纽带，总长约200千米。2015年9月，N市在江西省省内先行试点"河长制"，为清水治污给河湖设长官，并制定了"河长制"工作实施方案，明确"由党委和市政府主要领导分别担任'总河长''副总河长'，相关领导担任河流'河长'"，推动各部门共同履行河湖保护管理责任。2017年6月，按照中央"河长制"要求，N市完成了"河长制"工作方案的修订，并将涉及"河长制"工作的24家市直部门确定为市级责任单位。通过河长会议、河长巡河、联席会议、联络员会议及信息简报等平台通报各部门履职情况，共同研究解决治水工作中遇到的问题，构建了河长领衔、部门协同共治的"河长制"运行机制。N市成功创建了全国首批"水生态文明城市"，打造了"河畅、水清、岸绿、景美"的水生态环境，实现了2020年底携着Ⅳ类水进入全面建成小康社会的目标。

陕西省H市有汉江、嘉陵江两大水系，流域面积50平方千米以上河流171条。汉江H段流域面积1.96万平方千米，占全市国土面积的72%，是南水北调中线工程和陕西省引汉济渭工程的重要水源涵养地。H市位于秦巴之间，曾经贫困程度深，经济发展和河湖保护矛盾突出。侵占岸线、围垦河湖、生活污染水直排、非法采砂等问题久禁不绝。2016年以来，按照中央全面推行"河长制"的要求，H市坚持党政领导、部门联动，建立了联防联控、"河长+检察长"等工作机制。深入谋划跨部门协同治水"三年行动"，先后实施了汉江流域"清澈""携手清四乱""秀美"等9个专项整治。截至2020年底，H市相继打造了3个示范区、2条示范河湖，并探索形成了"排查、交办、点评、述职、考核"五项河长管水机制,其"河长制"工作经验成功入选全国"河长制"湖长制典型案例。

本书选择以上3个市级地方政府为研究区域的原因主要有三点:一是福建省Q市是我国东部地区以轻工业为主的城市,江西省N市属于中部迅速崛起的城市,陕西省H市是西部发展速度较快的城市之一,"河长制"推行前三市的流域水质都遭到严重污染,令人欣慰的是,"河长制"治水工作均取得了显著成效,成为全省乃至全国"河长制"典范;二是笔者对三地治水办工作人员进行访谈时发现,"河长制"跨部门协同机制的运行仍存在一些问题,比如各方配合不够紧密、政策执行不到位、群众参与度不高等,因此我们有必要对跨部门协同绩效进行问卷调查,诊断出问题的症结所在,以期进一步提升Q市、N市和H市的"河长制"工作成效,并为其他地方政府提供参考借鉴;三是调研的便利性,能够利用人脉资源进行问卷调查,减少了调研工作的难度,也节约了成本。

二、调研的设计与实施

(一)研究设计

为了评估Q市、N市和H市的"河长制"跨部门协同绩效,根据第四章修正后得出的绩效指标体系,设计出"河长制"下地方政府流域治理跨部门协同绩效评估调查问卷(见附录四)。该调查问卷按李克特五点量表进行设计,以表格形式体现,由被调查者对每一项关于跨部门协同绩效的陈述按照其同意或不同意该说法的程度进行勾选,5分代表"非常符合",4分代表"比较符合",3分代表"一般",2分代表"不太符合",1分代表"不符合",数字越大,符合程度越高。问卷主要发放对象为参与"河长制"治水的政府工作人员、社会公众、企业、环保NGO及相关研究学者。

(二)问卷调查的实施

此次问卷发放采用线上、线下两种方式进行,问卷内容一致,网络问卷通过问卷星制作并分享给调查对象填写,纸质问卷由笔者交给调查对象填写。本次问卷共发放360份,在Q市、N市以及H市各派发120份问卷。福建省Q市回收问卷113份,回收率为94.17%,其中有效问卷为104份,有效问卷率为92.03%;江西省N市回收问卷115份,回收率为95.83%,其中有效问卷为106份,有效问卷率达92.17%;陕西省H市回收问卷112份,回收率为

93.33%，其中有效问卷为 102 份，有效问卷率为 91.07%。各问卷构成如表 5.1 所示。受时间精力限制，问卷发放数量不够理想，但发放群体分布基本达到预期效果。

表 5.1 问卷调查情况

	福建省 Q 市		江西省 N 市		陕西省 H 市	
性别	男	64	男	72	男	71
	女	40	女	34	女	31
调查对象	政府治水工作人员	75	政府治水工作人员	80	政府治水工作人员	76
	企业代表	7	企业代表	5	企业代表	6
	社会公众	13	社会公众	12	社会公众	11
	环保组织成员	5	环保组织成员	4	环保组织成员	4
	研究学者	4	研究学者	4	研究学者	5
学历	博士	8	博士	3	博士	4
	硕士	48	硕士	40	硕士	39
	本科	42	本科	55	本科	48
	大专及以下	6	大专及以下	8	大专及以下	11

出于对研究目的的考虑，本书主要对跨部门协同绩效评估指标体系进行测试，为完善指标体系提供实证依据，而非全面真实地对三市"河长制"跨部门协同绩效水平进行精确评价。再者，由于样本容量不够大，下文基于样本作出的跨部门协同绩效水平描述与实际比较，不具有绝对性价值。本次发放问卷 360 份，回收有效问卷 312 份，经分析，312 份问卷三项维度 Alpha 信度系数为 0.8126、0.8473 以及 0.8804，信度可接受，无须调整。

三、描述性统计分析

为了得到"河长制"下 Q 市、N 市和 H 市跨部门协同绩效调查结果，本书运用赋值法和 SPSS 软件作为统计的方法和工具。将调查对象对每项指标的符合程度按"1–5"的数字进行对应，再利用 SPSS 软件根据调研数据直接算出每一项指标的问卷得分，然后进行描述性统计分析及其他专业的数据分析。

在计算三市跨部门协同绩效的最终评估结果前，要对问卷数据的集中、离散程度进行检测。在问卷数据的描述性分析中，均值、众数、中位数反映数据的集中程度，这三个值越接近，表明数据的集中程度越高；标准差与方差反映数据的分散程度，值越小说明数据的分散程度越低，数据越稳定。表5.2反映了三市所获有效问卷的每个三级指标的得分，Q市的均值为3.9776，中位数为3.8793，众数为4.0323，三者差距不大，方差和标准差分别为0.0809、0.2846，均较小，说明分散程度较低。同理，N市和H市的均值、中位数和众数三者比较接近，标准差和方差均较小，说明数据离散程度较低，可用于后续评分。

表5.2　三级指标描述性统计分析结果

	均值	中位数	众数	标准差	方差	最大值	最小值
Q市	3.9776	3.8793	4.0323	0.2846	0.0809	4.4527	3.5552
N市	3.7810	3.7886	3.7553	0.2637	0.0695	4.2057	3.2350
H市	3.8345	3.7958	3.8091	0.2811	0.0790	4.4280	3.4117

从表5.3可看出二级指标问卷得分的描述性统计结果。其中，Q市、N市和H市各自的均值、中位数和众数的数据值都非常接近，但三者的均值有些差距，分别是3.9228、3.7414、3.7867，说明Q市的二级指标平均得分明显高于其他两市；方差和标准差均较小，说明所获评估数据的离散程度较低。总而言之，基于Q市、N市和H市的问卷调查数据均满足集中程度与离散程度的要求，适用于分析评估结果。

表5.3　二级指标描述性统计分析结果

	均值	中位数	众数	标准差	方差	最大值	最小值
Q市	3.9228	3.8659	3.90	0.2767	0.0765	4.3647	3.5660
N市	3.7414	3.7421	3.80	0.2269	0.0515	4.1197	3.3673
H市	3.7867	3.7626	3.80	0.2750	0.0756	4.0877	3.4251

第二节 "河长制"下福建省 Q 市跨部门 协同绩效评估结果分析

一、"河长制"下福建省 Q 市流域治理跨部门协同绩效得分

经过简单的算术平均数计算可得到跨部门协同绩效问卷得分（见表 5.4），但未考虑指标的权重，因此并不能完整反映"河长制"下福建省 Q 市流域治理跨部门协同的绩效。

表 5.4 "河长制"下福建省 Q 市流域治理跨部门协同绩效问卷得分

绩效目标	一级指标		二级指标		三级指标	
	编号	问卷得分	编号	问卷得分	编号	问卷得分
"河长制"下福建省 Q 市流域治理跨部门协同绩效 4.0023	A1	3.8152	B1	4.3143	C1	4.3102
					C2	4.3467
					C3	4.2859
			B2	3.6966	C4	3.7884
					C5	3.6048
			B3	3.8481	C6	3.8793
					C7	3.8546
					C8	3.8105
			B4	3.5660	C9	3.5769
					C10	3.5552
			B5	3.7182	C11	3.7835
					C12	3.7594
					C13	3.6117
			B6	3.8838	C14	3.8236
					C15	3.8024
					C16	3.8769
					C17	4.0323
			B7	3.6800	C18	3.7081
					C19	3.6520

续表

绩效目标	一级指标		二级指标		三级指标	
	编号	问卷得分	编号	问卷得分	编号	问卷得分
"河长制"下福建省 Q 市流域治理跨部门协同绩效 4.0023	A2	3.9838	B8	3.6967	C20	3.6846
					C21	3.7088
			B9	3.9591	C22	3.9504
					C23	3.9677
			B10	4.2955	C24	4.3242
					C25	4.3069
					C26	4.1628
					C27	4.3881
	A3	4.2078	B11	4.3647	C28	4.4527
					C29	4.4322
					C30	4.3162
					C31	4.2578
			B12	4.0510	C32	4.2354
					C33	4.0323
					C34	3.7503
					C35	4.1861

　　将问卷得分与各级中各个指标的合成权重相乘，可得到每个指标的加权得分。然后，将三个一级指标的加权得分相加，即为"河长制"下福建省 Q 市流域治理跨部门协同绩效的最终加权得分，如表 5.5 所示。

表 5.5 "河长制"下福建省 Q 市流域治理跨部门协同绩效加权得分

绩效目标	一级指标		二级指标		三级指标	
	编号	加权得分	编号	加权得分	编号	加权得分
"河长制"下福建省 Q 市流域治理跨部门协同绩效 4.065	A1	1.074	B1	0.186	C1	0.072
					C2	0.061
					C3	0.053
			B2	0.112	C4	0.060
					C5	0.052

续表

绩效目标	一级指标		二级指标		三级指标	
	编号	加权得分	编号	加权得分	编号	加权得分
"河长制"下福建省Q市流域治理跨部门协同绩效 4.065	A1	1.074	B3	0.133	C6	0.041
					C7	0.035
					C8	0.057
			B4	0.089	C9	0.042
					C10	0.047
			B5	0.188	C11	0.059
					C12	0.067
					C13	0.062
			B6	0.247	C14	0.078
					C15	0.051
					C16	0.071
					C17	0.047
			B7	0.119	C18	0.049
					C19	0.070
	A2	1.308	B8	0.281	C20	0.145
					C21	0.136
			B9	0.365	C22	0.167
					C23	0.198
			B10	0.662	C24	0.230
					C25	0.179
					C26	0.132
					C27	0.121
	A3	1.683	B11	0.925	C28	0.247
					C29	0.242
					C30	0.227
					C31	0.209
			B12	0.758	C32	0.216
					C33	0.194
					C34	0.144
					C35	0.204

二、福建省 Q 市一级指标绩效分析

准则层中，3 项一级指标问卷得分均在 3.8 以上，其中环境结果得分最高，为 4.2078，说明 Q 市 "河长制" 治水工作所取得的环境结果绩效属于优秀水平，过程绩效与社会结果绩效属于良好水平；3 项一级指标的加权得分有些差距，环境结果绩效最高，加权得分为 1.683，社会结果绩效居中，为 1.308，过程绩效偏低，加权得分为 1.074。

三、福建省 Q 市二级指标绩效分析

在指标层中，二级指标问卷得分均值为 3.9200，协同计划（B1）、治理效能（B9）、社会效应（B10）、水质改善（B11）、生态修复（B12）指标问卷得分均大于 3.9200，信息沟通（B3）、合作关系（B5）、河长履职（B6）指标问卷得分都高于 3.7000，责任分工（B2）、决策制定（B4）、公众参与（B7）和创新（B8）指标问卷得分都低于 3.7000。这表明，被调查者对于 Q 市 "河长制" 治水的计划方案以及跨部门协同治理所取得的社会效应表示肯定，治水效能得到了很大程度的提升，流域水生态环境得到明显改善。从图 5.1 可

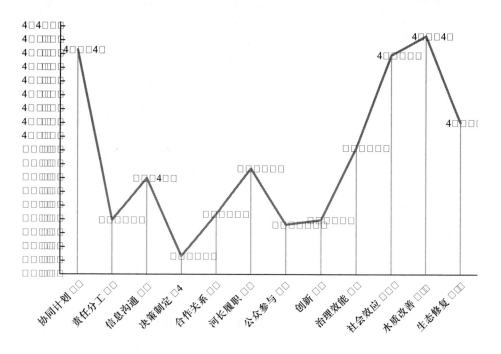

图 5.1　Q 市二级指标问卷得分

以看出，Q 市二级指标中决策制定（B4）的问卷得分最低，远小于均值，责任分工（B2）、公众参与（B7）和创新（B8）的问卷得分也不理想，低于均值。另外，二级指标加权得分的均值为 0.339，只有治理效能、社会效应、水质改善和生态修复的得分高于均值，说明 Q 市"河长制"跨部门协同治水工作在这四个方面完成得较出色。通过表 5.6 可以发现，Q 市跨部门协同治水过程中的责任分工、信息沟通、决策制定、合作关系、河长履职、公众参与方面的加权得分和问卷得分都小于均值，社会结果中的创新指标得分也低于均值（表 5.6 阴影部分）。

表 5.6　Q 市二级指标加权得分与问卷得分对比

二级指标	问卷得分	加权得分	二级指标	问卷得分	加权得分
协同计划 B1	4.3143	0.186	公众参与 B7	3.6800	0.119
责任分工 B2	3.6966	0.112	创　　新 B8	3.6967	0.281
信息沟通 B3	3.8481	0.133	治理效能 B9	3.9591	0.365
决策制定 B4	3.5660	0.089	社会效应 B10	4.2955	0.662
合作关系 B5	3.7182	0.188	水质改善 B11	4.3647	0.925
河长履职 B6	3.8838	0.247	生态修复 B12	4.0510	0.758

四、福建省 Q 市三级指标绩效分析

在方案层中，共有 35 个三级指标，本书选取问卷得分排名前十位和后十位的指标进行分析。可以看出，Q 市流域水质改善达成度与优良水体比例提升得分最高，达到 4.4 分以上，其后依次为媒体评价、治水目标的明确性、公众满意度和认可度、协同计划的可操作性等方面，得分均高于 4.2（见图 5.2）。

同时，由图 5.3 可知，公众满意度与认可度、协同治水总体目标达成度、优良水体比例提升、媒体评价、劣质水体比例下降以及城建区黑臭水体消除情况六项指标的问卷得分和加权得分都位于前十，说明 Q 市"河长制"跨部门协同治水工作在流域水质改善方面取得了显著的成效，也获得了较好的社会效应。

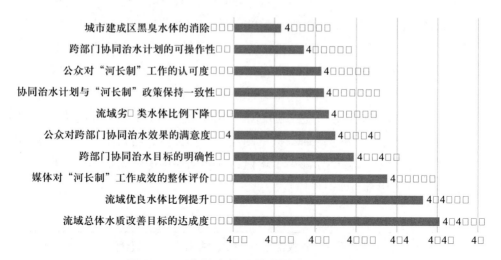

图 5.2　Q 市问卷得分排名前十的三级指标

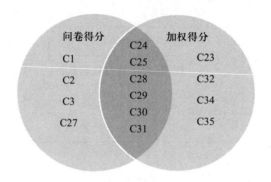

图 5.3　Q 市三级指标问卷得分与加权得分排名前十韦恩图

由图 5.4 可知，决策过程民主化与决策成员代表性的得分都低于 3.60，而各部门任务分工的衔接性、部门间资源共享的程度、公众参与渠道的多样化、水环境治理技术与方法创新的得分均低于 3.70，说明 Q 市"河长制"跨部门协同治水的不足之处主要集中于决策过程、公众参与、资源共享与任务分工等方面。同时，由图 5.5 可知，任务分工的衔接性、决策成员代表性与过程民主化、政府引导公众参与的力度在问卷得分和加权得分方面均位于后十位。这表明，Q 市河长办亟须做好各涉水部门的协调衔接工作，广泛动员社会公众参与河湖治理和保护，积极引导公众参与治水的力度，建立健全利益表达和对话机制，充分听取公众意见和建议，把社会公众相关利益诉求作为开展流域治理的重要决策条件。

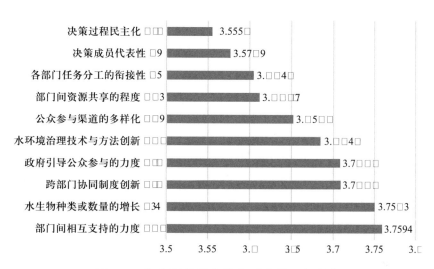

图 5.4　Q 市问卷得分排名后十的三级指标

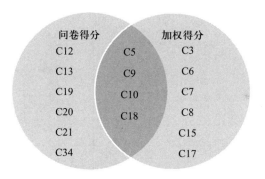

图 5.5　Q 市三级指标问卷得分与加权得分排名后十韦恩图

第三节　"河长制"下江西省 N 市
跨部门协同绩效评估结果分析

一、"河长制"下江西省 N 市流域治理跨部门协同绩效得分

将 106 份有效问卷的每项调查数据进行算术平均数计算可得到江西省 N 市三级指标的得分，继而以均值的形式算出二级指标及一级指标的得分（见表 5.7）。"河长制"下江西省 N 市跨部门协同绩效的目标层问卷得分为 3.8028，总体位于中等偏上水平。

113

表 5.7 "河长制"下江西省 N 市流域治理跨部门协同绩效问卷得分

绩效目标	一级指标		二级指标		三级指标	
	编号	问卷得分	编号	问卷得分	编号	问卷得分
"河长制"下江西省 N 市流域治理跨部门协同绩效 3.8028	A1	3.6537	B1	4.1197	C1	4.2057
					C2	4.1406
					C3	4.0129
			B2	3.6802	C4	3.8761
					C5	3.4842
			B3	3.5930	C6	3.7886
					C7	3.7553
					C8	3.2350
			B4	3.3871	C9	3.3564
					C10	3.4178
			B5	3.6246	C11	3.7040
					C12	3.6593
					C13	3.5106
			B6	3.8039	C14	3.6822
					C15	3.8761
					C16	3.7045
					C17	3.9529
			B7	3.3673	C18	3.2818
					C19	3.4527
	A2	3. 8119	B8	3.6639	C20	3.6540
					C21	3.6738
			B9	3.8595	C22	3.8324
					C23	3.8866
			B10	3.9124	C24	4.0574
					C25	4.0963
					C26	3.4172
					C27	4.0785
	A3	3.9428	B11	4.0762	C28	4.1172
					C29	3.9869
					C30	4.0620
					C31	4.1387
			B12	3.8093	C32	3.9375
					C33	3.6629
					C34	3.7553
					C35	3.8814

　　将问卷得分与各级中各个指标的合成权重相乘，可得到指标的加权得分。然后，将三个一级指标的加权得分相加，即为"河长制"下江西省 N 市流域治理跨部门协同绩效的最终加权得分（见表5.8）。加权得分可以有效反映 N 市跨部门协同的总体绩效水平，但无法客观反映调查对象对于每一项指标的满意度，所以在剖析问题时需要同时兼顾加权得分与问卷得分。

表 5.8　"河长制"下江西省 N 市流域治理跨部门协同绩效加权得分

绩效目标	一级指标		二级指标		三级指标	
	编号	加权得分	编号	加权得分	编号	加权得分
"河长制"下江西省 N 市流域治理跨部门协同绩效 3.844	A1	1.030	B1	0.177	C1	0.070
					C2	0.058
					C3	0.049
			B2	0.111	C4	0.061
					C5	0.050
			B3	0.123	C6	0.040
					C7	0.035
					C8	0.048
			B4	0.085	C9	0.040
					C10	0.045
			B5	0.183	C11	0.058
					C12	0.060
					C13	0.065
			B6	0.242	C14	0.076
					C15	0.052
					C16	0.068
					C17	0.046
			B7	0.109	C18	0.043
					C19	0.066
	A2	1.240	B8	0.278	C20	0.144
					C21	0.134
			B9	0.355	C22	0.162
					C23	0.193
			B10	0.607	C24	0.216
					C25	0.170
					C26	0.109
					C27	0.112

续表

绩效目标	一级指标		二级指标		三级指标	
	编号	加权得分	编号	加权得分	编号	加权得分
"河长制"下江西省N市流域治理跨部门协同绩效 3.844	A3	1.574	B11	0.863	C28	0.228
					C29	0.217
					C30	0.214
					C31	0.204
			B12	0.711	C32	0.201
					C33	0.176
					C34	0.145
					C35	0.189

二、江西省N市一级指标绩效分析

从表5.7和表5.8可以看出，N市3项一级指标问卷得分相差不大，均在3.6以上，而3项一级指标的加权得分有些差距，环境结果绩效最高，加权得分为1.574，社会结果绩效居中，为1.240，过程绩效偏低，仅为1.030。过程是跨部门协同的重要环节，会影响协同治理的产出结果，也会影响"河长制"工作的总体绩效。因此，N市在实施"河长制"时，除关注水环境改善这种直观结果，也不能忽视制度创新，公众满意度和治理能力提升等社会结果，更应从目标设置、责任分工、信息沟通、河长履职、决策制定、引导公众参与等方面加强跨部门协同的过程管理。

三、江西省N市二级指标绩效分析

在指标层中，N市二级指标问卷得分均值为3.7400，协同计划（B1）、河长履职（B6）、治理效能（B9）、社会效应（B10）、水质改善（B11）、生态修复（B12）指标问卷得分均大于3.7400，责任分工、合作关系、创新指标问卷得分都高于3.6000，信息沟通（B3）、决策制定（B4）和公众参与（B7）指标问卷得分都低于3.6000（见图5.6）。这表明，被调查者对于N市"河长制"治水的计划方案、河长履职表现以及所取得的社会效应表示肯定，流域生态环境的改善、治水效能的提升基本达到预期效果。其中，公众参与得分最低，远小于均值，决策制定、信息沟通、合作关系、创新以及任务分工方面也并不理想，低于均值。另外，二级指标加权得分的均值为0.320，通过表5.9可以发现，N市跨部门协同治水过程中的责任分工、信息沟通、决策制定、合作关系维护、公众参与方面的加权得分和问卷得分均小于均值（表 5.9 阴影部分），亟待改进。

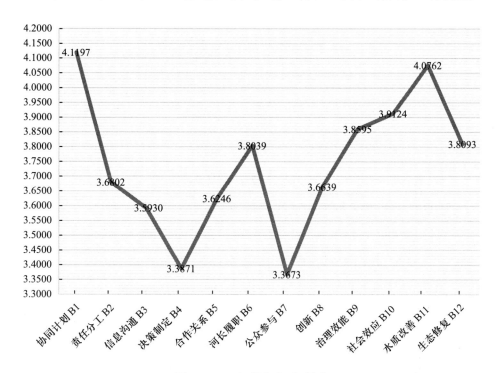

图 5.6　二级指标问卷得分

表 5.9　N 市二级指标加权得分与问卷得分对比

二级指标	问卷得分	加权得分	二级指标	问卷得分	加权得分
协同计划 B1	4.1197	0.177	公众参与 B7	3.3673	0.109
责任分工 B2	3.6802	0.111	创　　新 B8	3.6639	0.278
信息沟通 B3	3.5930	0.123	治理效能 B9	3.8595	0.355
决策制定 B4	3.3871	0.085	社会效应 B10	3.9124	0.607
合作关系 B5	3.6246	0.183	水质改善 B11	4.0762	0.863
河长履职 B6	3.8039	0.242	生态修复 B12	3.8093	0.711

四、江西省 N 市三级指标绩效分析

在方案层中，共有 35 个三级指标，本书选取问卷得分排名前十位和后十位的指标进行分析。从图 5.7 可以看出，N 市协同治水计划与"河长制"政

策保持一致性的得分最高，达到 4.2 分以上，其后依次为治水目标明确性、黑臭水体的消除、水质改善目标达成度、公众认可度、媒体评价、劣质水体下降情况、公众满意度和治水计划的可操作性等方面，得分均高于 4.0。同时，由图 5.8 可知，N 市优良水体比例提升、公众满意度与认可度、劣质水体比例下降情况、黑臭水体消除情况、协同治水总体目标达成度五项指标的问卷得分和加权得分都位于前十，说明 N 市"河长制"跨部门协同治水工作在流域水质改善方面取得了不错的成效，也获得了较好的社会效应。

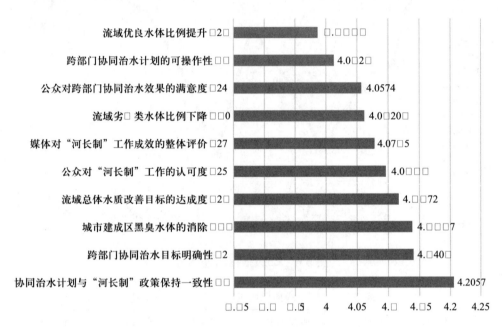

图 5.7　N 市问卷得分排名前十的三级指标

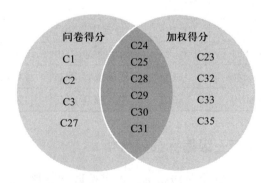

图 5.8　N 市三级指标问卷得分与加权得分排名前十韦恩图

由图 5.9 可知，N 市治水成员获得学习或培训的机会得分最低，而引导公众参与、决策成员的代表性、决策过程的民主化、公众参与治水渠道的多样化和任务分工的衔接性的得分均低于 3.5，说明 N 市"河长制"治水工作的不足之处主要体现在信息沟通、公众参与、决策制定和任务分工等方面。同时，由图 5.10 可知，任务分工的衔接性、合作成员学习机会、决策成员的代表性与过程的民主化、政府引导公众参与的力度在问卷得分和加权得分方面均位于后十位。这表明，N 市需要厘清部门职责边界、拓宽公众参与治水

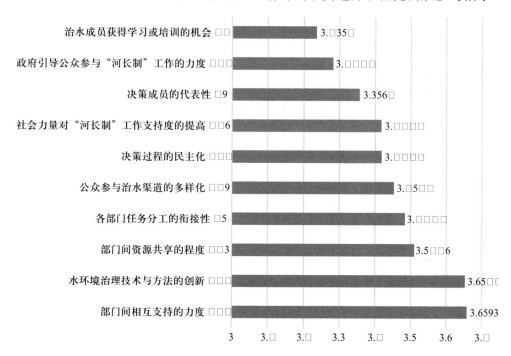

图 5.9　N 市问卷得分排名后十的三级指标

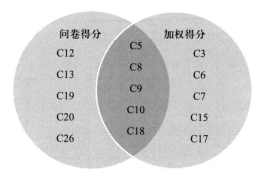

图 5.10　N 市三级指标问卷得分与加权得分排名后十韦恩图

渠道、增强决策透明度以及加大合作成员治水技能培训力度，才能进一步提升"河长制"跨部门协同绩效。

第四节 "河长制"下陕西省 H 市 跨部门协同绩效评估结果分析

一、"河长制"下陕西省 H 市流域治理跨部门协同绩效得分

通过使用 SPSS 统计软件，根据陕西省 H 市所获得的问卷调查结果，计算出每个三级指标的算术平均数，进而推算出每个二级指标和一级指标的算术平均数，每个指标的算术平均数即为其问卷得分，由此获得了陕西省 H 市跨部门协同绩效情况的评估调查问卷得分（见表 5.10），问卷整体得分为 3.8608。

表 5.10 "河长制"下陕西省 H 市流域治理跨部门协同绩效问卷得分

绩效目标	一级指标		二级指标		三级指标	
	编号	问卷得分	编号	问卷得分	编号	问卷得分
"河长制"下陕西省 H 市流域治理跨部门协同绩效 3. 8608	A1	3.6832	B1	4.0877	C1	4.1174
					C2	4.0860
					C3	4.0597
			B2	3.6501	C4	3.7958
					C5	3.5044
			B3	3.7476	C6	3.8091
					C7	3.7835
					C8	3.6503
			B4	3.4251	C9	3.4128
					C10	3.4374
			B5	3.6169	C11	3.6855
					C12	3.6590
					C13	3.5062
			B6	3.8078	C14	3.7038
					C15	3.7516
					C16	3.7639
					C17	3.9803
			B7	3.4470	C18	3.4117
					C19	3.4822

续表

绩效目标	一级指标		二级指标		三级指标	
	编号	问卷得分	编号	问卷得分	编号	问卷得分
"河长制"下陕西省H市流域治理跨部门协同绩效 3.8608	A2	3.8591	B8	3.6472	C20	3.6415
					C21	3.6530
			B9	3.8655	C22	3.8541
					C23	3.8769
			B10	4.0646	C24	4.1463
					C25	4.1158
					C26	3.7074
					C27	4.2891
	A3	4.0401	B11	4.3034	C28	4.3025
					C29	4.1453
					C30	4.4280
					C31	4.3376
			B12	3.7776	C32	3.9507
					C33	3.8142
					C34	3.5366
					C35	3.8091

　　表 5.10 各指标得分并未将指标权重考虑进去，只是简单地体现了问卷的得分，H 市跨部门协同绩效反映得并不完整，亦不充分，因此必须将问卷得分按照相应的比重计算出来。以一级指标 A3 为例简单说明最终加权得分的计算方法：首先计算 A3 的下一级所有指标 B11、B12 的加权得分，B11 的加权得分等于其问卷得分乘以其合成权重（权重值参考第四章中表 4.4），B12 也是如此。然后将已经计算出的 B11、B12 的加权得分依次相加得到 A3 的最终加权得分。以此类推计算，在表 5.10 的基础上经过权重加总得出"河长制"下陕西省 H 市跨部门协同绩效的加权得分（见表 5.11），这是 H 市跨部门协同绩效的完整反映，最终加权得分为 3.900。

表 5.11　"河长制"下陕西省 H 市流域治理跨部门协同绩效加权得分

绩效目标	一级指标		二级指标		三级指标	
	编号	加权得分	编号	加权得分	编号	加权得分
"河长制"下陕西省 H 市流域治理跨部门协同绩效 3.900	A1	1.037	B1	0.176	C1	0.069
					C2	0.057
					C3	0.050
			B2	0.110	C4	0.060
					C5	0.050
			B3	0.129	C6	0.040
					C7	0.035
					C8	0.054
			B4	0.086	C9	0.040
					C10	0.046
			B5	0.183	C11	0.058
					C12	0.065
					C13	0.060
			B6	0.241	C14	0.076
					C15	0.050
					C16	0.069
					C17	0.046
			B7	0.112	C18	0.045
					C19	0.067
	A2	1.245	B8	0.277	C20	0.143
					C21	0.134
			B9	0.356	C22	0.163
					C23	0.193
			B10	0.612	C24	0.221
					C25	0.171
					C26	0.102
					C27	0.118

续表

绩效目标	一级指标		二级指标		三级指标	
	编号	加权得分	编号	加权得分	编号	加权得分
"河长制"下陕西省H市流域治理跨部门协同绩效 3.900	A3	1.618	B11	0.910	C28	0.238
					C29	0.226
					C30	0.233
					C31	0.213
			B12	0.708	C32	0.202
					C33	0.184
					C34	0.136
					C35	0.186

二、陕西省H市一级指标绩效分析

H市的三个一级指标问卷得分均值为3.8608，只有环境结果（A3）得分高于均值，为4.0401，属于优秀水平，说明H市"河长制"治水工作所取得的环境绩效得到了调查者的认可和好评。三个一级指标中，过程绩效的问卷得分最低，为3.6832，远低于环境结果绩效得分，也与社会结果绩效分值3.8591有一定差距，说明陕西省H市"河长制"治水工作过于关注跨部门协同治理产生的环境结果，忽视了过程绩效，这很难保持多部门合作的持久性。3项一级指标加权得分的平均值为1.3，只有环境结果（A3）的加权得分高于均值，说明H市跨部门协同的过程绩效与社会结果绩效还有很大的提升空间。

三、陕西省H市二级指标绩效分析

H市二级指标问卷得分均值为3.7861，得分高于均值的指标包括协同计划（B1）、河长履职（B6）、治理效能（B9）、社会效应（10）和水质改善（B11），而责任分工（B2）、信息沟通（B3）和生态修复（B12）等7个二级指标的问卷得分都低于均值（见图5.11）。这表明，被调查者对于H市"河长制"治水计划的实用性、河长履职能力以及协同共治所取得的社会效应、水质改善成效表示肯定。同时，H市"河长制"跨部门协同过程中的信息互通、民主决策、公众参与等方面还存在不足，流域生态修复效果并不突出。

二级指标的加权得分平均值为 0.3250，通过表 5.12 可以发现，H 市跨部门协同治水过程中的责任分工、信息沟通、决策制定、合作关系维护、公众参与方面的加权得分和问卷得分都小于均值，社会结果中的创新指标得分也低于均值（见表 5.12 阴影部分）。

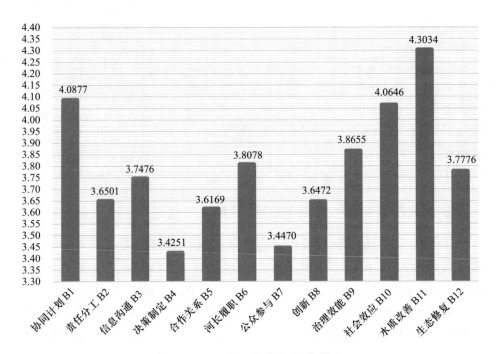

图 5.11　H 市二级指标问卷得分

表 5.12　H 市二级指标加权得分与问卷得分对比

二级指标	问卷得分	加权得分	二级指标	问卷得分	加权得分
协同计划 B1	4.0807	0.176	公众参与 B7	3.4470	0.112
责任分工 B2	3.6501	0.110	创　　新 B8	3.6472	0.277
信息沟通 B3	3.7476	0.129	治理效能 B9	3.8655	0.356
决策制定 B4	3.4251	0.086	社会效应 B10	4.0646	0.612
合作关系 B5	3.6169	0.183	水质改善 B11	4.3034	0.910
河长履职 B6	3.8078	0.241	生态修复 B12	3.7776	0.708

四、陕西省H市三级指标绩效分析

H市的三级指标中，问卷得分领先的是劣Ⅴ类水体比例下降情况和黑臭水体消除情况，达到4.4分以上，其后依次为水质改善目标达成度、媒体评价，得分均高于4.2（见图5.12）。这说明，H市实行"河长制"跨部门协同治理之后，流域水质改善成效明显，得到各新闻媒体和社会公众的一致认可。同时，由图5.13可知，公众满意度与认可度、协同治水总体目标达成度、优良水体比例提升、媒体评价、劣质水体比例下降以及城建区黑臭水体消除情况六项指标的问卷得分和加权得分都位于前十，说明H市较好地完成了流域水质改善预期目标，并产生了良好的社会效应。

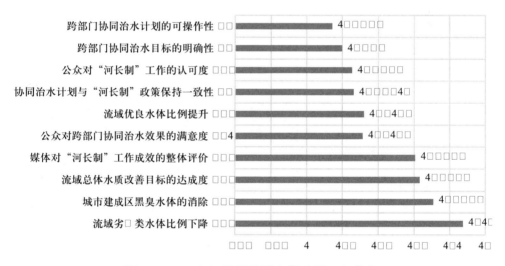

图 5.12　H市问卷得分排名前十的三级指标

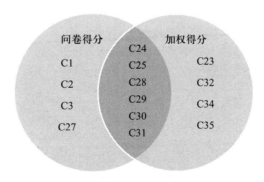

图 5.13　H市三级指标问卷得分与加权得分排名前十韦恩图

　　由图 5.14 可知，H 市三级指标中政府引导公众参与的力度、公众参与渠道的多样化、决策成员代表性与过程的民主性的问卷得分都在 3.4 ~ 3.5，属于中等偏低水平，而任务分工的衔接性、资源共享程度、水生物种类增加情况的问卷得分均低于 3.6，说明陕西省 H 市"河长制"跨部门协同治水的不足之处主要集中于决策过程、公众参与、资源共享与生态修复等方面。此外，从图 5.15 可以看出，问卷得分与加权得分后十位的交集状态，任务分工的衔接性、决策成员的代表性与过程的民主化、政府引导公众参与的力度共 5 个指标处于交集中。这表明，陕西省 H 市河长办应统一涉水部门的行动步调，着眼于如何从制度设计层面让社会公众能有更多长效的参与渠道，使其从旁观者成为参与者、监督者和决策者，协同治水方案的制定应注重吸纳利益相关者的观点，而不是简单地依靠行政力量自上而下推行。

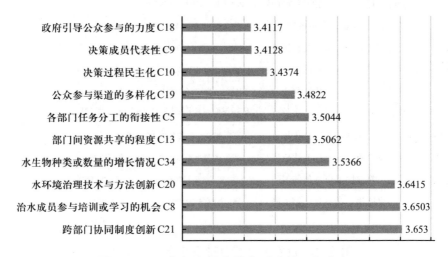

图 5.14　H 市问卷得分排名后十的三级指标

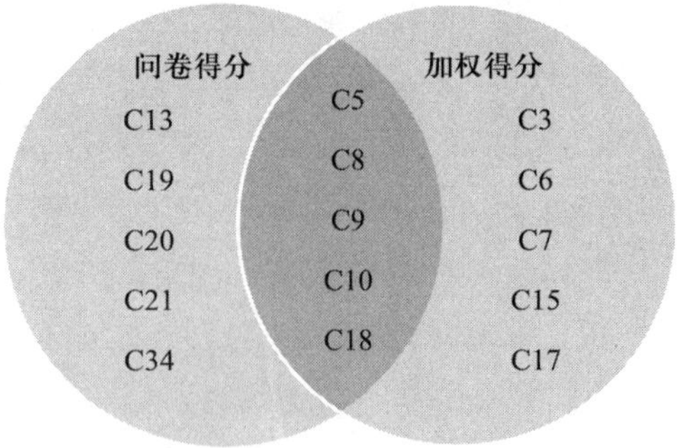

图 5.15　H 市三级指标问卷得分与加权得分排名后十韦恩图

第五节 评估结果对比及共性问题探析

前文分别对福建省 Q 市、江西省 N 市和陕西省 H 市的"河长制"跨部门协同绩效评估结果进行了详细分析，发现了各自存在的不足。我们更应该需要做的是，横向对比三市的评估结果，找出"河长制"下地方政府跨部门协同活动普遍存在的共性问题，为地方政府"河长制"工作体系的完善提供参考依据。

一、三市的评估结果对比

（一）一级指标得分对比

从三市的评估结果看，只有福建省 Q 市的总体得分高于 4 分，其问卷得分和加权得分分别是 4.0023、4.065，都属于优秀水平。陕西省 H 市的总体得分略高于江西省 N 市，两者的得分都高于 3.8 分，属于中等偏上水平。由于每个指标的权重已设定，我们只需对三市的问卷得分进行对比分析。由表5.13 可知，Q 市三个一级指标的问卷得分均高于 N 市、H 市，而 N 市的三项指标得分都最低。Q 市和 H 市的环境结果得分都高于 4，说明两市"河长制"跨部门协同活动有力地促进了水环境改善。另外，N 市的环境结果得分高于社会结果和协同过程，表明 N 市跨部门协同治理产生了相对较好的环境效益。在每个市的三项一级指标中，协同过程得分都是最低的，通过对比不难发现，协同过程得分越高，相应的社会结果和环境结果得分越高，这一定程度上说明合作过程的质量会影响协同治理的结果，地方政府"河长制"工作要取得理想的效果，不能忽视对跨部门协同过程的维护与管理。

表 5.13 一级指标问卷得分对比

	福建省 Q 市	江西省 N 市	陕西省 H 市
协同过程（A1）	3.8152	3.6537	3.6832
社会结果（A2）	3.9838	3.8119	3.8591
环境结果（A3）	4.2078	3.9428	4.0401

（二）二级指标得分对比

从 12 个二级指标的总体得分情况看，福建省 Q 市的问卷得分均值最高，为 3.9228，陕西省 H 市次之，均值为 3.7861，江西省 N 市的均值最低，为3.7861。对 Q 市而言，问卷得分高于 4（百分制为 80 分）的二级指标有 4 个，问卷得分超过 3.75（百分制为 75 分）的二级指标有 7 个；N 市问卷得分高于 4 的二级指标只有 2 个，超过 3.75 的有 6 个；H 市问卷得分高于 4 的二级指标有 3 个，高于 3.75 的占 6 个。协同计划和水质改善两个指标的得分都在 4 以上，说明 3 个市级地方政府的协同治水计划的目标定位合理、可操作性较强，兼顾了"河长制"的六个主要工作任务，即：水资源保护；河湖水域岸线管理保护；水污染防治；水环境治理；水生态修复；加强执法监管。由表 5.14 可知，三市的决策制定、公众参与、责任分工 3 项指标问卷得分都相对偏低，表明地方政府制定治水决策时，需要提高透明度和民主化，拓宽公众参与治水决策的渠道，理清涉水部门职责边界，绷紧责任链条，落实好各方责任。另外，信息沟通、合作关系和创新 3 项指标的得分也不太理想，都低于平均分，这意味着地方政府一方面应完善"河长制"信息管理体系，提高信息资源利用效率，为跨部门协同治水任务顺利完成提供服务与支撑；另一方面应建立部门间利益共享与风险共担机制，以形成紧密稳定的合作关系网络，并激发治水成员的创新活力，使其勇于探索治水的新路径、新方法。

表 5.14　二级指标问卷得分对比

	福建省 Q 市	江西省 N 市	陕西省 H 市
协同计划（B1）	4.3143	4.1197	4.0807
责任分工（B2）	3.6966	3.6802	3.6501
信息沟通（B3）	3.8481	3.5930	3.7476
决策制定（B4）	3.5660	3.3871	3.4251
合作关系（B5）	3.7182	3.6246	3.6169
河长履职（B6）	3.8838	3.8039	3.8078
公众参与（B7）	3.6800	3.3673	3.4470
创　　新（B8）	3.6967	3.6639	3.6472
治理效能（B9）	3.9591	3.8595	3.8655
社会效应（B10）	4.2955	3.9124	4.0646
水质改善（B11）	4.3647	4.0762	4.3034
生态修复（B12）	4.0510	3.8093	3.7776

（三）三级指标得分对比

福建省 Q 市的 35 个三级指标问卷得分均值为 3.9777，得分最高和最低的指标分别是 C28、C10；江西省 N 市的三级指标问卷得分均值为 3.7810，得分最高和最低的指标分别是 C1、C8；陕西省 H 市的三级指标问卷得分均值位于 Q 市与 N 市之间，为 3.8345，C30 得分最高，而 C18 得分最低。为了便于横向比较分析，我们选取了 35 个三级指标中问卷得分排名前 20%（7 个）和后 20%（7 个）进行对比。通过对比表 5.15 所列数据不难发现，Q 市问卷得分排名前 20% 的三级指标分值都在 4.3 以上，明显高于 N 市的 4.0 和 H 市的 4.1。协同计划与"河长制"政策保持一致性程度（C1）、媒体评价（C27）、水质改善目标达成度（C28）、劣 V 类水体比例下降情况（C30）4 项指标都位居三市的前 20%，说明各地方政府能很好地将跨部门协同治水与"河长制"工作融为一体，流域水质得到了实质性提升，劣质类水体基本消除，所取得的治水成效得到了媒体的关注与社会各界的认可。

表 5.15　问卷得分排名前 20% 的三级指标对比

福建省 Q 市		江西省 N 市		陕西省 H 市	
三级指标	问卷得分	三级指标	问卷得分	三级指标	问卷得分
C28	4.4527	C1	4.2057	C30	4.4280
C29	4.4322	C2	4.1406	C31	4.3376
C27	4.3811	C31	4.1387	C28	4.3025
C2	4.3467	C28	4.1172	C27	4.2891
C24	4.3242	C25	4.0963	C24	4.1463
C30	4.3162	C27	4.0785	C29	4.1453
C1	4.3102	C30	4.0620	C1	4.1174

通过对比表 5.16 的所列数据，我们可以发现，Q 市问卷得分排名后 20% 的三级指标分值在 3.55 ～ 3.70，N 市后 20% 的指标问卷得分在 3.23 ～ 3.48，H 市排名后七位的指标问卷得分集中在 3.41 ～ 3.53，N 市的后七位指标问卷得分明显低于 Q 市和 H 市。另外，Q 市排名后七位的三级指标问卷得分均在 3.55（百分制 71 分）以上，属于中等水平，说明"河长制"下 Q 市跨部门协同治水工作的各个方面没有明显"短板"。从表 5.16 的阴影部分可看出，分工的衔接性（C5）、决策成员的代表性（C9）、决策过程的民主化（C10）、政府引导公众参与的力度（C18）和公众参与治水的渠道（C19）共 5 项指标都位居三市三级指标的后 20%，表明"河长制"工作领导小组在制定治水决策过程中，没有充分吸纳利益相关者的意见，公众参与大都是无序参与和浅层

参与，且公众参与治水的渠道还很有限，各治水部门的工作没有做到"无缝对接"。

表 5.16　问卷得分排名后 20% 的三级指标对比

福建省 Q 市		江西省 N 市		陕西省 H 市	
三级指标	问卷得分	三级指标	问卷得分	三级指标	问卷得分
C10	3.5552	C8	3.2350	C18	3.4117
C9	3.5769	C18	3.2818	C9	3.4128
C5	3.6048	C9	3.3564	C10	3.4374
C13	3.6117	C26	3.4172	C19	3.4822
C19	3.6520	C10	3.4178	C5	3.5044
C20	3.6846	C19	3.4527	C13	3.5062
C18	3.7081	C5	3.4842	C34	3.5366

二、共性问题探析

在全国推行"河长制"的背景下，福建省 Q 市、江西省 N 市、陕西省 H 市的跨部门协同治水都取得了良好成效。但从调查数据的分析结果看，Q 市"河长制"跨部门协同绩效表现要略优于 N 市和 H 市，在协同治水计划及水质改善两方面的表现尤为突出，并积累了一些值得推广的多部门联合治水经验与做法。具体而言，2020 年 Q 市主要流域中 14 个国、省控断面 Ⅰ～Ⅲ 类水质比例达 100%，小流域水质优良比例达 93.1%，比 2017 年提升了 13.4 个百分点；数千个河湖"四乱"问题得到清理整治，打造了 26 个"清新自然、生态两岸、富美乡村"的流域样板工程；连续四年在福建省"河长制"绩效考评中获得第一名。Q 市成立了福建省首个河长学院，常态化对全市河长开展"河长制"专题轮训，以提升河长履职能力。Q 市河长办、生态环境局、水利局、城管局、公安局、检察院、法院、司法局 8 部门联合制定了"河湖水环境损害事件联动处置工作制度""河长 + 检察长工作制度"，创设了"联合执法商请单""重点关注单""催办单"，落实了联动执法、联合督办工作载体。每年编制全市"河长制"工作计划、六条市级流域协同治理方案，明确各成员单位的任务清单、项目清单、问题清单和时间节点，做到目标明确、责任清晰。目标任务明确后，Q 市以"督导检查—派发问题—执法联动—问责问效"环环相扣的工作机制抓落实。此外，Q 市创新升级"河长制"综合治水模式，通过河长"一支笔"整合涉水部门项目资金、政策，各部门优势互补、各计其功、形成合力，全方位综合施策，做到生态、经济、社会效益的协调统一。

通过横向对比三市的各级指标问卷得分可以得出，"河长制"下地方政府流域治理跨部门协同更关注的是水质改善、生态修复等环境绩效，相对轻视了产生良好协同结果的前情条件——过程绩效。换而言之，Q 市、N 市和 H 市的跨部门协同治水过程存在一些共性问题，主要表现在以下方面：

第一，部门责任缺乏有效衔接，相互支持力度不够。除了搭建协作平台外，"河长制"跨部门协同要基于行动主体对权力和利益进行重新分割，重塑责任体系与划分管理范围。这一系列的改变可能会触及各职能部门的领地意识，挫伤他们的积极性，"河长制"跨部门协同逐渐转化为由外在动力驱使下的行为，各部门通常倦怠地、应付式地被动参与其中，很少主动与合作部门做好衔接工作。流域水环境问题突破了公共组织设计的功能边界，使得涉水部门的工作变得相互关联，责任衔接不力会影响协同治理的整体进度。比如，农业局没有及时整治农业面源污染，结果影响了环保局的水污染防治进程；住建局负责的城乡生活污水排放管网建设滞后，水利局负责的城市黑臭水体治理工作也相应地延缓。在"河长制"协同治水活动中，各部门的角色分工比较明确，但优先考虑的仍是自身利益和本职工作。在绩效考核的重压之下，各部门都摆出了积极配合的姿态，但真正需要相互配合解决问题时，时常出现"打擦边球"、工作推诿、避重就轻等现象，部门之间相互支持力度不够，进而导致"清河行动"、河湖水系连通等工作难以及时、有效地落实。

第二，不注重治水成员合作能力的培训。各地方政府的"河长制"治水团队成员都是临时从各职能部门抽调而来，彼此缺少合作经验，还有些成员治水知识和技能较为匮乏。治水成员只有具备与协同治理相匹配的能力，才能贡献自身力量、发挥各自优势，为"河长制"跨部门协同提供运转动力。从调查结果看，N 市和 H 市没有系统地对治水成员进行水污染专业知识培训以及跨部门沟通、冲突管理等合作能力的培训，也很少提供外出学习取经的机会，导致上级制定的政策任务在执行层面出现理解偏差、难以达成共识、执行不到位的现象。

第三，涉水部门创新动力不足。跨部门协同治水技术与制度设计要不断地创新才能适应复杂多变的流域水环境问题。当前，各地方政府纷纷出台了

"河长制"工作督办督察制度、考核问责制度，旨在督察治水部门工作落实不到位、进度严重滞后等问题，并未将探索治水新思路、更新治水技术以及合作方式创新纳入战略重心之中。在现有的制度规则下，涉水部门只能固守自己的权责和利益，按部就班、按"规定路线"参与治水，不会冒着问责的风险和耗费大量时间进行技术创新、制度创新。这方面可以学习广东省江门市的"河长制"经验，在立法、组织、机制和手段四个方面进行创新，形成多主体协同治水的强大合力。

第四，公众治水浮于表面。流域水环境关乎民众的切身利益，因而公众的积极参与至关重要。各地通过一系列"组合拳"的施展，在引导公众参与治水方面取得了一定的成绩，例如，聘请多批"民间河长"、开通运行河长通 APP、开展志愿者爱河护河活动等。但是，笔者从相关渠道了解到，通过 APP 平台举报投诉河湖水环境问题的公众数量有限，其中不乏重复投诉的"钉子户"；"民间河长"和志愿者除了参与巡河、护河、河道保洁等末端治理工作，没有机会参与"河长制"工作计划、"一河一策"方案等重要决策的制定，因而在流域治理的决策及实施上无法广泛吸纳广大民众的思想智慧，听取和采纳好的意见、建议与基层经验。同时，河长办没有常规性地通过召开座谈会、开设信箱、调查研究等形式，向社会公众征集水环境治理的好方法、创新经验。这导致公众参与治水缺少深度，仅仅停留在"河长制"政策的宣传、举报监督等浅层次的领域。

第五，资源配置不合理，信息共享尚欠充分。"河长制"是借助政府行政力量推动跨部门协同治水工作，行政力量的大小之间制约着治水成效。换而言之，河长个人职位及其所能支配的公共资源与治水成效密切相关，同一层级的河长由于所担任职务不同，其所能调动的资源存在差异，协调各部门联合治水的力度也就不同。比如，市长、副市长、政协副主席分别担任了不同河流的河长，但他们所处的职位高低决定了行政协调能力、资源支配权限的差异，这会直接影响水环境治理的效果。信息爆炸是这个时代的主要特征，有效整合分散在各个部门的信息资源，共享治水成果，可以为河长和相关单位科学有效决策提供有力的支撑。在各地的"河长制"治水工作开展中，跨部门共享的信息主要包括水质断面监测数据、河湖日常巡查情况、举报投诉、问题督办、情况通报等，内容不够全面，通常以"河长制"工作简报、智能手机平台等方式实现信息共享，渠道相对单一。鉴于水资源自身的特性，流域治理过程必定是一个上下游政府互动的过程。Q 市、N 市和 H 市都还未与上游政府搭建交界河湖水质、巡河信息、工作进程、经验交流等集成共享的"河长制"信息化系统平台。

第六,"人治"色彩较浓。"河长制"跨部门协同的关键一环在于"河长",其党政负责人的身份可以依靠行政权威统一协调指挥各涉水部门共同参与治理。对于地方政府的党政领导而言,水环境保护固然有考核压力,社会稳定和经济增长也有考核压力,繁重的工作使他们难以专心投入河长的本职工作中。受专业知识缺乏、疏于调研实地考察等因素的影响,河长往往凭借个人经验与主观意愿制定决策,若没有外部智囊为其出谋划策,很难避免决策脱离实际、治水方案设计不合理或照抄式治水等问题的发生。加之当前各部门的集体行动缺乏完善的制度规范,主要听从于上级河长的指令,这加重了"河长制"跨部门协同的"人治"色彩。而河长的指令往往存在主观性,交派给各部门的治水任务未必是最有价值或当前最迫切的,甚至为了应付环保督察而突击完成某项任务的情况常有发生。不可否认的是,"人治"可以高效地推动部门协同共治,但过分依赖"河长"的"人治",也会带来一些弊端,比如,岗位调整后,新"河长"的治水思路不一样,会使得跨部门协同工作无法按原计划持续下去,造成资源浪费。

本章小结

本章以福建省 Q 市、江西省 N 市和陕西省 H 市为研究样本,将第四章构建的"河长制"跨部门协同绩效评估指标体系进行实证应用。通过对 312 份有效问卷的统计分析,得出了三市的跨部门协同绩效得分,其中 Q 市的目标层问卷得分与加权得分是 4.0023、4.065,N 市得分为 3.8028、3.844,H 市得分为 3.8608、3.900,说明 Q 市的跨部门协同绩效要优于 N 市和 H 市。总体来说,三市的跨部门协同治水活动都取得了良好的综合效果,但各自的环境绩效得分要高于社会绩效和过程绩效。通过对三市的评估结果进行对比发现,二级指标中协同计划、水质改善、社会效应等指标的得分率普遍较高,而决策制定、责任分工、公众参与、信息沟通等指标的得分低于均值;三级指标中,Q 市、N 市和 H 市的水质改善目标达成度、媒体评价、劣质类水体比例下降情况、协同计划与"河长制"保持一致性等指标的得分均位居前 20%,而分工的衔接性、决策成员的代表性、决策过程的民主化、引导公众参与的力度及公众参与治水渠道等指标的得分均排名靠后。尽管"河长制"下各地方政府的跨部门协同治水活动所取得的成效不尽相同，但多部门联合治水过程中存在一些共性问题，主要包括部门责任缺乏有效衔接，相互支持力度不够；治水成员缺乏学习培训交流机会；涉水部门创新动力不足；公众参与浮于表面；资源配置不合理，信息共享尚欠充分；"人治"色彩较浓。

第六章 "河长制"下地方政府流域治理跨部门协同绩效影响因素实证分析

要提升地方政府流域治理跨部门协同的最终成效，必然先要找出跨部门协同绩效的影响因素，并分析其作用机制。本章在前文理论研究概述与文献回顾的基础上，根据第三章提出的有待解决的现实问题，首先构建出"河长制"下流域治理跨部门协同绩效的影响因素概念模型，分析模型中各个变量之间的关系，提出相应的研究假设。然后以问卷形式收集数据，通过层级回归分析和 Bootstrap 再抽样技术对概念模型和研究假设进行检验。最后对实证结果进行分析和讨论。

第一节 概念模型与研究假设的提出

一、概念模型的提出

概念模型的构建需要讲究理论的精当性与现实的匹配性：前者要求模型的构建具备理论上的合理性，关键要素的考量具有完备性；后者关注模型是否立足国情特色并真实地反映现实情况。当前公共管理领域的研究主题越来越着眼于细微之处，异质性也越强，因而很难找到一个有关跨部门协同绩效影响因素概念模型的标准范式。我们必须立足于现实匹配性去探究流域治理跨部门协同的启动、运行过程与效果，并依此逻辑构建分析框架。本书顺着这一研究思路，主要以 Thomson 和 Perry 的"前提—过程—结果"框架[①]以及

[①] Thomson A M, Perry J L. Collaboration processes：Inside the black box [J]. Public Administration Review, 2006 (1)：20-32.

Ansell 和 Gash 的协同治理 SFICO 框架[①]为基础，借鉴资源依赖理论、制度理论、界面管理理论和网络治理等理论的主张，依据我国"河长制"背景下地方政府流域治理跨部门协同的实情，着重关注协同前提因素如何影响协同结果及协同过程在其中所起的中介作用。图 6.1 是本书构建的"河长制"下流域治理跨部门协同绩效影响因素概念模型。需要特别指出的是，该模型中的绩效专指跨流域跨部门协同治理的结果绩效，将协同过程视为结果绩效的影响变量。

具体来说，该模型将跨部门协同绩效的影响因素划分为前提和过程两个相关层次，其中，前提层次因素包含主体因素和情境因素两个方面。流域协同治理工作涉及多方利益主体，考虑到本书的研究背景与研究主题，概念模型将主体因素划分为变革型领导、部门间信任、公众参与三个维度。变革型领导被称作是协同主体的"连接人"，可以跨越组织边界发起并组织合作活动，即使不紧密地参加日常的协同治水工作，仍然能够催化协同主体之间的协同配合。"河长制"作为地方政府治水的创新之举，需要变革型领导的动员、推进和部署，确保各职能部门主体责任的落实。信任常常被看作是跨部门协同的关系型资本，因为协同是从不同程度的信任开始，而相互信任也是部门间持续合作的根基。此外，尽管本书重点关注的是政府部门间的协同治水，但不容忽视公众参与的补充作用。第一，地方政府需要公众支持以提升流域治理能力；第二，公众参与有助于政府部门"理性决策"、填补环境信息或环境技术差距[②]；第三，公众参与对地方政府跨部门协同起到了"自下而上"的推力作用，并能对协同治水过程起到"监督"效果。

任何协同治理活动都是在特定环境下形成和发展的，"河长制"下的地方政府跨部门协同治水也不例外，其情境因素可划分为两个维度：①资源支持，来自政府内部或外部的政策、资金和技术等资源为跨部门协同的启动提供了合法性和物质基础，也是政府各职能部门协同治理流域水环境的一大动力源；②制度设计，为协同主体提供合作规则和奖惩依据，避免合作伙伴为了自身利益作出各种投机行为。跨部门协同其实是涉水职能部门之间的互动过程，而本模型的过程因素划分为三个维度：①沟通，有助于合作各方达成共识，

---

① Ansell C，Gash A. Collaborative governance in theory and practice [J]. Journal of Public Administration Research & Theory，2008（4）：543–571.

② 涂正革，邓辉，甘天琦. 公众参与中国环境治理的逻辑：理论、实践和模式 [J]. 华中师范大学学报（人文社会科学版），2018（3）：49–61.

并建立共同的行动理论，从而提升实现治理目标的能力；②承诺，可界定为由频繁互动而衍生出的一种义务，强调对合作的忠诚以及持续合作的意愿；③关系管理，指"河长制"办公室通过开展一系列组织协调、指导和督促的行为，解决协同过程中的冲突，并调度和整合资源，以维系流域治理伙伴关系的稳定性和持续性。本模型选择沟通、承诺和关系管理三个因素考察协同过程，基于两个方面的考虑：一是沟通、承诺和关系管理都能体现协同过程的动态性；二是沟通和承诺的程度能反映协同过程中参与者互动的频率以及投入度，关系管理的水平一定程度上决定了协同过程的质量①。此外，地方政府跨部门协同的根本任务是治理流域水环境问题，而复杂性是流域水环境问题的鲜明特征，因此我们不能忽视任务复杂性这一治理客体因素对协同绩效的影响。

从图 6.1 中可以看出，本书主要目的是探讨协同前提、协同过程和任务的复杂性对协同绩效的影响，以及这些因素之间的相互作用机制。具体而言，本书的概念模型图有以下三层含义：①将协同绩效作为因变量，将主体因素（信变革型领导、信任、公众参与）、情境因素（资源支持、制度设计）和过程因素（沟通、承诺、关系管理）作为自变量，研究三者对协同绩效的直接影响；②以过程因素作为中介变量，探究主体因素和情境因素对协同绩效的

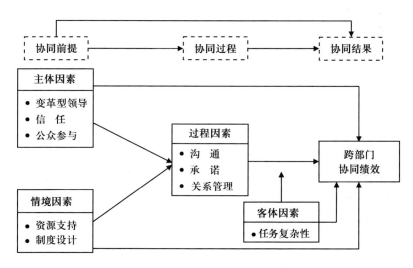

图 6.1 "河长制"下地方政府流域治理跨部门协同绩效的影响因素概念模型

---

① Connick Sarah，Innes Judith E. Outcomes of collaborative water policy making：Applying complexity thinking to evaluation［J］. Journal of Environmental Planning & Management，2003（2）：177–197.

间接影响机制；③分析任务复杂性对协同绩效的直接影响，以及它在过程因素与协同绩效的关系中所起的调节作用。因此，整个跨部门协同绩效影响因素的概念模型是一个包含直接效应、中介效应、调节效应在内的混合化模型。下面，我们将围绕这一概念模型，提出具体的研究假设。

二、研究假设的提出

（一）主体因素对跨部门协同绩效的影响假设

1. 变革型领导对跨部门协同绩效的影响假设

作为当前公共部门积极倡导的领导行为，变革型领导主要体现在六个方面：推动合作、描绘愿景、榜样示范、提出高期望、个性化关怀和智能激发[①]。在地方政府流域治理活动中，变革型领导依靠职务权威推动跨部门协同治水活动，整合各部门力量朝共同目标努力；通过描绘令人愿景的协同治水愿景，激励涉水部门为实现团队目标而付出额外努力，从而使得协同绩效超越只为追求部门利益而产生的绩效；通过为下属树立模范和表率，使下属以高度的热情投入跨部门协同治水活动，追求卓越、高质量的工作表现；通过对追随者提出高期望、高要求，以"期望激励"的方式鞭策他们高质量完成职责任务；通过个性化关怀，变革型领导能够使参与协同治水的成员得到个人发展方面的理解与支持，使其提高合作意愿，更积极主动地完成自己的角色任务，愿意为跨部门协同治水团队付出更多的心力，从而取得超过期望的高绩效；通过智能激发，变革型领导鼓励合作成员充分发挥自己的智力潜能，敢于打破旧规则、旧制度和旧理念，革新现有的流域治理方法和技术，提高协同治水的效率。相对于家长式领导风格而言，变革型领导更加注重发挥每个下属的专长与优势，将下属员工的个性化需求与合作团队的价值追求紧密联系起来，增添了合作动力，有利于引领他们共同完成具有挑战性的工作。Gould研究表明，地方政府职能部门协同治理棘手的流域水环境问题时，变革型领导不仅能通过合理授权促进员工参与集体决策和实现既定合作目标，还能通过营造相互学习的氛围来增进参与者的合作满意度[②]。基于以上分析，本书提出如下假设：

---

① Elmasry M O, Bakri N. Behaviors of transformational leadership in promoting good governance at the palestinian public sector [J]. International Journal of Organizational Leadership, 2019（1）: 1–12.

② Gould R K. Collaborative and transformational leadership in the environmental realm [J]. Journal of Environmental Policy & Planning, 2014（3）: 1–22.

H1a：变革型领导对跨部门协同绩效有显著的正向影响。

2. 信任对跨部门协同绩效的影响假设

作为一种关系型资本，信任嵌入于人际关系网络中，有助于减少集体行动中的交易成本。Uzzi 研究表明，信任关系能促进合作双方共同解决突发难题，传递更详细的、整合性的信息，大大降低双方的利益冲突，促进新知识的创造，保证协同效果的实现[①]。地方政府部门间的协同从不同程度的信任开始，它不仅可以提高涉水部门在协同中转移知识的意愿，还能降低合作的谈判成本与监督成本[②]。按照这个逻辑，政府部门可以将更多的精力和资金投入流域水环境问题的解决，因而在该领域内能取得更大的成效。

地方政府部门间的信任是一方对另一方的互助行动的期待和能力的认可，具体呈现出如下特点：一是部门间信任是一种集体意识；二是以风险承担为前提；三是信任表现成为双向关系；四是部门间信任是一种心理感知和主观评价[③]。在协同治理视域下，政府部门间的信任能够减少治水过程中的破坏性冲突，减少了合作方转嫁责任、"搭便车"等投机心理。参与治水的部门不必过分担心对方的策略行为，这有利于推动各部门以更加开放包容的心态对待合作伙伴，深度地进行资源优势互补，促进合作网络的高效运转，从而取得更高层次的协同绩效。基于以上分析，笔者认为流域治理中地方政府部门间的信任程度越高，它们越能够毫无保留且快速地进行信息沟通、主动化解意见分歧，避免破坏性冲突扰乱协同治水的进程，确保"河长制"下跨部门协同效果的实现。基于以上分析，本书提出如下假设：

H1b：信任对跨部门协同绩效有显著的正向影响。

3. 公众参与对跨部门协同绩效的影响假设

跨部门协同治理根植于传统的民主治理结构，其实质是一种伙伴型的参与式协作，尽管协同治理的主导者是政府机构，但管理层面的伙伴关系还应包含社会公众。那是因为，吸纳公众的跨部门协同不仅有利于培育民主，还极大可能地制定出切实可行的问题解决方案，对政府官员"治庸问责"。对于

① Uzzi B. Social structure and competition in interfirm networks：The paradox of embeddedness［J］. Administrative Science Quarterly，1997（1）：35–67.

② Dyer J H，Singh H. The relational view：Cooperative strategy and sources of interorganizational competitive advantage［J］. Academy of Management Review，1998（4）：660–679.

③ Rousseau D M，Sitkin S B，Burt R S，et al. Not so different after all：A cross–discipline view of trust［J］. Academy of Management Review，1998（3）：393–404.

流域治理中的跨部门协同活动而言，公众的输入（Citizen Input）既可以为政府部门的政策实施提供资金资源和技术支持，又能扩大公共部门对相关议题的视野，创造更多的公共价值。另外，公众可以通过参与巡河督查、河道保洁和举报违法等活动降低政府部门的信息搜寻和监管成本。Roberts 研究表明，公众参与流域治理的程度越高，政府内部的跨部门协同所能实现的预期目标越多，取得的综合治理效果越明显①。当广大社会公众开始关注某一水环境问题时，公共领导者迫于自下而上的压力会积极地开展跨部门协同治水工作，也更容易分析和确定问题的关键诱因，针对性地加大治水投入，因而合作成功的可能性更大。刘波等以西安市、南京市、深圳市等地方政府为例对公共服务跨部门协同进行了实证研究，发现公众的关注、支持和参与状况会对协同效果产生积极的促进作用②。基于以上分析，本书提出如下假设：

H1c：公众参与对跨部门协同绩效有显著的正向影响。

（二）情境因素对跨部门协同绩效的影响假设

1. 资源支持对跨部门协同绩效的影响假设

资源支持关乎流域治理伙伴关系的形成与维系，并最终会影响跨部门协同结果。Steelman 通过采用比较案例研究方法，证实了流域协同治理的策略、行动和结果都与合作小组获得的资源支持紧密相关③。地方政府流域治理跨部门协同所需的关键资源支持主要包括政策支持、技术支持和资金支持④。

政策是一种资源，而且是能"带来"资源的资源。在科层制的官僚体系下，上级的政策对于政府职能部门间的协同起着极大的引导和推动作用。当一个部门没有权利去命令另一个部门采取行动时，上级的政策支持使得强迫不情愿者参与合作变得合法化⑤。假若上级部门制定了相关政策和下发了相关

---

① Roberts R M, Jones K W, Cottrell S, et al. Examining motivations influencing watershed partnership participation in the Intermountain Western United States［J］. Environmental Science & Policy，2020（2）：114-122.

② 刘波，王彬，王少军. 地方政府网络治理形成影响因素研究［J］. 上海交通大学学报（哲学社会科学版），2014（1）：12-22.

③ Steelman T A. Community-based watershed remediation：Connecting organizational resources to social and substantive outcomes［J］. American Behavioral Scientist，2002（4）：580-598.

④ Collaborative environmental management：What roles for government?［J］. Policy Sciences，2005（3）：201-204.

⑤ MacKenzie S H. Integrated resource planning and management：The ecosystem approach in the Great Lakes basin［M］. Montague：Island Press，1996.

文件，合作项目很快会提上议程；反之，之前达成的合作项目有可能会被搁置。尤其对于一个以倡导建立跨部门协同关系为核心内容的改革而言，官僚体系中的高层领导最重要的作用不在于直接管理实践，而在于依靠他们制定的政策来推动改革和部门的协同，并为其创造良好的政治环境。显而易见，政策支持是跨部门协同的一大动力源，也是地方政府协同治水项目成功的前提条件之一。

流域水环境是复杂的、动态的，会受到诸多内外因素的影响。这种不确定性给跨部门协同治理带来了巨大的挑战。利用技术资源综合分析多个数据是不确定性的应对之道之一。Bidwell 和 Ryan 提出，合作团体所能获得的技术支持程度决定了流域治理项目完成的水平，它可以来自合作团体内部，但更多的需要由上级部门、咨询机构、大学研究人员或其他的利益相关者来提供[1]。Moseley 对多个流域治理委员会进行调查后发现，有技术支持的合作团体更容易解决治理难题，也能制定出更可行的生态修复方案[2]。Bryson 等认为，技术从两个方面对跨部门协同起到重要的促进作用：一方面，新技术的应用前景能够激发或吸引利益相关者跨越边界参与合作；另一方面，技术可以充当部门间协同的"非人类成员"（Nonhuman Actor），它能为复杂的联动提供解决方案和带来系统的观点，能改变公众认知和促进组织变革[3]。

对于多部门联合治水这种大规模的集体行动，充足的资金支持是保障合作工作顺利开展的重要支持。跨部门协同治水的资金资源，既可以是来自上级政府的财政支持，也包括非政府部门的资助。资金是生态系统管理中多元主体间合作关系形成时不可或缺的要素之一，合作团体可利用的资金及其分配方式将直接影响合作项目的类型、合作成员的努力程度[4]。Leach 和 Pelkey 在对 37 个流域管理伙伴关系的研究中发现，灵活、稳定而又持续的资金支持会提升机关本位（Agency-based）的流域伙伴关系绩效，并且资金来源越广

① Bidwell R，Ryan C. Collaborative partnership design：The implications of organizational affiliation for watershed partnerships［J］. Society & Natural Resources，2006（9）：827-843.

② Moseley C. New ideas，old institutions：Environment，community，and state in the Pacific Northwest［J］. Acadiensis，2008（1）：100-109.

③ Bryson J M，Crosby B C，Stone M M. Designing and implementing cross-sector collaborations：Needed and challenging［J］. Public Administration Review，2015（5）：647-663.

④ Yaffee S L，Michigan U O. Ecosystem management in the United States：An assessment of current experience［J］. Journal of Range Management，1996（5）：543-545.

泛，跨部门协同的阻力就越小，流域治理的成效就越明显①。基于以上分析，本书提出如下假设：

H2a：资源支持对跨部门协同绩效有显著的正向影响。

2. 制度设计对跨部门协同绩效的影响假设

地方政府涉水部门之间不存在隶属关系，也没有完整的组织结构和严格的等级制度，因而健全的制度设计是跨部门协同顺利运行的基础与保证。制度设计也被称为"合作规则"，指参与者在协同活动中必须遵守的具体要求和规定。Koebele 认为，合作成员只有明晰各自的角色地位以及遵循某些无形的规则，合作网络才能得以有序、良性地运行②。具体来说，流域治理跨部门协同的制度设计主要包括各部门的权限与责任范围、决策程序、利益分配和冲突调解方案、问责条例和激励办法等。英国、美国和澳大利亚等国家的流域治理成功经验表明，在良好的合作制度框架下，各政府部门会定期自审工作成果和效率，保证跨部门协同整体目标的达成③。在合作启动之前做好相应的制度设计，比如明确各主体的职责分工、合作流程和奖惩措施等，不仅可以引领各部门朝同一目标努力，还可以缓解协同共治过程中的利益冲突、避免机会主义行为，从而有力地保障流域治理跨部门协同的有效性。张康之研究表明，完善的制度设计能够厘清协同主体的角色边界，避免因权利共享带来的推诿扯皮、资源内耗等问题，很好地矫正"协同失灵"，对跨部门协同绩效的提升起着关键的作用④。基于以上分析，本书提出如下假设：

H2b：制度设计对跨部门协同绩效有显著的正向影响。

（三）过程因素对跨部门协同绩效的影响假设

1. 沟通对跨部门协同绩效的影响假设

政府部门间的沟通有助于建立共识（Consensus Building），继而影响伙伴关系实现流域治理目标的能力。通过"真正的对话"达成共识的过程，可以减少信息的歧义、误解和不对称性，最终造就让绝大多数参与者满意的集体

---

① Leach W D，Pelkey N W. Making watershed partnerships work：A review of the empirical literature［J］. Journal of Water Resources Planning and Management，2001（6）：378–385.

② Koebele E A. Integrating collaborative governance theory with the Advocacy Coalition Framework［J］. Journal of Public Policy，2019（1）：35–64.

③ Benson D，Jordan A，Smith L. Is environmental management really more collaborative? A comparative analysis of putative 'paradigm shifts' in Europe，Australia and the USA［J］. Environment & Planning，2013（7）：1695–1712.

④ 张康之. 论合作治理中的制度设计和制度安排［J］. 齐鲁学刊，2004（1）：115–120.

行动结果。共识与差异并存，但有时差异未必是件坏事，它甚至有助于合伙人寻求创造性的、互惠互利的解决方案。因为参与者在达成共识过程中，能够学会如何克服个体差异以共同解决复杂的、相互依赖的问题。正如 Innes 和 Booher 所言，共识的达成过程能创建一个自我学习的体系，探索所有可行的选择和提升参与者适应改变的能力[①]。

在跨部门协同过程中，面对面的对话是最有效的沟通方式。协同主体之间频繁的面对面对话可以强化彼此的信任和相互尊重、减少交易成本、建立共同的理解。此外，频繁、有效的非正式沟通可以避免合作过程中可能产生的误会，容易使双方的看法和期望达成一致。如果政府部门间能够充分地交流并分享与流域治理相关的重要理念、信息、战略和知识，那么他们更有可能用创新思维解决问题，实现整体战略目标[②]。沟通是跨部门协同的"胶水"或"血液"，它能将参与者的能力、资源整合起来，起到协同增效的作用。协同成员通过广泛的沟通，可以更加明确彼此的角色和责任，游刃有余地进行协调与配合，提高处理突发性水污染事件的敏捷性。有关跨部门联盟的实证研究表明，部门间及时、准确、完整和诚信地交换信息，尤其是共享关键和"敏感"的资讯，对于联盟的成功与否起着关键性的作用[③]。基于以上分析，本书提出如下假设：

H3a：沟通对跨部门协同绩效有显著的正向影响。

2. 承诺对跨部门协同绩效的影响假设

对北美地区的一些流域治理伙伴关系的调查结果表明，成员的可信承诺水平是解释协同治理成功的关键变量。承诺包括协同成员的时间投入和付出的努力，隐含着维持互动关系的责任以及在未来参与行动的意愿。在集体行动背景下，个体对集体目标的承诺有助于构建高效的集体行动系统，个体的承诺水平越高，越能驱动他们采取合作行为以实现集体目标。Angle 和 Perry 等认为，具有高度承诺的合伙人，会共同努力解决短期问题以便达到长期的

---

① Innes J E, Booher D E. Consensus building and complex adaptive systems: A framework for evaluating collaborative planning [J]. Journal of the American Planning Association, 1999（4）: 412–423.

② Huxham C. Creating collaborative advantage [J]. Journal of the Operational Research Society, 1997(7): 751–757.

③ Paulraj A, Lado A A, Chen I J. Inter-organizational communication as a relational competency: Antecedents and performance outcomes in collaborative buyer-supplier relationships [J]. Journal of Operations Management, 2008（1）: 45–64.

目标，因此双方高度的承诺会导致成功的合作关系①。对于"河长制"背景下的地方政府跨部门协同而言，承诺一方面意味着合作部门对于彼此关系的认同与保证，包含资源的提供及合作计划的相互支援等，另一方面表示合作部门对于维系持续互动关系的意愿②。

值得强调的是，高水平的承诺蕴含着互惠关系，会加大解决冲突和回应对方需求的可能性③。当然，承诺建立在诚意、互惠互利的基础之上，其直接目的是发展稳固的伙伴关系，最终目的是提高协同绩效。蒋晓荣和李随成等也持有类似的观点，认为如果协同主体间做出了相互承诺，表明他们有着相互利益关系，每一方都愿意投资成本和精力来保持长久关系④。治水部门之间的相互承诺可视为一种心理上对合作伙伴的正向感觉，它无形中会带来双方的相互尊重，促进合作伙伴间的相互支持行为，将会对跨部门协同结果产生积极的影响。Aysin 和张雯研究表明，承诺对自然资源管理中的组织间协同绩效有显著的正向影响，具体表现在生态环境的改善、知识的转移、治理能力的提升、制度的创新等方面⑤。基于上述分析，本书提出以下假设：

H3b：承诺对跨部门协同绩效有显著的正向影响。

3. 关系管理对跨部门协同绩效的影响假设

Vagn 和 Ritter 认为，组织间协同绩效的提升在很大程度上取决于领导者是否对协同成员间的关系进行了有效管理⑥。由于各涉水部门的职能不同，他们追求的个体目标也存在差异，合作网络的构建绝非水到渠成，即便协同关系形成，也难免会因各自部门的利益而发生冲突。这时需要负责关系管理的"中间人"或"中间机构"精心组织安排合作任务，协调好成员间的利益关系，使之相互融合，从而发挥整体合力共同实现流域治理目标。当协同过程

① Angle H L，Perry J L. An empirical assessment of organizational commitment and organizational effectiveness［J］. Administrative Science Quarterly，1981（1）：1-14.

② 邓娇娇，严玲，吴绍艳. 中国情境下公共项目关系治理的研究：内涵、结构与量表［J］. 管理评论，2015（8）：213-222.

③ Leach W D，Pelkey N W. Making watershed partnerships work：A review of the empirical literature［J］. Journal of Water Resources Planning and Management，2001（6）：378-385.

④ 蒋晓荣，李随成. 制造商-供应商关系承诺形成及对联盟绩效影响［J］. 科技管理研究，2011（4）：235-238.

⑤ Aysin Dedekorkut，张雯. 自然资源管理中组织之间实现成功协调合作的决定因素［J］. 国际城市规划，2002（1）：14-17.

⑥ Vagn Freytag P，Ritter T. A framework for analyzing relationship governance［J］. Journal of Business & Industrial Marketing，2007（3）：196-201.

中遇到突发事件或重大问题时,负责关系管理任务的河长办能够迅速召集部门负责人协商解决,基于互惠互利的原则促使行动者在行为或意见上达成一致,并整合各部门的优势资源予以应对,维护稳定的跨部门协同关系,确保流域水环境综合治理的成功。此外,关系管理为跨部门协同治水活动提供制度安排的同时,也制定了协同目标、运作流程及监督方案、绩效评估标准,无疑是强化了各部门的责任意识、协作意识,并为其指明了努力方向,对实现"河长制"下的协同治水目标具有积极的影响。Zaheer 和 Venkatraman 证明了关系管理能够减少交易成本,即使维系时间相对较短的伙伴关系也受益于关系管理,即关系管理水平越高,整体合作绩效就越高[①]。基于上述分析,本书提出如下假设:

H3c:关系管理对跨部门协同绩效有显著的正向影响。

(四)主体因素对协同过程的影响假设

1. 变革型领导对协同过程的影响假设

变革型领导理论的人性假设特别强调人的社会属性,认为与获得物质需求的满足相比,人更愿意在沟通中获得上级的认同与激励。具体来说,变革型领导通过个性化关怀改变下属的合作态度,通过描绘愿景激励下属高层次追求,通过榜样示范明确团队目标,这一系列的过程都需要建立在良好沟通基础上[②]。当跨部门协同治水团队的领导者更加关注与合作成员之间动态互动关系的调节,更多地对合作成员投入情感的关注时,团队内部的沟通开放性就会越高。柯紫薇认为,假如跨部门协同团队的领导者能够积极给下属提供个性化关怀,在工作上理解并尽力满足下属的需求,自身能以身作则、率先垂范,则这一系列的举措将有利于推动下属对协同过程作出承诺[③]。陈永霞等探索了国内企业中变革型领导行为与员工的承诺之间的关系,研究表明,在变革型领导的风格下,员工能够自我监督、自我评估,增强员工对团队使命的承诺[④]。变革型领导善于提出具有吸引力的愿景,激发员工将自我价值观内

① Zaheer A, Venkatraman N. Relational governance as an interorganizational strategy: An empirical test of the role of trust in economic exchange [J]. Strategic Management Journal, 1995 (5): 373–392.

② Hater J J, Bass B M. Superiors' evaluations and subordinates' perceptions of transformational and transactional leadership. [J]. Journal of Applied Psychology, 1988 (4): 695–702.

③ 柯紫薇. 变革型领导对公务员工作绩效的影响——组织承诺与公共服务动机的作用 [D]. 湖南师范大学博士学位论文, 2015.

④ 陈永霞, 贾良定, 李超平, 等. 变革型领导、心理授权与员工的组织承诺:中国情境下的实证研究 [J]. 管理世界, 2006 (1): 96–105.

化成团队价值观，并鼓励面临冲突的团队成员提出具有创造力的解决方案，增强团队内部妥善解决分歧的信心，维护伙伴关系的稳定性①。基于上述分析，本书提出如下假设：

H4aa：变革型领导对政府部门间的沟通有显著的正向影响；

H4ba：变革型领导对政府部门间的承诺有显著的正向影响；

H4ca：变革型领导对政府部门间的关系管理有显著的正向影响。

2. 信任对协同过程的影响假设

高水平的信任是有效沟通的关键，它总是通过正式或非正式对话促进理念、信息和知识的共享，进而对沟通产生影响。信任架起了政府部门之间沟通的桥梁。Panteli 和 Sockalingam 通过实证研究证明，公共服务跨部门协同供给过程中，部门间的信任和交流质量之间具有密切关系②。在地方政府开展跨部门协同治水过程中，信任有助于减少交易成本以及部门间的知识交换，还可以促使人们超越个人或部门的偏见与制度逻辑去"移情"地理解他人处境，所以信任有利于相互沟通。Morgan 和 Hunt 认为，信任是履行承诺的前提，信任的建立关乎承诺是否得以延续，也就是未来合作关系能否继续③。赖先进在研究地方政府跨部门协同治理环境污染时得出：政府部门越能感觉合作伙伴的"善意"，越认可对方的技术与能力，越相信双方的合作能创造公共利益，继而自发地对合作过程作出高水平的承诺④。信任是"战略伙伴关系的基石"，它为跨部门协同治水过程中冲突的解决提供了更加柔性的途径，即协商式解决⑤。只要建立起信任，涉水部门间认知上的差异就会淡化，做到相互理解相互支持，并主动配合跨部门协调机构的工作安排，进行资源的整合与共享，合作关系逐渐趋于紧密。基于上述分析，本书提出以下假设：

H4ab：信任对政府部门间的沟通有显著的正向影响；

H4bb：信任对政府部门间的承诺有显著的正向影响；

H4cb：信任对政府部门间的关系管理有显著的正向影响。

① 董临萍.知识工作团队中变革型领导与团队冲突管理方式研究［J］.管理学报，2013（10）：1470–1477.

② Panteli N，Sockalingam S. Trust and conflict within virtual inter-organizational alliances：A framework for facilitating knowledge sharing［J］.Decision Support Systems，2005（4）：599–617.

③ Morgan R M，Hunt S D. The commitment-trust theory of relationship marketing［J］.Journal of Marketing，1994（3）：20–38.

④ 赖先进.论政府跨部门协同治理［M］.北京：北京大学出版社，2015.

⑤ 李砚忠.基于政府信任的合作式治理探析［J］.云南社会科学，2007（4）：9–12.

3. 公众参与对协同过程的影响假设

在我国流域治理体系中，政府无可厚非地承担主体地位，而公众参与是政府跨部门协同的重要补充。按照姚引良等的观点，公众参与行为表明社会公众对跨部门协同持肯定和支持的姿态，包括关注、监督和参与决策三个层次[①]。从根本上讲，公众对流域水环境问题的关注其实反映的是环保诉求。公众对某一水环境问题关注度的提高能有效推动地方政府的关注，其结果必然是地方领导责令相关部门联合整治，并且会相应地加强对涉水部门的监管力度，那么，各职能部门势必会对协同过程作出承诺。公众的监督对于"河长制"下的跨部门协同治水进程而言是一种外在的正向压力。一方面，地方政府为了向社会公众表明流域治理的决心，会加大对"河长制"工作的支持力度，授权河长办维护和管理部门间的协同关系，聚集优势资源、选派部门精英或业务骨干以完成治水任务；另一方面，公众的监督会倒逼治水部门遵从河长办的指令，在治水进程上竭力与合作部门保持一致和连贯，形成具有紧密关系的"治水团队"。公众参与环境决策是公众环保意识和社会民主化程度提高的必然结果。这意味着地方政府在流域治理决策中应吸纳民意，以公共利益为取向，通过理性对话和协商达成共识，进而制定出得到普遍认同的决策。在此情景下，政府与公众之间的沟通和政府部门之间的互动变得十分重要。加强与公众之间的沟通与对话，有效回应民意，是政府部门负责任的体现，而政府部门之间的协同互动是为了把好的决策完整地推行下去[②]。由于决策获得了公众的认可，相关的政府部门会加大合作执行的承诺，也容易对集体努力所能取得的结果达成相似的看法。基于上述分析，本书提出如下假设：

H4ac：公众参与对政府部门间的沟通有显著的正向影响；

H4bc：公众参与对政府部门间的承诺有显著的正向影响；

H4cc：公众参与对政府部门间的关系管理有显著的正向影响。

（五）情境因素对协同过程的影响假设

1. 资源支持对协同过程的影响假设

资源支持关系到多部门联合行动的能力。具体来讲，技术资源支持在一定程度上为部门之间的信息互动与共享提供了便利，自然会增加非正式沟通的频率。当"河长制"政策出台后，各涉水的职能部门必须遵从上级的

---

① 姚引良，刘波，王少军.地方政府网络治理多主体合作效果影响因素研究［J］.中国软科学，2010（1）：138–149.

② 郑石明.数据开放、公众参与和环境治理创新［J］.行政论坛，2017（4）：76–81.

指令，而且迫于行政命令的压力会加大对协同治水的承诺。由于跨部门协同应对的是具有跨界性的流域水环境问题，任何一个部门都不会单独投入资源去解决。但是，充足的资源支持使得各部门的领导者相信，跨部门协同可以带来官僚收益[①]，因而会努力完成河长办的工作部署，遵从合作规范，也有足够的动力去增进与其他部门的合作关系。基于上述分析，本书提出如下假设：

H5aa：资源支持对政府部门间的沟通有显著的正向影响；

H5ba：资源支持对政府部门间的承诺有显著的正向影响；

H5ca：资源支持对政府部门间的关系管理有显著的正向影响。

2. 制度设计对协同过程的影响假设

Reilly 研究福克斯流域的协同治理时发现，清晰且一贯适用的基本规则能确保协同过程的公平、公正和公开，程序的透明化意味着合作伙伴值得信赖，公共协商是"真实的"，协同过程不再是幕后私下交易的幌子[②]。在良好的制度环境下，流域治理的合作伙伴愿意公开地共享解决问题的知识和信息，通过良性互动和真诚沟通反映其偏好，理解与尊重他人的观点。Yoder 等认为，协同治理的制度设计应注重协同过程的开放性、包容性，利益相关者唯有感知到自己是合法的，才会极力对协同过程"作出承诺"并努力履行[③]。在跨部门协同治水的启动阶段制定合作规则更有利于缓解协同过程中的内部小摩擦和联合决策，例如明确决策权和约束、角色和责任、可获得的信息、成本和收益的分配等。规则构建是否清晰会直接影响参与者的投入程度。换而言之，良好的制度设计能够解决好集体行动困境问题，并促进行动者对协同过程作出承诺的同时会尽最大努力维持相互关系。河长办在完备的制度条件下，可以名正言顺地开展协调、监督工作，使涉水部门间的互动有章、有序和有效，聚合分散的部门力量来完成流域水环境改善目标。基于上述分析，本书提出如下假设：

H5ab：制度设计对政府部门间的沟通有显著的正向影响；

---

① Lambright W H. The rise and fall of interagency cooperation: The U. S. global change research program [J]. Public Administration Review, 1997（1）: 36-44.

② Reilly T. Communities in conflict: Resolving differences through collaborative efforts in environmental planning and human service delivery [J]. Journal of Sociology & Social Welfare, 1998（3）: 117-144.

③ Yoder L, Ward A S, Spak S. Local Government perspectives on collaborative governance: A comparative analysis of iowa's watershed management authorities [J]. Policy Studies Journal, 2020（1）: 1-23.

H5bb：制度设计对政府部门间的承诺有显著的正向影响；

H5cb：制度设计对政府部门间的关系管理有显著的正向影响。

（六）过程因素的中介作用假设

上文假设分析已表明跨部门协同前提层次因素对协同绩效的直接影响。事实情况是，协同前提要经由过程运行这一环节才能形成绩效提升的通道，这是跨部门协同机制研究的一个基本立场。具体来说，变革型领导乐于授权，善于容纳员工不同的观点，并鼓励员工参与重要决策。这会使得跨部门治水团队内部的沟通愈加紧密和顺畅，合作成员愿意将实现团队的目标和价值作为自身的义务，继而提高协同治水的绩效。只要治水部门之间存在可靠性信任，就会产生相互理解和共识，支持性沟通就越频繁，配合默契度会越来越高，进而快速有效地推动协同治水愿景的实现。不可否认的是，公众参与对地方政府实施"河长制"、开展跨部门协同治水的过程能起到监督、约束和纠偏作用[①]。但在现阶段的中国，流域水环境问题仍需政府部门主导解决，政府部门联合行动起来并提供政社互动平台，公众才能获得参与治水的机会，才会取得实质性的治水成效。合作制度主要为行动者提供规则章程，强化协同过程质量，让治水部门互通有道、目标一致、协作有序，进而产生理想的结果。来自政府内部或外部的资源支持为跨部门协同治水行动提供了合法性、物质基础和技术条件。在此情形下，河长办能出色地做好跨部门协同过程的协调者、监督者和资源整合者，切实保障流域水环境治理任务的全面完成。基于上述分析，本书提出如下假设：

H6aa：沟通在主体因素对跨部门协同绩效的影响中有中介作用；

H6ab：沟通在情境因素对跨部门协同绩效的影响中有中介作用；

H6ba：承诺在主体因素对跨部门协同绩效的影响中有中介作用；

H6bb：承诺在情境因素对跨部门协同绩效的影响中有中介作用；

H6ca：关系管理在主体因素对跨部门协同绩效的影响中有中介作用；

H6cb：关系管理在情境因素对跨部门协同绩效的影响中有中介作用。

（七）任务复杂性的调节作用假设

协同治理中的任务复杂性指协同主体所要完成的任务体现出路径多重性、子任务冲突、信息不对称、结果多样性、路径与结果间关系不确定性等特征。

---

① 关斌. 地方政府环境治理中绩效压力是把双刃剑吗？——基于公共价值冲突视角的实证分析［J］.
公共管理学报，2020（2）：53-69.

任务复杂与否是相对于整个合作团队的能力而言的，它既能正面促成跨部门合作网络的生成，同时给协同成效带来负面影响。任务复杂性是流域治理的一大特征，它所具有的双重特性不同于其他协同前提要素，所以本书将其单列。我们将考察流域治理任务复杂性对跨部门协同绩效的直接影响，以及它在协同过程与协同绩效之间所起的调节效应。

1. 任务复杂性对跨部门协同绩效的影响假设

一方面，任务复杂性是组织间合作网络形成的一个诱导条件，也是组织间协同行为的促进因子。大多数研究者认为，跨组织合作网络可以凭借互赖与互补的关系场域实行资源的优化配置与整合。可以说，任务复杂性会影响组织间的合作动机，从而引发协同行为。流域治理任务复杂，超越了单一部门的能力，多部门协同共治成为地方政府治水的可行之道。另一方面，流域治理任务的复杂性、抗解性也可能导致跨部门协同的失效。从作用的限度而言，跨部门协同不是包治百病的灵丹妙药，只是流域治理方式的一种选择。在命令控制型规制、集中计划、技术官僚等传统环境管理方式无法发挥作用的地方，协同的功效可能会大打折扣或者显得"无能无力"，也即合作网络并非总是能够调动充足的资源应对复杂多变的流域水环境问题[①]。再者，流域水资源涉及众多利益主体，任务越复杂，说明利益糅合和冲突化解的难度越大。跨部门协同极有可能非但没能效解决流域水环境问题，反而因"内部矛盾"而停滞或崩溃。因而，笔者认为，流域治理的任务复杂性对跨部门协同的形成产生了催化作用，但在合作网络运行后，任务复杂性对协同绩效的提升起负向作用，也即任务复杂性程度越高，协同绩效越低。基于以上分析，提出如下假设：

H7：任务复杂性对跨部门协同绩效有显著的负向影响。

2. 任务复杂性对过程因素影响跨部门协同绩效的调节作用假设

流域水环境治理任务的复杂性往往源自三个方面：一是受限于治理主体的认知水平和治理能力，治水任务的实施容易受到流域水环境问题本身的动态多变性和不确定性的干扰，从而导致治水任务基本面的复杂化；二是多个子任务以交织的形式嵌入于协同治理过程之中，彼此之间"一荣俱荣，一损俱损"，使得完成任务的程序趋于复杂化[②]；三是流域治理任务的总体目标可

① Khademian W. Wicked problems, knowledge challenges, and collaborative capacity builders in network settings [J]. Public Administration Review, 2008（2）: 334–349.

② 彭正银，韩炜. 任务复杂性研究前沿探析与未来展望 [J]. 外国经济与管理，2011（9）: 11–18.

细分为多个子目标，各子目标之间可能会出现相互冲突、相互背离的现象，导致任务目标达成评估的复杂性。在过往的研究中，大多数学者把任务复杂性作为调节变量探究协同行为对协同绩效的影响。例如，奉小斌以高新技术企业的研发团队为研究对象，证实了任务复杂性会增强跨界行为对协同绩效的影响[①]。在跨部门协同治水过程中，各成员单位通常只掌握治水工作所需要的某一种重要资源，如知识、技术、权利、资金等。当流域治理任务高度复杂时，各部门需要作出共同承诺并开展多层次、多渠道的沟通磋商，主要包括信息共享、部门联席会议、相互配合、联合行动等，由此可促进协同绩效的不断提高。以标准化、流程化、简易性等为特征的低复杂性任务情境下，部门之间不需要过多的互动沟通，原因在于，简单任务具有标准化的操作指南，过程具有可预知性、可理解性，可以通过程序化的管理加以控制。另外，流域治理任务越复杂，作为第一责任人的"河长"面临的外在压力与挑战越大，必然会压实部门责任，利用行政权威加大对各部门工作的协调、指导与监督，使分散的治水力量形成强大的整体合力，最终让河湖治理见行动、见实效。基于以上分析，本书提出如下假设：

H7a：任务复杂性在沟通对跨部门协同绩效的影响中有正向调节作用，即流域治理任务越复杂，沟通对协同绩效的正向影响就越显著；

H7b：任务复杂性在承诺对跨部门协同绩效的影响中有正向调节作用，即流域治理任务越复杂，承诺对协同绩效的正向影响就越显著；

H7c：任务复杂性在关系管理对跨部门协同绩效的影响中有正向调节作用，即流域治理任务越复杂，关系管理对协同绩效的正向影响就越显著。

第二节 实证研究设计

一、问卷设计与量表编制

跨部门协同属于组织间关系，研究所需的数据大多无法从公开的资料或政府网站获取，因此本书的数据收集采用实证研究常用的问卷调查方式。这种数据收集方法不仅简便灵活，关键是能够获得研究所需、翔实可靠的第一

---

① 奉小斌.研发团队跨界行为对创新绩效的影响——任务复杂性的调节作用［J］.研究与发展管理，2012（3）：56-65.

手资料。调查问卷主要由三部分构成：一是向受访者说明本次调研的目的，对关键术语作出解释；二是基本信息部分，主要关于受访者所属地市与工作单位、学历、工作年限、合作部门的数量、协同持续时间等信息；三是概念模型中的变量测量，将变量通过多个具体的问项来描述，受访者则依据自己所在政府部门参与协同治水的实情，对涉及的各个变量进行评价打分，形成概念模型中研究假设验证所需的数据信息。

为确保内容效度，根据地方政府跨部门协同治水的情境，本书研究模型中所有变量的测量题项均来自对现有文献中测量指标的改编。问卷采用五点李克特量表式，其中1代表非常不同意，5代表非常同意。本书中共有10个变量，其中变革型领导参考了冯彩玲和张丽华[1]的研究；借鉴了王力立等[2]对信任的度量标准；公众参与参考了Jo和Nabatchi[3]的研究；资源支持的测量参考了Hardy和Koontz[4]的研究；参照了Krueathep等[5]和姜庆志[6]对制度设计的测量；沟通参考了刘波等[7]的研究；承诺借鉴了Anderson和Weitz[8]的度量标准；关系管理参考了李晓光等[9]的问卷；任务复杂性借鉴了奉小斌[10]使用过的成熟量

[1] 冯彩玲，张丽华.变革型领导、交易型领导、信任和工作绩效的关系——以基层公务员为例 [J].兰州学刊，2011（3）：46–50.

[2] 王力立，刘波，姚引良.地方政府网络治理协同行为实证研究 [J].北京理工大学学报（社会科学版），2015（1）：53–61.

[3] Jo S, Nabatchi T. Different Processes, Different Outcomes? Assessing the Individual level Impacts of Public Participation [J]. Public Administration Review, 2020（1）: 137–151.

[4] Hardy S D, Koontz T M. Collaborative watershed partnerships in urban and rural areas: Different pathways to success? [J]. Landscape & Urban Planning, 2010（3）: 79–90.

[5] Krueathep W, Riccucci N M, Suwanmala C. Why do agencies work together? The determinants of network formation at the subnational level of government in Thailand [J]. Journal of Public Administration Research & Theory, 2010（1）: 157–185.

[6] 姜庆志.面向新型城镇化的县域合作治理绩效影响机制研究 [D].华中师范大学博士学位论文，2015.

[7] 刘波，王少军，王华光.地方政府网络治理稳定性影响因素研究 [J].公共管理学报，2011（1）：26–34.

[8] Anderson E, Weitz B. The use of pledges to build and sustain commit-ment in distribution channels [J]. Journal of Marketing Research, 1992（2）: 18–34.

[9] 李晓光，郝生跃，任旭.关系治理对PPP项目控制权影响的实证研究 [J].北京理工大学学报（社会科学版），2018（3）：52–59.

[10] 奉小斌.研发团队跨界行为对创新绩效的影响——任务复杂性的调节作用 [J].研究与发展管理，2012，24（3）：56–65.

表；跨部门协同绩效参考了 Mandarano[①] 和 Ulibarri[②] 等的研究。我们还将合作部门数量和协同持续时间作为控制变量。在设计问卷时，笔者发现，基于流域治理核心行动者设计的问卷较为少见，因而根据上述文献资料进行了整体建构。拟定问卷初稿后，笔者通过专家咨询、召开小型座谈会等方式征求了修改意见，并对问卷题项与题项表述进行了调整，继而形成了预测问卷。之后，邀请了 60 位有过协同治水经历的政府工作人员进行预测问卷填答，并根据填答情况进行了调试和纯化，形成了最终问卷（见附录五）。表 6.1 总结了本章所涉及的构念及其具体测量指标。

表 6.1　构念及其测量指标

构念	具体测量指标	代码
变革型领导 （BG）	上级领导推动和促进各部门为共同目标而协同配合	BG1
	上级领导给我们描绘了鼓舞人心的协同治水愿景	BG2
	上级领导给我们起到了模范带头作用	BG3
	上级领导会倾听我们的意见，关心我们的需求	BG4
	上级领导鼓励我们用新颖的方式解决问题	BG5
信任 （XR）	本部门相信合作部门能够胜任他们承担的任务	XR1
	本部门给予合作部门协助，相信对方也会给我们提供帮助	XR2
	即使没有监督，本部门也相信对方会努力完成其在合作中的责任	XR3
	本部门相信合作部门能够提供可靠的知识与信息	XR4
公众参与 （GZ）	公众积极关注当地流域水环境问题	GZ1
	公众积极监督当地流域水环境治理工作	GZ2
	公众积极参与当地流域水环境的治理活动	GZ3
资源支持 （ZY）	流域协同治理活动有全面的持续的政策支持	ZY1
	流域协同治理活动获得了充足的资金支持	ZY2
	流域协同治理活动获得了足够的技术支持	ZY3

---

① Mandarano L A. Evaluating collaborative environmental planning outputs and outcomes：Restoring and protecting habitat and the New York—New Jersey harbor estuary program［J］. Journal of Planning Education & Research，2008（4）：456–468.

② Ulibarri N. Collaboration in federal hydropower licensing：Impacts on process，outputs，and outcomes ［J］. Public Performance & Management Review，2015（4）：578–606.

构念	具体测量指标	代码
制度设计 （ZD）	各部门的职责分工有明确的规定	ZD1
	决策规则和程序有明确的说明	ZD2
	协同治水的共同目标有明确的界定	ZD3
	各部门的失责行为有针对性的问责条例	ZD4
	协同治水工作有具体的考评激励办法	ZD5
沟通 （GT）	除了面对面的对话，本部门还经常通过电话、网络与合作部门进行沟通交流	GT1
	本部门与合作部门之间的沟通有助于达成共识	GT2
	本部门与合作部门之间的信息共享非常及时	GT3
	本部门与合作部门之间的信息共享是充分和完全的	GT4
承诺 （CN）	如果合作部门提出请求，本部门愿意为其提供力所能及的帮助	CN1
	本部门愿意与现有的合作部门维持长期的合作关系	CN2
	各部门愿意投入资源或时间以追求团队的共同目标	CN3
	各部门对协同治水所能取得的成效持有相似的看法	CN4
关系管理 （GX）	设有专门的机构负责指导跨部门协同治水并处理相关事务	GX1
	有专门的机构负责协调双方的知识、技术、信息等资源以维持协同关系	GX2
	有专门的机构负责监督项目的实施进程	GX3
	遇到重大问题或意见分歧时专门机构会召集大家协商解决	GX4
	专门机构的管理工作体现了互惠互利和公平	GX5
任务复杂性 （RW）	我们团队的流域治理任务包含许多变化或不确定因素	RW1
	我们团队的流域治理任务需要各部门群策群力才能完成	RW2
	我们团队完成流域治理任务需要更灵活的解决方案	RW3
	我们团队的每个部门都承担了很大的任务量	RW4
跨部门协同绩效 （JX）	通过跨部门协同，水质的改善达到了预期目标	JX1
	通过跨部门协同，水生物的种类或数量有所增加	JX2
	通过跨部门协同，滨水生态景观得到了提升	JX3
	通过跨部门协同，公众对流域治理的成效感到满意	JX4

构念	具体测量指标	代码
跨部门 协同绩效 （JX）	通过跨部门协同，流域治理效率得到提高，节约了相关的成本费用	JX5
	通过跨部门协同，本部门获得了有关流域治理的新知识或新技术	JX6
	通过跨部门协同，本部门在流域治理方法或制度方面实现了创新	JX7

二、样本与数据收集

本章研究的主题是关于"河长制"下地方政府流域治理跨部门协同绩效的影响因素，所以正式调查对象为全面实行"河长制"的地方政府涉水部门。市级地方政府是水资源配置的最直接主体，也是城市水环境质量监测和各项政策的执行主体，在"河长制"全面推行中处于一个"承上启下"的核心操作层。具体来说，本书的调研对象为浙江省、江苏省、广东省、福建省、江西省、湖南省的六个市级政府治水部门。由于涉及流域治理的政府部门比较多，考虑到研究的时间和精力问题，本书主要对涉水管理的关键部门进行调研，包括生态环境、水利、住建、城管、农业农村、工信等部门，其中以"不上岸"的水利部门和"不下水"的生态环境部门为重点研究对象。为了保证问卷调查所得数据的准确性，笔者主要通过个人网络关系进行问卷发放。目标受访对象选择各职能部门参与协同治水的中高层管理者及一线工作人员，这些人员经历了协同治水的全部过程，熟知"河长制"下跨部门协同机制的运行及其效果，足以保证调研数据的有效和准确。

问卷发放主要通过两种形式进行：一是走访调查，在"中间人"的帮助和推荐下，与调研对象面进行对面交谈，当场发放纸质问卷并即时回收，对产生的疑问现场解答；二是借助于问卷星平台，通过手机微信发送链接的方式，在参与治水的公务员群体中采用滚雪球方法的方式推送问卷。问卷发放从2021年3月开始，到2021年8月结束，历经6个月，共发放问卷900份，回收812份，回收率90.22%，剔除无效样本154份，有效样本658份，有效回收率73.11%。

表6.2为样本的特征分布情况。从样本的地域分布看，江浙粤闽赣湘六地的样本数量比例都在16%左右，分布较为均匀。从被调查者的工作部门看，生态环境和水利两个部门约占样本总量的40%，住建、城管、林业和园

林、农业农村、国土资源部门各占样本总量的 9.57%、9.12%、8.51%、8.20% 和 7.76%。总体来看，样本部门分布相对较为广泛的同时，又凸显了生态环境和水利两个部门在流域治理工作中的牵头作用和"关键地位"。

表 6.2 样本的特征分布情况

项目	组别	频数（人）	百分比（%）
地区	浙江	115	17.48
	江苏	108	16.41
	广东	112	17.02
	福建	105	15.96
	江西	117	17.78
	湖南	101	15.35
	合计	658	100
性别	男	432	65.65
	女	226	34.35
	合计	658	100
工作部门	生态环境	131	19.91
	水利	128	19.45
	住建	63	9.57
	城管	60	9.12
	林业和园林	56	8.51
	农业农村	54	8.20
	国土资源	51	7.76
	发改	45	6.84
	经信	39	5.93
	其他	31	4.71
	合计	658	100
工作年限	小于 5 年	148	22.49
	5~10 年	156	23.71
	11~15 年	171	25.99
	15 年以上	183	27.81
	合计	658	100

续表

项目	组别	频数（人）	百分比（%）
职务级别	科员	136	20.67
	副科	176	26.75
	正科	208	31.61
	副处	116	17.63
	正处	22	3.34
	合计	658	100
合作部门数量	2~4 个	72	10.94
	5~7 个	198	30.09
	8~10 个	240	36.48
	11 个及以上	148	22.49
	合计	658	100
协同持续时间	1 年（含）~3 年	41	6.23
	3 年（含）~5 年	236	35.87
	5 年（含）~7 年	265	40.27
	7 年（含）以上	116	17.63
	合计	658	100

三、数据分析方法的选择

数据分析方法的选择对获得正确且可靠的研究结果具有重要影响。层级回归分析方法能够使研究者基于变量的因果关系设定变量进入回归模型的依次顺序，从而直观地反映出新进变量解释因变量的贡献程度。本书在变量测量上采用多个维度测量的方式，所以在进行层级回归结果分析过程中选取指标题项的均值作为变量的值。对回归模型的拟合优度通常采用 R^2（决定系数）实现，它的值越接近于 1，说明变量间关系能够被解释的因素在整体中所占的百分比。β 代表标准化的回归系数，表示自变量和因变量的相关。T 值是对回归系数的 t 检验结果，绝对值越大，Sig. 越小，Sig.<0.05 一般被认为是系数检验显著，表明自变量可以有效预测因变量的变异，有 95% 的把握结论正确。

Baron 和 Kenny 的中介效应检验标准虽然已被广泛运用，但这一方法无法检验中介效应的显著性 [①]。常用的 Sobel 检验法在检验包含一个中介变量的回归模型时显得游刃有余，当遇到多个中介变量的回归模型而需要检验多重中介显著性水平时，Bootsrap 再抽样技术则更具优势。简单地说，Bootsrap 再抽样技术是利用重复抽取的样本数据计算样本统计量并估计样本分布，它不会对样本的均值产生任何的影响，仅会对样本均值的标准误差产生影响作用。从原始样本中抽取的样本数量可由研究者灵活决定，重复抽样次数记为 n，n 一般大于 1000 次，随后计算 n 个统计量的样本分布，并估计该统计量的标准误差和置信区间。本书采用由 Preacher 和 Hayes 提出的 Bootstrap 再抽样技术检验多重中介的显著性水平 [②]。他们开发了 SPSS 的 Syntax 程序检验（即 PROCESS），这不但便于我们使用，并帮助我们更清晰地比较各个中介效应的强度。

第三节　数据分析与结果讨论

一、信度与效度分析

本书采用验证性因子分析来评估测度项的信度与效度。利用 Cronbach's α 系数和组合信度（CR）评估潜变量的稳定性及可靠性。如表 6.3 所示，所有变量的 Cronbach's α 系数值均高于 0.7，CR 值均大于 0.7，表明构念具有良好的信度。所有 AVE 值都高于 0.5，说明量表具有良好的聚合效度。所有 χ^2/df 的值都小于 3，GFI、NFI、CFI、IFI 的值均大于 0.9，RMSEA 的值小于 0.08，RMR 的值小于 0.05，表明测量模型具有良好的拟合优度。参照 Fornell 和 Larcker 提出的检验区分效度的方法 [③]，即将 AVE 的平方根与变量间相关系数的大小进行比较。从表 6.4 中可以看出，对角线左下角的变量间相关系数都小于对角线上的 AVE 值的平方根，这说明测量量表的区分效度较好。

---

① Baron R M, Kenny D A. The moderator-mediator variable distinction in social psychological research: Conceptual, strategic, and statistical considerations [J]. Journal of Personality and Social Psychology, 1986 (6): 1173-1182.

② Preacher K J, Hayes A F. Asymptotic and resampling strategies for assessing and comparing indirect effects in multiple mediator models [J]. Behav Res Methods, 2008 (3): 879-891.

③ Fornell C, Larcker D F. Evaluating structural equation models with unobservable variables and measurement error [J]. Journal of Marketing Research, 1981 (1): 39-50.

表 6.3　变量的信度与效度

变量	指标个数	均值（标准差）	Cronbach's α 系数	CR	AVE
变革型领导	5	3.72（1.02）	0.815	0.933	0.737
信任	4	3.56（0.95）	0.833	0.900	0.693
公众参与	3	2.81（1.10）	0.794	0.920	0.793
资源支持	3	3.45（0.99）	0.876	0.884	0.719
制度设计	5	3.89（1.06）	0.897	0.903	0.701
沟通	4	3.63（0.82）	0.780	0.924	0.670
承诺	5	4.24（0.73）	0.816	0.932	0.733
关系管理	5	3.97（0.87）	0.802	0.906	0.656
任务复杂性	4	4.11（0.84）	0.797	0.933	0.776
协同绩效	7	4.02（0.76）	0.875	0.912	0.789

表 6.4　区分效度检验

	变革型领导	信任	公众参与	资源支持	制度设计	沟通	承诺	关系管理	任务复杂性	协同绩效
变革型领导	**0.858**									
信任	0.434	**0.832**								
公众参与	0.196	0.217	**0.891**							
资源支持	0.268	0.236	0.387	**0.848**						
制度设计	0.322	0.182	0.512	0.237	**0.837**					
沟通	0.403	0.327	0.330	0.358	0.440	**0.819**				
承诺	0.375	0.446	0.519	0.511	0.521	0.497	**0.856**			
关系管理	0.416	0.391	0.260	0.496	0.505	0.528	0.554	**0.810**		
任务复杂性	0.309	−0.209	0.395	0.504	0.477	0.453	0.520	0.609	**0.881**	
协同绩效	0.564	0.483	0.426	0.610	0.571	0.648	0.693	0.662	−0.437	**0.888**

注：对角线的数值为 AVE 的平方根。

二、共同方法偏差检验

共同方法偏差（Common Method Variance，CMV）指由于同样的数据来源相同或评分者、同样的测量环境、项目语景以及项目本身特征所造成的自变量与因变量间人为的共变关系。由于共同方法偏差会导致构念间的相关性膨胀，因此在获取数据前我们采取了一些应对措施：一是采用匿名填答问卷的方式，尽量避免受问卷填写者心理因素的影响；二是问卷设计中将自变量、因变量的测量题项进行了区分，以免受访者将它们联系在一起。

本书采用 Harman 单因素检验对正式调研所获取的数据进行共同方法偏差检验，即将所有变量的测量题项进行探索性因子分析，分析时不要旋转。假如抽取出的因子数量不止一个，且第一个因子的方差贡献率不超过40%，且不能解释大部分的变量方差，通常认为共同方法偏差不严重，数据可用于进一步的实证研究。依照上述操作后得到表 6.5，可以看出，不只析出单独一个因子，而是共抽取了 10 个特征值大于 1 的公共因子，累计可解释方差为68.154%。单个因子的最大方差解释量为25.016%，占总方差的 36.705%，未出现单一因子解释大部分方差的情况，说明本书数据的共同方法偏差问题在可接受的范围内。

表 6.5　Harman 单因素检验结果

成分	初始特征值			提取平方和载入		
	合计	方差的贡献率（%）	累计方差贡献率（%）	合计	方差的贡献率(%)	累计方差贡献率（%）
1	9.372	25.016	25.016	9.372	25.016	25.016
2	4.863	10.923	35.939	4.863	10.923	35.939
3	3.655	7.364	43.303	3.655	7.364	43.303
4	2.901	5.470	48.773	2.901	5.470	48.773
5	2.524	4.867	53.640	2.524	4.867	53.640
6	1.739	3.781	57.511	1.739	3.781	57.511
7	1.480	3.455	60.966	1.480	3.455	60.966
8	1.138	2.962	63.928	1.138	2.962	63.928
9	1.092	2.209	66.137	1.092	2.209	66.137
10	1.017	2.017	68.154	1.017	2.017	68.154

三、直接效应分析

从跨部门合作绩效影响因素的概念模型假设易于发现,其内在效应存在直接效应、中介效应和调节效应之分。其中,直接效应比较简单,本部分采用多元回归分析主体因素、情境因素的各个维度对跨部门合作绩效的直接影响。

(一)主体因素对跨部门协同绩效的直接效应

将跨部门协同绩效作为因变量,变革型领导、信任和公众参与作为自变量,并将控制变量合作部门数量、协同持续时间加入回归分析,回归模型汇总结果如表 6.6 所示。

表 6.6 主体因素对跨部门协同绩效影响的检验

Model	Unstandardized Coefficients		Standardized Coefficients eta	t	Sig.
	B	Std.Error			
(constant)	1.532	0.107		13.320	0.000
合作部门数量	−0.051	0.036	−0.083	−2.156	0.309
协同持续时间	0.087	0.029	0.167	3.863	0.000
变革型领导	0.236	0.035	0.308	2.391	0.017
信任	0.147	0.033	0.216	3.740	0.000
公众参与	0.183	0.038	0.259	3.536	0.000
R	0.581		S.E of regression		0.466
R^2	0.338		F		23.484**
Adjusted R^2	0.332		D.W		1.893

注:Dependent Variable:跨部门协同绩效;** 表示 $p < 0.01$。

表 6.6 中数据显示,调整后的 R^2 等于 0.332,说明主体因素的 3 个维度共同作用可以解释跨部门合作绩效整体 33.2% 的变化。F 值为 23.484,$p < 0.01$,达到显著水平,说明回归方程拟合较好,模型中被解释变量与所有解释变量之间的线性关系是非常显著的。D.W 统计量为 1.893,趋近于 2,说明残差与自变量是独立的。变革型领导的标准化回归系数 β 为 0.308,t 值为 2.391,p 值为 0.017,小于 0.05,具有显著性。因此变革型领导对跨部门协同绩效具有显著的正向影响。同样,信任和公众参与的标准化回归系数 β 分别为 0.216、

0.259，p 值为 0，都小于 0.01，说明信任和公众参与与跨部门协同绩效呈显著正相关。因此，概念模型中的假设 H1a、H1b、H1c 得到数据支持。

（二）情境因素对跨部门协同绩效的直接效应

将协同绩效作为因变量，资源支持、制度设计作为自变量，并将控制变量合作部门数量、协同持续时间加入回归分析，回归模型汇总结果如表 6.7 所示。

表 6.7　情境因素对跨部门协同绩效影响的检验

Model	Unstandardized Coefficients		Standardized Coefficients Beta	t	Sig.
	B	Std.Error			
（constant）	1.892	0.108		16.756	0.000
合作部门数量	−0.053	0.025	−0.071	−1.938	0.272
协同持续时间	0.098	0.037	0.174	3.841	0.000
资源支持	0.237	0.028	0.312	4.306	0.000
制度设计	0.264	0.031	0.349	3.779	0.000
R	0.517		S.E of regression		0.464
R^2	0.267		F		24.206**
Adjusted R^2	0.261		D.W		1.903

注：Dependent Variable：跨部门合作绩效；** 表示 p<0.01。

从表 6.7 中可以看出，调整后的 R^2 等于 0.261，说明情境因素的 2 个维度共同作用可以解释跨部门协同绩效 26.1% 的变异。F 值为 24.206，p<0.01，达到显著水平，说明回归方程拟合较好，模型中被解释变量与所有解释变量之间的线性关系是非常显著的。D.W 统计量为 1.903，趋近于 2，说明残差与自变量是独立的。分析结果显示，资源支持（β=0.312，p<0.01）、制度设计（β=0.349，p<0.01）均达到正向显著，换言之，概念模型中的假设 H2a、H2b 得到数据支持。

四、中介效应检验

参照 Baron 和 Kenny 提出的中介效应检验标准和程序[①]，本书运用

[①] Baron R M，Kenny D A. The moderator–mediator variable distinction in social psychological research：Conceptual，strategic，and statistical considerations［J］. Journal of Personality and Social Psychology，1986（6）：1173–1182.

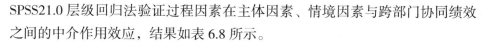

SPSS21.0 层级回归法验证过程因素在主体因素、情境因素与跨部门协同绩效之间的中介作用效应，结果如表 6.8 所示。

（一）主体因素和情境因素对协同过程的作用效应检验

首先，我们将沟通设为因变量，合作部门数量、协同持续时间为控制变量，主体因素和情境因素为自变量，构建多元线性回归方程，回归结果见表 6.8 中的模型 1。主体因素中的变革型领导（β =0.186，p<0.01）、信任（β =0.152，p<0.05）、对沟通均有显著的正向影响，而公众参与（β =0.068，p>0.05）对沟通的影响并不显著；情境因素中的资源支持（β =0.135，p<0.05）、制度设计（β =0.171，p<0.01）均对沟通有显著正向影响。因此，综合模型 1 的数据，可以认为变革型领导、信任、资源支持、制度设计对部门间的沟通有显著正向推动作用，即假设 H4aa、H4ab 和 H5aa、H5ab 得到验证，而假设 H4ac 没有得到数据的支持。

其次，在模型 2 中发现主体因素中的变革型领导（β =0.205，p<0.01）、信任（β =0.177，p<0.01）、公众参与（β =0.156，p<0.01）对承诺有显著的正向影响；情境因素中的资源支持（β =0.113，p<0.05）、制度设计（β =0.219，p<0.01）和对承诺均有显著的正向影响。这说明，假设 H4ba、H4bb、H4bc 和 H5ba、H5bb 得到数据支持，都成立。

最后，在模型 3 中发现变革型领导（β =0.226，p<0.01）、信任（β =0.141，p<0.05）、公众参与（β =0.119，p<0.05）和资源支持（β =0.180，p<0.01）、制度设计（β =0.203，p<0.01）对关系管理都有显著的正向影响，假设 H4ca、H4cb、H4cc 和 H5ca、H5cb 得到验证。

（二）主体因素和情境因素对跨部门协同绩效的作用效应检验

我们将协同绩效设为因变量，合作部门数量、协同持续时间设为控制变量，主体因素和情境因素为自变量，建立多元线性回归方程，回归结果见模型 4。调整后的 R^2 值为 0.471，说明主体因素和情境因素共同作用可以解释跨部门协同绩效整体 47.1% 的变化，F 值为 32.186（p<0.01）。自变量变革型领导（β =0.190，p<0.01）、信任（β =0.138，p<0.05）、公众参与（β =0.155，p<0.05）、资源支持（β =0.216，p<0.01）、制度设计（β =0.234，p<0.01）均对跨部门协同绩效有显著的正向影响作用。显然，这一判断也和直接效应分析部分的结论一致，即假设 H1a、H1b、H1c 和 H2a、H2b 进一步得到验证。

（三）过程因素对跨部门协同绩效的作用效应检验

假设 H3a、H3b、H3c 分别提出了过程因素的三个维度（沟通、承诺、关系管理）对跨部门协同绩效具有显著的正向影响。为了验证假设 H3a，首先将跨部门协同绩效设为因变量，然后依次将控制变量和沟通放入回归方程，层级回归的结果模型 5，发现沟通（β=0.381，p<0.01）对协同绩效的正向作用效应非常显著，说明政府部门间的沟通对提升跨部门合作绩效具有重要推动作用。同理，我们构建了模型 6 和模型 7，以验证承诺、关系管理分别对跨部门协同绩效的作用效应（假设 H3b、H3c）。层级回归的结果表明，承诺（β=0.436，p<0.01）关系管理（β=0.407，p<0.01）对协同绩效具有显著的正向影响，说明政府部门间的承诺、关系管理能促进协同绩效的提升，假设 H3a、H3b 和 H3c 均得到数据的支持。中介效应的条件得到满足。

（四）过程因素的中介效应检验

为了检验沟通的中介效应，我们在模型 4 的基础上将沟通放入回归方程，构建了模型 8。由表 6.8 可知，模型 8 中调整后的 R^2 值为 0.549，大于模型 4 中的 0.471，表明模型中引入新变量是合适的。易于发现，在加入了沟通这一中介变量后，一方面，沟通（β=0.209，p<0.01）对跨部门协同绩效有显著影响；另一方面，变革型领导、信任、资源支持、制度设计对跨部门协同绩效仍然保持显著影响，并且系数均呈现下降：变革型领导对协同绩效的影响系数显著减小（模型 8 回归系数 β=0.174< 模型 4 回归系数 β=0.190）；信任对协同绩效的影响系数显著减小（模型 8 回归系数 β=0.115< 模型 4 回归系数 β=0.138）；资源支持对协同绩效的影响显著减小（模型 8 回归系数 β=0.187< 模型 4 回归系数 β=0.216）；制度设计对协同绩效的影响显著减小（模型 8 回归系数 β=0.130< 模型 4 回归系数 β=0.234）。所以，沟通在变革型领导、信任、资源支持和制度设计对协同绩效的影响过程中起部分中介效应。公众参与（β=0.161，p<0.05）对跨部门协同绩效的影响虽然显著，但公众参与对沟通的正向影响没有得到样本数据的支持（β=0.068，p>0.05）。因此，沟通在公众参与对协同绩效的影响中的中介作用没有被实证数据支持。换言之，假设 H6ab 得到完全证实，H6aa 只得到部分证实。

为了检验承诺的中介效应，我们在模型 4 的基础上将承诺放入回归方程，构建了模型 9。由表 6.8 可知，模型 9 中调整后的 R^2 值为 0.585，大于模型 4 中的 0.471，表明模型中引入新变量是合适的。对比模型 4 和模型 9，不难发现，在模型 9 引入承诺这一中介变量后，一方面，承诺（β=0.232，p<0.01）对跨部门协同绩效有显著影响；另一方面，变革型领导（β=0.142，p<0.01）、信任（β=0.104，p<0.05）、公众参与（β=0.116，p<0.05）、资源支

表 6.8 中介效应检验结果

因变量	沟通 模型 1	承诺 模型 2	关系管理 模型 3	跨部门协同绩效 模型 4	模型 5	模型 6	模型 7	模型 8	模型 9	模型 10
控制变量										
合作部门数量	−0.104*	−0.066	−0.136*	−0.052	−0.074	−0.088	−0.070	−0.026	−0.031	−0.039
协同持续时间	0.117*	0.128*	0.122*	0.145**	0.169**	0.156**	0.162**	0.113**	0.124**	0.118***
自变量										
变革型领导	0.186**	0.205**	0.226**	0.190**				0.174**	0.142**	0.106*
信任	0.152*	0.177**	0.141*	0.138*				0.115**	0.104	0.119**
公众参与	0.068	0.156**	0.119*	0.155*				0.161*	0.116*	0.133*
资源支持	0.135*	0.113	0.180**	0.216**				0.187**	0.159**	0.165**
制度设计	0.171**	0.219**	0.203*	0.234**				0.130**	0.081	0.124**
中介变量										
沟通					0.381**			0.209**		
承诺						0.436**			0.232**	
关系管理							0.407**			0.218**
R²	0.339	0.348	0.326	0.478	0.139	0.157	0.143	0.556	0.591	0.572
调整后的 R²	0.331	0.337	0.314	0.471	0.132	0.150	0.138	0.549	0.585	0.566
F 值	18.359**	19.842**	16.918**	32.186**	22.395**	30.627**	28.264**	26.061**	38.175**	34.581**

注:** 代表 p<0.01;* 代表 p<0.05。

持（β=0.159，p<0.01）对跨部门协同绩效仍然保持显著影响，且系数均相应减少，但制度设计（β=0.081，p>0.01）对协同绩效的影响变为不显著。因此，承诺在变革型领导、信任、资源支持和公众参与对跨部门协同绩效的影响过程中有部分中介效应，承诺在制度设计和跨部门协同绩效之间关系起着完全中介作用。假设 H6ba、H6bb 得到验证，承诺在主体因素、情境因素与协同绩效的关系中都能起到中介作用。

同上，我们在模型 4 的基础上将关系管理放入回归方程，构建了模型 10 以检验关系管理的中介效应。由表 6.8 可知，一方面，关系管理（β=0.218，p<0.01）对跨部门协同绩效有显著影响；另一方面，变革型领导（β=0.106，p<0.05）、信任（β=0.119，p<0.01）、公众参与（β=0.133，p<0.05）、资源支持（β=0.165，p<0.01）、制度设计（β=0.124，p<0.01）对跨部门协同绩效仍然保持显著影响，且系数均相应减少。因此，关系管理在主体因素（变革型领导、信任、公众参与）和情境因素（资源支持、制度设计）对跨部门协同绩效的影响过程中起部分中介作用，假设 H6ca、H6cb 得到验证。

五、中介效应显著性 Bootstrap 检验

为了对上述层级回归法所得出的中介效应进行稳健性检验，接下来我们采用目前普遍认同的 Bootstrap 法直接检验系数乘积的显著性即中介效应。本书在 SPSS21.0 的基础上运行 PROCESS 插件，利用 658 个样本数据分别对沟通、承诺和关系管理的中介作用进行了检验。在设定上选择模型 4（对应简单的中介效应），"Bootstrap sample" 设为 5000 次，Bootstrap 抽样方法选择 "Bias Corrected" 偏差校正的非参数百分位法，置信区间选择 95%。

（一）沟通的中介作用

对沟通的中介作用进行检验，结果显示（见表 6.9）：在变革型领导对协同绩效的影响关系中，间接效应值为 0.171（p<0.01），95% 的置信区间为（0.072，0.185），直接效应值为 0.113（p<0.01），沟通具有显著的部分中介作用，中介效应占总效应的 60.21%；在信任对协同绩效的影响关系中，间接效应值为 0.115（p<0.05），95% 的置信区间为（0.058，0.153）不包含 0，直接效应值为 0.104（p<0.05），沟通具有显著的部分中介作用，中介效应占总效应的 52.51%；在公众参与对协同绩效的影响关系中，沟通的中介作用不显著，间接效应值为 0.054，95% 的置信区间（-0.039，0.126）包

含 0，这与回归分析判断结果一致；在资源支持对协同绩效的影响关系中，间接效应值为 0.108（p<0.05），95% 的置信区间为（0.074，0.167）不包含 0，直接效应值为 0.196（p<0.01），沟通具有显著的部分中介作用，中介效应占总效应的 35.53%；在制度设计对协同绩效的影响关系中，间接效应值为 0.145（p<0.01），95% 的置信区间为（0.088，0.194）不包含 0，直接效应值为 0.181（p<0.05），沟通具有显著的完全中介作用，中介效应占总效应的 44.47%。因此，假设 H6ab 得到完全证实，H6aa 只得到部分证实。

表 6.9 沟通中介效应的 Bootstrap 检验

中介模型	总效应	直接效应	间接效应	95% 置信区间（LLCI，ULCI）
变革型领导→沟通→协同绩效	0.284	0.113**	0 171**	0.072，0.185
信任→沟通→协同绩效	0.219	0.104*	0.115*	0.058，0.153
公众参与→沟通→协同绩效	0.257	0.203**	0.054	-0.039，0.126
资源支持→沟通→协同绩效	0.304	0.196**	0.108*	0.074，0.167
制度设计→沟通→协同绩效	0.326	0.181**	0.145**	0.088，0.194

注：** 代表 p<0.01；* 代表 p<0.05。

（二）承诺的中介作用

对承诺的中介作用进行检验，结果显示（见表 6.10）：在变革型领导对协同绩效的影响关系中，间接效应值为 0.204（p<0.01），95% 的置信区间（0.064，0.138）不包含 0，直接效应值为 0.098（p<0.05），承诺具有显著的部分中介作用，中介效应占总效应的 67.55%；信任对协同绩效间接效应值为 0.120（p<0.01），95% 的置信区间（0.041，0.109）不包含 0，直接效应值为 0.111（p<0.05），承诺具有显著的部分中介作用，中介效应占总效应的 51.94%；公众参与对协同绩效间接效应值为 0.126（p<0.01），95% 的置信区间（0.055，0.137）不包含 0，中介效应占总效应的 49.22%，承诺具有显著的部分中介作用；资源支持对协同绩效间接效应值为 0.134（p<0.01），95% 的置信区间（0.073，0.150）不包含 0，中介效应占总效应的 42.01%，沟通具有显著的部分中介作用；制度设计对协同绩效的间接效应值为 0.199（p<0.01），95% 的置信区间（0.097，0.182）不包含 0，中介效应占总效应的 70.32%，承诺具有显著的完全中介作用。以上结论与回归分析判断结果一致，因而假设 H6ba、H6bb 得到了数据的进一步支持。

表 6.10　承诺中介效应的 Bootstrap 检验

中介模型	总效应	直接效应	间接效应	95% 置信区间（LLCI，ULCI）
变革型领导→承诺→协同绩效	0.302	0.098*	0.204**	0.064，0.138
信任→承诺→协同绩效	0.231	0.111*	0.120**	0.041，0.109
公众参与→承诺→协同绩效	0.256	0.130**	0.126**	0.055，0.137
资源支持→承诺→协同绩效	0.319	0.185**	0.134**	0.073，0.150
制度设计→承诺→协同绩效	0.283	0.084	0.199**	0.097，0.182

注：** 代表 $p<0.01$；* 代表 $p<0.05$。

（三）关系管理的中介作用

对关系管理的中介作用进行检验，结果显示（见表 6.11）：在主体因素对协同绩效的影响关系中，间接效应值分别为 0.205（$p<0.01$）、0.108（$p<0.05$）、0.099（$p<0.05$），直接效应值分别为 0.102（$p<0.05$）、0.121（$p<0.05$）、0.116（$p<0.05$），95% 的置信区间都不包含 0，中介效应占比分别为 66.78%、47.16%、46.05%，说明关系管理在变革型领导、信任、公众参与与协同绩效之间均起部分中介作用。在情境因素对协同绩效的影响关系中，间接效应值分别为 0.113（$p<0.01$）、0.169（$p<0.01$），直接效应值分别为 0.129（$p<0.01$）、0.107（$p<0.05$），95% 的置信区间都不包含 0，中介效应占比分别为 46.69%、61.23%，说明关系管理在资源支持、制度设计与协同绩效之间均起部分中介作用。以上结论与回归分析判断结果一致，因而假设 H6ca、H6cb 得到了进一步的证实。

表 6.11　关系管理中介效应的 Bootstrap 检验

中介模型	总效应	直接效应	间接效应	95% 置信区间（LLCI，ULCI）
变革型领导→关系管理→协同绩效	0.307	0.102*	0.205**	0.034，0.109
信任→关系管理→协同绩效	0.229	0.121*	0.108*	0.068，0.163
公众参与→关系管理→协同绩效	0.215	0.116*	0.099*	−0.040，0.135
资源支持→关系管理→协同绩效	0.242	0.129**	0.113**	0.082，0.181
制度设计→关系管理→协同绩效	0.276	0.107*	0.169**	0.076，0.174

注：** 代表 $p<0.01$；* 代表 $p<0.05$。

六、调节效应检验

由于中介效应受到调节变量（任务复杂性）的影响，在对中介变量和调节变量进行均值中心化处理后，本书采用分层多元回归方法，对调节效应进行检验。首先验证任务复杂性对跨部门协同绩效的直接影响效应，然后逐一添加中介变量，最后添加中介变量与调节变量的交互项。每组回归的结果如表 6.12 所示。

表 6.12 调节效应的检验结果

	模型 1	模型 2	模型 3	模型 4	模型 5	模型 6	模型 7
合作部门数量	−0.081	−0.063	−0.045	−0.051	−0.037	−0.059	−0.040
合作持续时间	0.167**	0.131**	0.108*	0.142**	0.114**	0.138**	0.110**
任务复杂性	−0.243**	−0.172**	−0.139**	−0.159**	−0.128**	−0.166**	−0.134**
沟通		0.326**	0.254**				
承诺				0.353**	0.271**		
关系管理						0.338**	0.262**
沟通 × 任务复杂性			0.105*				
承诺 × 任务复杂性					0.127*		
关系管理 × 任务复杂性							0.116*
R^2	0.112	0.197	0.238	0.216	0.269	0.205	0.254
调整后的 R^2	0.104	0.189	0.230	0.208	0.261	0.197	0.246
F	12.702**	25.140**	29.024**	30.422**	33.053**	28.105**	31.261**

注：** 代表 $p<0.01$；* 代表 $p<0.05$。

模型 1 的结果显示，任务复杂性（$\beta=-0.243$，$p<0.01$）对跨部门协同绩效具有显著的负向影响。同时，从模型 2、模型 4 和模型 6 的回归结果看，加入沟通、承诺或关系管理之后任务复杂性对协同绩效的作用力虽然降低了，但仍然产生了显著的负向影响。这说明，流域治理任务的复杂性程度越高，跨部门协同绩效就越低，假设 H7 得到了验证。

对比模型 2 和模型 3 的回归结果，调整后的 R^2 从 0.189 变动到 0.230，增加了 0.041，交互项系数为 0.105（p<0.05），因此可以判定任务复杂性在沟通与跨部门协同绩效之间起到显著的正向调节作用，即当流域治理任务的复杂程度较高时，政府部门间的沟通对协同绩效的正向影响程度得到一定的强化，故假设 H7a 得到支持。

此外，从模型 4 到模型 5 的数据对比可以看出，调整后的 R^2 从 0.208 变动到 0.261，增加了 0.053，说明交互项增加了对方差的解释。而系数（β=0.127，p<0.05）也表明，任务复杂性会正向调节承诺对跨部门协同绩效的影响，故假设 H7b 得到合理支持。同理，对比模型 6 到模型 7 的结果不难发现，调整后的 R^2 值增加了 0.246，关系管理与任务复杂性的交互项系数为 0.116（p<0.05）。这说明任务复杂性会正向调节关系管理对跨部门协同绩效的影响，假设 H7c 得到了验证。

七、实证结果讨论

综合以上有关直接效应、中介效应、调节效应的回归分析结果，可以形成"河长制"下地方政府流域治理跨部门协同绩效影响因素概念模型的综合效应汇总，如表 6.13 所示。

表 6.13　假设模型的综合效应实证结果汇总

研究问题	假设内容	验证结果
主体因素对跨部门协同绩效的作用影响	H1a：变革型领导对跨部门协同绩效有显著的正向影响	支持
	H1b：信任对跨部门协同绩效有显著的正向影响	支持
	H1c：公众参与对跨部门协同绩效有显著的正向影响	支持
情境因素对跨部门协同绩效的作用影响	H2a：资源支持对跨部门协同绩效有显著的正向影响	支持
	H2b：制度设计对跨部门协同绩效有显著的正向影响	支持
过程因素对跨部门协同绩效的作用影响	H3a：沟通对跨部门协同绩效有显著的正向影响	支持
	H3b：承诺对跨部门协同绩效有显著的正向影响	支持
	H3c：关系管理对跨部门协同绩效有显著的正向影响	支持
主体因素对协同过程的作用影响	H4aa：变革型领导对政府部门间的沟通有显著的正向影响	支持
	H4ab：信任对政府部门间的沟通有显著的正向影响	支持
	H4ac：公众参与对政府部门间的沟通有显著的正向影响	不支持
	H4ba：变革型领导对政府部门间的承诺有显著的正向影响	支持

续表

研究问题	假设内容	验证结果
主体因素对协同过程的作用影响	H4bb：信任对政府部门间的承诺有显著的正向影响	支持
	H4bc：公众参与对政府部门间的承诺有显著的正向影响	支持
	H4ca：变革型领导对政府部门间的关系管理有显著的正向影响	支持
	H4cb：信任对政府部门间的关系管理有显著的正向影响	支持
	H4cc：公众参与对政府部门间的关系管理有显著的正向影响	支持
情境因素对协同过程的作用影响	H5aa：资源支持对政府部门间的沟通有显著的正向影响	支持
	H5ab：制度设计对政府部门间的沟通有显著的正向影响	支持
	H5ba：资源支持对政府部门间的承诺有显著的正向影响	支持
	H5bb：制度设计对政府部门间的承诺有显著的正向影响	支持
	H5ca：资源支持对政府部门间的关系管理有显著的正向影响	支持
	H5cb：制度设计对政府部门间的关系管理有显著的正向影响	支持
过程因素的中介作用	H6aa：沟通在主体因素对跨部门协同绩效的影响中有中介作用	部分支持
	H6ab：沟通在情境因素对跨部门协同绩效的影响中有中介作用	支持
	H6ba：承诺在主体因素对跨部门协同绩效的影响中有中介作用	支持
	H6bb：承诺在情境因素对跨部门协同绩效的影响中有中介作用	支持
	H6ca：关系管理在主体因素对跨部门协同绩效的影响中有中介作用	支持
	H6cb：关系管理在情境因素对跨部门协同绩效的影响中有中介作用	支持
任务复杂性的调节作用	H7：任务复杂性对跨部门协同绩效有显著的负向影响	支持
	H7a：任务复杂性在沟通对跨部门协同绩效的影响中有正向调节作用	支持
	H7b：任务复杂性在承诺对跨部门协同绩效的影响中有正向调节作用	支持
	H7c：任务复杂性在关系管理对跨部门协同绩效的影响中有正向调节作用	支持

从实证分析结果看，流域治理跨部门协同绩效影响因素的概念模型中所涉假设，除公众参与对沟通的影响（假设 H4ac）以及沟通在公众参与与协同绩效关系之间的中介效应（假设 H6aa）之外，其他假设基本得到数据支持。究其原因，一方面，可能是问卷样本数量仍显不足，从而所提假设没有全部得到支持；另一方面，公众参与是否会促进政府部门间的互动沟通这一问题本身就存在争议。不过，即便如此，从上述研究结果仍然可以得出一些有价值的结论，这些结论对于 "河长制" 下地方政府跨部门协同治理流域水环境的研究和实践有所启示。

（1）跨部门协同治理，作为一种制度安排，主要是为了解决那些单凭单一部门无法解决的公共政策难题，其特征是两个或更多的公共机构共同努力，互惠互利和自愿参与。协同主体间的关系及其特征在一定程度上决定了合作活动是否顺利开展与合作目标能否实现。从影响因素概念模型的实证结果中可以发现，主体因素包含变革型领导（$\beta=0.190$，$p<0.01$）、信任（$\beta=0.138$，$p<0.05$）、公众参与（$\beta=0.155$，$p<0.01$）三个子维度，对跨部门协同绩效都存在明显的正向影响。这也意味着，虽然跨部门协同能够解决超越单一部门能力的流域水环境问题，但它仍然会受到部门间信任水平、团队领导风格以及公众参与的影响。不过，三者对协同效果的正向影响程度不一致，其中，变革型领导的影响相对更大。因此，"河长制" 背景下地方政府要成功开展跨部门协同治水活动，一方面要构建良好的部门间信任关系，另一方面要引导社会公众积极关注、监督和参与流域综合治理，使其为跨部门协同提供资源与信息，降低政府的水环境监管成本，同时为跨部门协同活动不断地提供 "自下而上" 的驱动力。更为重要的是，"河长" 要具有 "跨界" 催化、维护合作的能力，要将各种解决性资源相联系，在治水方面做到率先垂范、关心下属和鼓励创新。

（2）跨部门协同活动是在特定的情境中缘起和发展的。情境条件既为协同治理形成与发展提供了机遇，也关乎合作目标的最终实现。从实证分析结果看，情境因素的各个子维度，包括资源支持（$\beta=0.216$，$p<0.01$）、制度设计（$\beta=0.234$，$p<0.01$）对跨部门协同绩效的正向影响均到达显著。因此，在 "河长制" 跨部门协同活动中，上级政府应该给予政策上的大力支持，形成 "至上而下" 的推动力，还应打破公私机构界限，从私营部门和第三部门获得资金与水环境治理技术的支持。另外，要使协同治水活动达到既定成效，地方政府应从权利分派、任务分配、冲突解决、决策制定方式、失职问责和激

励支持等方面完善跨部门协同的制度设计。

（3）协同过程在主体因素、情境因素与跨部门合作绩效之间分别起着部分中介和完全中介的作用。这也说明，协同主体、协同情境在直接作用协同绩效的同时，也会作用于协同行为，进而对协同绩效形成间接影响，因而证实了 Thomson 和 Perry 提出的"协同前提—协同过程—合作结果"理论框架的合理性①。具体而言，变革型领导、信任、资源支持、制度设计会通过沟通、承诺和关系管理三个中介变量对跨部门协同绩效产生间接正向影响，公众参与只会通过承诺和关系管理对协同绩效产生间接正向影响。对公共管理者的启示是，合作伙伴之间形成高度的信任关系、"河长"的榜样示范和愿景激励、充分的资金与技术支持、良好的制度设计不仅可以直接提升跨部门协同治水绩效，还可间接加强政府部门间沟通的及时性和有效性，增进部门间的相互承诺和强化部门间的关系管理，从而促使跨部门协同绩效的进一步提升。此外，公众参与既能对政府部门的承诺履行起到很好的监督作用，也会倒逼河长办不断调整管理策略以增强治水部门间的关系黏性，进而提高部门间协同配合的力度和实效性。对于地方政府的河长办而言，应着力构建治水部门间的信息共享、沟通协商机制，注重部门间资源互补互利，精心维系和管理跨部门伙伴关系。

（4）复杂性是流域治理任务的特征，也是"河长制"下跨部门协同的诱因。实证结果表明，任务复杂性对跨部门协同绩效产生显著的负向影响，流域治理任务越复杂，协同绩效相应地越低。这也说明，任务复杂性在促进部门间合作网络形成的同时，增加了合作目标实现的难度。可以进一步认为，跨部门协同是解决诸如流域水环境等复杂公共问题的适宜的政策工具，但它不是包治百病的灵丹妙药，能够发挥的作用是有限的。当公共事务的复杂性超出了合作网络能力时，也会出现协同治理失灵现象。另外，任务复杂性在沟通、承诺、关系管理与跨部门协同绩效之间起到正向调节作用，即流域水环境治理项目的复杂性程度较高时，协同过程对结果的正向影响程度得到一定的强化。这对于"河长制"下跨部门协同治水实践的启示是，在流域治理任务复杂程度较高的情形下，治水部门应注重信息传递渠道建设，采用多样化的沟通方式，实现信息互通与资源共享，主动与合作方沟通任务完成进

---

① Thomson A M，Perry J L. Collaboration processes：Inside the black box［J］. Public Administration Review，2006（1）：20-32.

度和个体目标以提升团队绩效；同时，把共同目标放在第一位，主动为合作伙伴提供力所能及的帮助，不遗余力地参与联合行动。此外，"河长制"工作领导小组及河长办应营造良好的合作氛围，消除部门间的分歧，构建柔性的合作组织结构，关注部门间的利益平衡和权力均衡，以增强跨部门协同关系的持久性、公平性和灵活性。

（5）从控制变量的表现看，协同持续时间对跨部门协同绩效的正向作用一贯显著。这表明，持久、稳定的合作关系有利于协同治水团队实现预期目标，此结果与已有研究文献的结论一致。流域治理成效是跨部门合作网络运行一段时间之后的运行结果，协同时间越长，合作者配合越默契，相互学习、共享知识和协同创新的机会越大，因而地方政府实施"河长制"的成效越明显。然而，合作部门数量对跨部门协同绩效的影响并不显著，说明合作规模的大小与协同绩效之间并没有显著的关联。这一结果与现实情况相符：各个地方政府在推行"河长制"时，所组建的综合治水团队包含的职能部门数量相差不大，成员结构相似，但最终的治水效果却不尽相同。从理论上讲，参与协同治水的政府部门数量越多，越能体现协同治理的包容性，也意味着"人多力量大"，对水环境的治理更系统、更全面，也更容易见成效。可是，合作部门的数量越多，互动的质量将会下降，达成共识的难度会加大，协调成本会增加，信息传递路径会延长，且容易滋生机会主义行为，这些显然会对协同绩效造成负面影响。正负两方面的作用下，可能会使合作部门数量对协同绩效的影响不显著。

本章小结

"河长制"跨部门协同绩效涉及了诸多影响因素，构建概念模型的关键在于既要立足于现实又要讲究理论上的合理性。本章依循"协同前提—协同过程—协同结果"的研究思路，立足于"河长制"下地方政府跨部门协同治水的实际情况，借鉴资源依赖理论、制度理论和网络治理理论的主张，提出了本书的理论概念模型。其中，前提层次因素包括主体因素和情境因素，过程层次因素只包含过程因素，协同结果作为协同绩效。笔者主要考察主体因素（变革型领导、信任、公众参与）、情境因素（资源支持、制度设计）和过程因素（沟通、承诺、关系管理）对跨部门协同绩效的直接影响，过程因素在主体因素、情境因素与跨部门协同绩效间的中介作用，以及任务复杂性在过程因素与跨部门合作绩效间的调节作用，并提出了相应的变量间关系假设。

以问卷调查的方式收集所需数据，采用层级回归方法与 Bootstrap 再抽样技术对概念模型所提出的 7 组共 33 个理论假设进行了检验。结果发现，前提层次因素、过程因素均对协同绩效有直接的正向影响，承诺、关系管理在 5 个前提层次因素与协同绩效之间都起着中介作用效应。除公众参与外，沟通在其他前提层次因素（变革型领导、信任、资源支持、制度设计）对协同绩效的影响中发挥了中介作用。任务复杂性会对"河长制"跨部门协同绩效产生负向影响，但会在过程因素对协同绩效的影响中产生正向调节作用。

▶ 第七章 "河长制"跨部门协同 SRPCO 框架与案例检验

跨部门协同绩效的影响因素模型的实证结果表明，协同前提因素和过程因素的交互关系综合影响着协同绩效。基于这一认识，本书以国外学者 Ansell 等提出的协同治理 SFICO 框架为蓝本，构建"河长制"这一中国特色流域治理制度下的跨部门协同理论框架。然后，以宁波市和镇江市的流域治理跨部门协同活动为分析对象，来检验理论框架构建的合理性。

第一节 "河长制"跨部门协同 SRPCO 框架

一、中国流域治理跨部门协同的特征

从第二章的文献回顾内容可知，西方学者们基于不同视角和方法，构建了多种类型的跨部门协同框架，也揭示了多个影响协同结果的重要变量。协同治理作为一种当前备受推崇的新型公共事务治理模式，其产生具有特定的制度环境、文化传统、社会环境。我们应该在借鉴国外成熟理论框架的基础上，结合当前中国流域治理的实情与特点，构建具有中国本土特色的跨部门协同理论框架，以揭示"河长制"下地方政府跨部门协同治水的运行机制，也可用于诊断协同治水实践存在的问题。与西方国家的跨部门协同相比，中国流域治理跨部门协同主要有以下三个方面的特征：

第一，政府部门主动引导公众参与但双方合作互动不足。西方国家的跨部门协同意味着政府部门与个体公众、志愿者组织、企业等其他主体通过协商、伙伴关系来实施水环境治理。多元治理主体间的协同是一种合作各方的平等良性互动关系，而不仅仅是"自上而下"的政府推动。无论是政府部门，抑或是企业、社会公众，在合作过程中都是平等对话者，通过充分的协商对

话达成共识。对社会公众而言,他们不是被动服从政府的号召和命令,而是积极主动敦促政府和企业遵守各项环境法规,倡导企业履行在环保方面的社会责任。西方政府为公众提供了充足的政策参与渠道,例如学习小组、公民陪审团和圆桌会议等,因此在整个政策过程,即制定、执行和评估三个阶段,公众都能充分表达各自的观点和立场。

中国长期以来实行的是"强政府—弱社会"的治理模式,在这种模式中,政府几乎成为流域治理的唯一主体,而其他社会行为主体发展并不完善。尽管近年来公众的环境意识已有所提升,但主要依附于政府而行动,离真正能与政府部门"合作互动""协商对话"的独当一面的治理主体地位还有不小差距。政府部门通常采用创设参与平台的方式引导、动员或鼓励公众参与协同治水,而公众主动参与或以"自下而上"的形式表达意愿的较少,并非像西方国家那样做到政府与公众良性互动。就参与的阶段而言,主要体现于环境决策的末端,公众参与的范围局限于监督、举报违法活动、辅助政府部门开展水环境保护宣传教育等。

第二,行动方案或行动计划是指导跨部门协同治水活动的纲领。在西方国家,参与流域治理的政府部门在合作初期会签署各类正式或非正式协议,一方面约束相关主体的行为,另一方面明确合作的目标、决策结构、授权、义务、参与成员和指定领导人。比方说,加拿大的流域治理一般都有合作协定、备忘录之类的文件,这是跨部门协同治水行动的指南和依据,具有法律效力。也就是说,一旦各部门签订联合治水协议,就要责任共担、资源共享,齐心协力地达成目标。与西方国家不同,我国地方政府通常会制定行动方案或行动计划为流域治理跨部门协同指明战略方向。行动方案会详尽地表述跨部门协同治水活动的总体目标、主要任务、牵头部门、配合部门和保障措施,它将流域治理的整体任务进行细分,帮助涉水部门厘清各自必须完成的任务以及合作伙伴的数量。行动方案或行动计划一旦制定,涉水部门会对任务、目标体系、角色和行动步骤有一个清晰的认识,自然就成为指导跨部门协同活动的纲领。

第三,上级领导是跨部门协同的组织者和协调者。在美国、澳大利亚等西方国家,社会力量日益成为政府和市场之外的重要治理主体。大多数的流域治理活动是由专业性很强的非政府环保机构倡导和组织的,它们能将政府部门的注意力吸引到水环境治理问题上,并将核心的利益相关者召集在一起。环保志愿者虽然不能从密切的跨部门协同关系中受益,但作为在政府部门之间可以自由游走的超然个体,更容易察觉各部门之间的利益共同点和处理分歧,从而支持部门间的联盟。因此,西方公共部门的领导者在跨部门协同活动中扮演的是"鼓励者"(Encourager)和"追随者"(Follower)的角色,即要么提供人力、财力和技术资源支持水环境的协同治理,要么直接参与由非政府组织成员召集的合作活动。

与西方发达国家相比,中国非政府组织的独立性、自治性相对较低,不具备足够的能力和有效的资源、渠道去发起并组织跨部门协同。中国流域治理跨部门协同是由上级领导依托个人权威来充当"组织者",促成部门间的对话和联合行动。具体来说,是由一个高于各个参与部门的"上级"和各部门领导组成的领导小组负责召集合作成员,组织开展治水活动,并借助领导权威来协调解决合作中的冲突,以维持跨部门合作的可持续性。

二、"河长制"跨部门协同 SRPCO 框架及各要素内涵

基于以上分析,我们根据第六章实证研究的部分结果,对国外学者 Ansell 和 Gash 提出的协同治理 SFICO 框架 ① 进行修正,构建符合中国国情的"河长制"跨部门协同 SRPCO 框架(见图 7.1)。作为案例分析的框架,SRPCO 框架由起始条件(S,Starting Conditions)、河长(R,River Chief)、公众参与(P,Public Participation)、协同过程(C,Collaborative Process)、结果(O,Outcomes)五个维度构成,每个维度包含了若干要素。其中,起始条件是合作的起点,它为涉水部门间联动协作的信任、资源条件设置了最初的水平,提供了互动规则,也决定了协同开始的难易程度和成功的概率大小;协同过程是框架的核心,它是一个非线性和循环往复的过程,其中各要素代表的是涉水部门协同治理的具体行为;"河长"负责领导跨部门协同治水工作,依托行政权威进行统筹、协调和督导;公众参与会对涉水部门间的协同进程起"自下而上"的监督作用,并对"官方河长"的功能起补充作用;协同结果阐述了多部门联合治水最终所能获取的成果。特别需要说明的是,跨部门协同 SRPCO 框架的重点并非描述各个要素之间的关系,而是为分析"河长制"下地方政府跨部门协同实践提供一个简化的结构。

---

① Ansell C, Gash A. Collaborative governance in theory and practice [J]. Journal of Public Administration Research & Theory, 2008(4): 543–571.

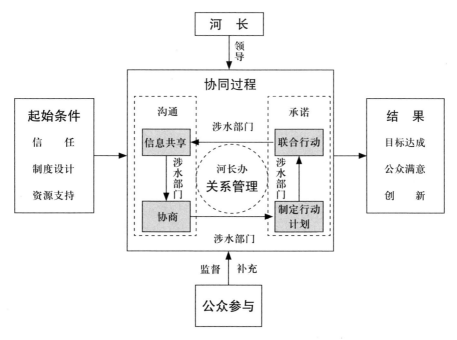

图 7.1 "河长制"跨部门协同 SRPCO 框架

由于图 7.1 中各要素对协同绩效的作用关系已在第六章作出了阐述,下面简要介绍各要素所包含的内涵:

(一)跨部门协同的起始条件(S)

这里的起始条件指跨部门协同形成的内部动因和外部条件,包括信任、制度设计和资源支持三个要件。信任是跨部门协同关系的"胶水"和"润滑剂",既促进又能保持良好的部门间伙伴关系。协同的启动需要一定程度的信任,而当政府部门间先前有过成功的合作经历时,就会为新一轮的跨部门协同产生高水平的人际信任。那是因为,合作者总是通过先前的关系网络评判他人的可信度和合法性。学者们称其为"结构性嵌入程度":越多的政府部门员工间先前有过良性互动,则越多的信任机制来保障协调和交换。

通常而言,跨部门协同的制度设计应该包括各部门的权限与责任范围、激励与约束措施、利益分配和冲突调解机制、问责办法、决策程序和绩效考评等诸多方面。完善的制度设计能为"河长制"跨部门协同的启动与运行提供合理规则、制度信任,还具有引导性的功能,使参与部门在协同治水中增强自愿行为,进而影响治水目标达成的概率。拥有充足的技术和资金资源是地方政府开展跨部门协同治水的必备前提条件,也是"河长制"工作顺利进行的有力保障。前者决定了跨部门协同的广度和深度，后者直接影响水环境治理的水平。当其他的政府部门、非政府组织、营利组织拥有共同应对水环境问题的技术、关系或资金资源时，跨部门协同就成为获取优势资源支持的必然途径。

（二）河长（R）

"河长"由地方党政一把手担任，负责领导辖区内"河长制"跨部门协同工作，协调解决重大问题，制定综合治水规划，承担总调度、总督导职责。在组织建设方面，"河长"既是"河长制"的最大特色，也是地方流域单元治理网络的核心行动者。"河长制"契合我国"领导挂帅、高位协调"的政治传统，但"河长"用以协调涉水部门之间行动和资源的权利不是来源于科层制中行政职位的正式授予，而是与其在地方党政阶序中排名相对较高有关[①]。"河长"是地方政府权力运作的轴心，可以最大限度地整合分散的部门力量，推动跨部门协同活动的进行。所以说，"河长"是地方政府跨部门协同治水行动的推动者、协调者和决策者。通常情况下，地方政府会成立党政首长"牵头"，相关职能部门负责人参与的"河长制"工作领导小组，以加强对跨部门协同工作的组织领导，使治水任务在纵横交错的政府网络中得以高效完成。对协同治水团队中的任何一位领导者而言，应该采用变革型领导风格，即通过愿景激励、德行垂范、鼓励创新和个性化关怀等方式，把合作成员从"要我干"提升到"我要干"的境界，从而使协同治水绩效最大化。

（三）公众参与（P）

与传统的环境管理模式相比，跨部门协同强调治理系统的开放性、包容性，主动创建平台吸纳社会公众参与环境治理。社会公众的参与确保了涉水部门间的合作能够围绕公共福利开展和运行，能够制定切实可行、兼顾各方利益的解决方案。同时，公众参与能很好地弥补"河长制"实施过程中社会动员不足、治理成本高、短暂化与形式化等"运动式治理"弊端[②]。按照公众参与程度不同，"河长制"推行中，流域治理的公众参与可分为决策型、管

---

① 曹新富，周建国．河长制何以形成：功能，深层结构与机制条件［J］．中国人口·资源与环境，2020（11）：179–184.

② 王园妮，曹海林．"河长制"推行中的公众参与：何以可能与何以可为——以湘潭市"河长助手"为例［J］．社会科学研究，2019（5）：129–136.

护型、监督型和改善型四种类型[①]。只有实现"河长制"与公众参与的充分融合、正式途径与非正式途径的适度平衡，才能在跨部门协同治水进程中持续吸引公众有效参与。对于"河长"而言，应与公众形成良性互动，做好集聚民心、动员民力、吸纳民智、引入民资等方面的工作，达成"全社会共同关心和保护河湖"的目标。

（四）协同过程（C）

协同过程可以看成是一个反复的循环，也可划分为明晰的线性阶段。为了能形象直观地透视"河长制"跨部门协同过程的"黑箱"，我们将其简单地划分成三个宽泛的变量。

沟通贯穿于整个协同过程，包括主体间面对面的正式沟通和通过虚拟网络媒介进行的非正式沟通，也可以采取公开会议或私人会议的形式。涉水部门的工作人员跨越部门边界进行沟通，目的是解决棘手的问题、化解冲突或创造公共价值，其主要表现形式是协商和信息共享。协商被学者们称为坦率的、理性的沟通，被广泛视为有效沟通的标志，给利益相关者提供了"发声"的机会和场合。它不是"利益的聚合"，而是从公共利益的角度出发全面考察存在的问题，倾听和理解他人的观点，达成共识并建立共同的使命感[②]。信息是跨部门协同的基础，信息共享与互动是政府部门之间沟通的常见形式。只有将各部门的信息加以整合，畅通信息渠道，才能保证部门间合作的高质量、高回应。在协同过程中，倘若部门间的信息存在差异，合作成员会对同类问题持有迥然不同的观点，就会导致决策结果的不一致，影响行动的同步性。快速、准确和完全的信息共享是达到协同的最优状态的核心因素，也容易发展一致的共同行动。

在协同过程中，承诺意味着协同主体承担了相应的责任，认同自己的角色与合作伙伴相互支持，对合作前景持有相似的看法。承诺往往被理解为"过程的所有权"，所有的参与者都不是评论者，而是集体"拥有"决策制定的过程，并共同实施和承担责任。我们将承诺划分为制订行动计划和联合行动两个阶段：

作为协同过程中最常见的有形产出，行动计划或行动方案文献中被描绘

---

① 马鹏超，朱玉春.河长制推行中农村水环境治理的公众参与模式研究［J］.华中农业大学学报（社会科学版），2020（4）：30–36.

② Roberts N. Public deliberation in an age of direct citizen participation［J］. American Review of Public Administration，2004（4）：315–353.

成"共同的愿景""共同的理解""清晰的战略方向"等，它能为"河长制"跨部门协同指明方向和目标、任务的分派、实施的步骤和阶段。从宏观角度看，行动计划是指导协同治水行动的纲领，因而涉水部门应共同制定，避免出现目标冲突，职责交叉或空白的现象。计划的执行需要各部门联合行动，为的是实现那些仅靠单个部门无法达成的预期目的，有效化解"一个手指拣不起一颗石子"的困境。各职能部门与其他主体相互配合，通过集中行政执法权，对流域水环境问题进行综合性整治的联合行动，一定程度上可以克服分散的治理主体造成权力真空、力量不足、多头管理和效率低下等问题，是行动计划能否落到实处、协同治水目标能否实现的最关键环节。联合行动建立在互惠关系的基础之上，各部门都为此付出努力和投入资源，表达的是相互支持与协助的意愿。所以，当一次联合行动取得了"小胜利"后，它可以形成共同激励，进而激发更多的后续行动。

关系管理指出于维系合作的考虑，涉水部门之间开展的一系列组织、协调和督查等行为。"河长制"跨部门协同进程能否持续以及联合治水行动计划能否顺利推行，很大程度上取决于关系管理水平。在地方政府执行层面，"河长制"办公室（河长办）承担"河长制"日常工作，落实"河长"确定的事项，是"河长制"工作运行的枢纽，相当于"河长制"的执行部、协调部。因此，涉水部门之间的关系管理理所当然地由河长办具体负责。

（五）结果（O）

结果是分析"河长制"跨部门协同的最后一个维度，包括目标达成、创新和公众满意三个层面。目标达成是跨部门合作实现的直接成效，具体表现为水质的改善、水生态修复项目的完成程度、水岸景观的变化、水生物种类或数量的增加。创新是跨部门协同所带来的更长期、隐性的效果，也是合作学习所产生的效应。公共部门在合作活动中可以整合内外部的各种资源去发现、拓展、实施治理水环境的新思路，或是跨越部门边界构思和实施创新性的水环境问题解决方案。跨部门协同治水所能带来的创新结果包括治水技术的创新、理念的创新、制度或政策的创新。另外，跨部门协同善于利用各个部门的优势，克服或弥补每个部门的劣势，因而部门协同能更大程度地满足公众的多样化需求和节约管理成本。"河长制"暗合了中国政治的实用理性的致思模式，其政治效用的最优化无疑是获得公众的认可和满意。因此，跨部门协同所追求的核心公共价值是公众满意，实现流域"水清、河畅、岸绿、生态"，让人民群众共享更多绿色福利。"河长制"跨部门协同不是单纯地追求某一个结果，而应综合考量水质改善、公众满意和创新三个方面的总体成效。

第二节　案例选取与资料获取

为了检验"河长制"跨部门协同 SRPCO 框架的合理性以及第五章提出的部分研究假设，从而为本书的研究提供实践内容上的支撑。以下内容在介绍案例选择原则和资料获取方式之后，从协同起始条件、河长、公众参与、协同过程和协同结果等方面详细描述两个案例的基本情况，然后将两个案例进行对比分析，得出结论和启示。

一、研究方法的选择

许多学者认为案例研究是一种初级研究方法，只适用于研究活动的探索阶段，不适合描述某一命题或变量间的关系。Eisenhardt 和 Graebner 指出了这个认识误区，认为案例研究接近现实，是一种既客观且严谨的实证方法[①]。案例研究可分为单案例研究和跨案例研究两类，但相对而言，单案例研究会遭遇"一步走错，全盘皆输"的窘境。为了使整个研究过程更经得起推敲，导出的结论也更具有说服力，我们选择跨案例研究方法。作为一种初步归纳理论的有效工具，案例研究无需遵循抽样法则，只需案例本身具备典型性就可保证良好的效度。也就是说，被选定的样本应与研究主题高度相关，注重深度，而不在乎数量。因此，本章研究的案例讨论不是多个案例的简单复制，而是挑选两个具有典型性、深度性和对比性的案例以提高研究效度。

二、案例选取

由于本书的研究主题是"河长制"跨部门协同，所以我们在案例的选择上主要遵循三个原则：①研究对象要符合条件。本章研究的主要目的在于详细了解地方政府层面"河长制"跨部门协同的运行机制及其结果。②典型性。所选案例可以代表其他地方政府开展"河长制"工作的类似情况，具有典型性。③可行性。可行性包括资料获得性与经济可行性两方面，即：在一定的

① Eisenhardt K M, Graebner M E. Building Theory from Cases: Opportunities and Challenges [J]. Journal of Cleaner Production, 2007 (1): 25-32.

资源（资金、时间）约束条件下，可以收集到研究所需且能够实现研究目的的相关资料。

基于以上原则，本书最终确定宁波市和镇江市的"河长制"跨部门协同作为案例分析对象。这是因为：第一，宁波市和镇江市水系发达，支流众多，流域水环境治理难度较大。第二，宁波市和镇江市实行"河长制"的时间较长，跨部门协同治水机制比较成熟，都取得了相应的成效，他们的"河长制"跨部门协同经验值得我们探讨，具有一定的代表性。宁波市的流域主要以境内河流为主，而镇江市的流域涉及跨域河流，在流域类型选取方面具有典型性。第三，宁波市和镇江市属于江浙沪地区，政府信息公开程度较高，便于资料的获取，也具有经济可行性。利用私人关系，我们通过两地河长办相关人员的推介，可以到相关部门进行访谈以及获取工作计划、会议纪要、工作总结等内部材料。

三、资料获取

本书案例研究所需资料的获取可分为以下四个步骤：

首先，对研究的问题进行界定。本案例的研究主要是了解"河长制"流域治理跨部门协同的起始条件、具体进程和结果，根据这些研究问题设计出调查问卷（见附录二）。

其次，我们在选取调研对象时，选择了涉水部门中深度参与协同治水的中高层领导及一线工作人员对跨部门协同展开深入调查研究。在调研过程中，我们结合了多种数据收集方法，包括：①浏览宁波市和镇江市有关"河长制"跨部门协同治水的网络媒体报道、年度环境状况公报，对两地的多部门联合治水状况进行初步了解；②进行半结构化访谈，选取涉水部门的中高层领导和参与治水的核心工作人员，采用当面访谈、电话访谈和邮件沟通等方式详细了解有关跨部门协同治水的信息；③向接受访谈人员索取与"河长制"有关的内部资料，包括详细的流域治理计划安排、部门联席会议的记录、"河长"日志及工作简报等。

再次，对获取的资料进行梳理和对比分析。我们按照前文构建的"河长制"跨部门协同框架对收集到二手资料进行分类梳理，然后去粗存精、去伪存真，以保证所获资料的准确性。针对访谈中获取的信息，我们将其与内部刊物、网络资料进行对比，以保证访谈信息的真实性。

最后，资料的确认和补充。我们将所有收集的资料整理成书面文字之后，交给受访者当面确认，同时要求其对遗漏的问题进行补充，以保证资料的准确性和全面性。

第三节 宁波市"河长制"跨部门协同案例分析

宁波市，取自"海定则波宁"，简称"甬"，是我国东海之滨的一个重要港口城市，是浙江省经济最发达的城市和全国 5 个计划单列市之一。宁波是浙江省八大水系之一，境内河流有奉化江、余姚江、甬江。奉化江发源于奉化区斑竹，干流长 98 千米，流域面积 2223 平方千米，流经宁波市的奉化、海曙和鄞州三个区。余姚江发源于余姚市（县级市）大岚镇，干流长 105 千米，流域面积 1934 平方千米，流经宁波市的江北区和鄞州区。奉化江和余姚江在宁波市三江口汇合成甬江，并于宁波镇海口流入东海，全长 26 千米，流域面积 361 平方千米。甬江、奉化江、余姚江简称三江，三江水系所流经的区域统称甬江流域，是宁波市一张亮丽的名片，承载水利、农灌、渔业、航运、饮用和都市景观等众多功能。

宁波市因水而兴，也曾为水所困。宁波市区域内水网密布，河流纵横，看似水资源充沛，实则有缺水之忧。20 世纪 80 年代，甬江水系水质为Ⅲ类。20 世纪 90 年代，宁波工业快速发展，人口急剧上升，随之而来的是工业废水和生活污水量逐渐增加，这给甬江水体造成了严重污染。进入 21 世纪后，甬江的内河变"肥了"，多数河道河床淤积、水面缩减、河水发黑发臭，河岸也遭受破坏，昔日的清澈和亮丽荡然无存。据监测，甬江流域水质长期达不到Ⅲ类水质要求，每当枯水期往往是Ⅳ类水质，有时甚至达到劣Ⅴ类水质。

2014 年年初，宁波市委全会作出了发展生态文明、建设美丽宁波的决定，着力通过多部门协同来保证流域水环境治理的整体性，自主试行"河长制"，并出台《宁波市建立"河长制"管理实施方案》（甬党办〔2014〕44号）。2017 年，根据中央全面推行"河长制"意见，出台了《关于进一步深化落实"河长制"全面推进治水工作的实施意见》（甬党办〔2017〕46号）。为了便于案例间的横向对比以及给其他地区"河长制"跨部门协同工作提供经验借鉴，我们以 2017 年作为分界点，也是跨部门协同活动的起点、筹划阶段。而协同活动具有周期性，我们以 2020 年作为此次"河长制"跨部门协同治水案例分析的时间节点。

一、宁波市 "河长制" 跨部门协同的起始条件

（一）信任

宁波市涉水部门之间的信任主要源自成功的合作历史。2010 年，宁波市对城区内河进行过一次整治，以 "堵疏结合、因地制宜" 为原则完善河道功能。参与此次合作的部门主要有环保局、水利局、住建局、工商局、城市管理局，共对城区内 22 条河道进行了清淤、截污、生态景观恢复，让市区河道呈现了 "青青河岸摇树影、悠悠碧水绕城流" 的优雅环境[①]。2013 年，宁波市奉化区的公安局、海洋渔业局、国土资源局、城管执法局等多个职能部门联合整治非法填海及违章建筑[②]。宁波市环保局牵头，发改委、城管、公安、工商等部门参与配合，共同完成了 2014 年大气污染防治工作计划[③]。2014~2016 年，宁波市农业局、环保局、园区管委会、城管局、国土资源局等多个部门合作，对全市的土壤等污染进行了综合整治，重金属、持久性有机污染物排放强度明显下降，主要农产品地土壤污染得到有效控制[④]。各部门之间有过良性的互动之后，对彼此的能力和意图有所了解，积累了合作经验，产生了合作型信任，也给 "河长制" 跨部门协同带来成功的预期，促进责任共担。访谈中，宁波市环保局水生态环境处的领导说道："'河长制' 推行之前，市级兄弟部门之间有过多次合作，关系都不错，大家都知根知底，有求必应，'河长制' 部门联合治水配合起来很顺利。"

（二）制度设计

为了引导、规范跨部门协同治水活动，宁波市政府先后推出了一系列与协同治水相关的制度设计。2017 年年初，宁波市委、市政府联合出台了《宁波市水环境治理责任追究工作意见》，明确了 "河长制" 跨部门协同治水的责任主体以及详细列举了有关部门负责人、治水工作人员责任追究的 11 种情形，令参与者行政过错追责有章可循，使 "河长制" 工作领导小组的决策能够得到更好的执行。"一月一会战，一周一行动" 制度在时间节点和频率上

---

① 曹爱方.城区内河整治让甬城水清岸绿［N］.宁波日报，2010-08-04.

② 吴培维，黄成峰.奉化多部门联合整治非法填海［N］.宁波日报，2013-12-09.

③ 宁波市生态环境局.宁波市生态环境综合整治领导小组办公室关于印发 2014 年宁波市大气污染防治工作计划的通知［EB/OL］.［2014-06-09］. http://sthjj.ningbo.gov.cn/art/2014/6/9/art_1229062512_992545.html.

④ 王芳.《宁波市生态环境综合整治三年行动计划》施行［N］.宁波日报，2013-10-23.

为跨部门联合行动提供了指南。此后,宁波市制定了《"比环境、比水质、比进度"劳动竞赛月度考核办法》,督促各部门按时保质保量完成承担的治水任务。2017 年 8 月,宁波市为了规范"河长制"相关工作,制定了《宁波市河长会议制度》《宁波市"河长制"信息报送制度》和《宁波市"河长制"工作监督制度》,这间接地为跨部门协同治水构建了信息沟通和监督约束机制。此外,宁波市建立了治水提醒约谈制度,设置专门约谈场所"提醒谈话室",强化各职能部门对协同治水工作的责任感,以此推进治水部门自我发现问题的能力。提醒约谈制度推出的一年时间内,宁波市启动约谈问责程序 12 次,诫勉谈话处局干部 4 名,严肃问责涉水部门科级干部 7 名,并将治水提醒约谈和整改情况与部门年度绩效考核挂钩[①]。

(三)资源支持

宁波市为"河长制"流域治理投入了大量资金,2017~2020 年内共投入资金 2.53 亿元,具体用于"垃圾河""黑臭河"的治理、河道综合整治、污水管网铺设、湿地生态保护和水环境监管等工作[②]。其中,累计清理垃圾河 174 条,总长达 282.3 千米,清理水底淤泥、水中障碍物、水面漂浮物及岸边垃圾等近 5.7 万吨,拆除河岸违法建筑近 4.5 万平方米。2018 年和 2019 年,分别安排 8500 万元和 7500 万元专项资金用于国省控断面水质治理。为了支持"河长制"跨部门协同剿灭劣 V 类水以及创建"污水零直排区",宁波市投入 8.8 亿元,入河排口整治完成 5783 个,剿灭 1210 个小微水体[③]。

在水污染治理技术方面,宁波市"河长制"工作获得了非营利部门、私营部门的支持。宁波源水集体有限公司为跨部门协同治水提供了植物生态修复技术,以植物为主导,利用氮磷污染物的营养属性,使其以植物和微生物为媒介实现在水体、底泥、植物和大气之间的空间转移,达到从水体中将氨氮污染物移除的目的。这项技术有效地帮助政府部门控制有害藻类的暴发。浙江大学为宁波的跨部门协同治水提供了复合式生态浮床技术,通过人工控制和生物操控实现污染水体生态修复,在降解水体中的污染物、脱氮除磷方面具有明显优势。浙江省医药石化行业管理办公室为宁波市治理流域水环境提供了高含盐难降解化工废水处理技术,快速降解 COD 和含盐量,提高 B/C

---

① 资料来源:2017 年宁波市"河长制"工作总结。

② 资料来源:宁波市生态环境局 2017—2020 年部门预算。

③ 宁波人大网.关于全市剿灭劣 V 类水暨创建"污水零直排区"工作的报告[EB/OL].[2017-08-30]. http://www.nbrd.gov.cn/art/2017/8/30/art_3020_1429555.html.

比值和可生化性，使污水排放达标并减少处理停留时间。浙江省工业环保设计研究院为宁波市治水提供了河道生态修复技术，此项技术在截污纳管、生态清淤的基础上，能强化水体生态的自我修复功能。

二、宁波市"河长"的领导行为

为了充分落实"河长制"跨部门协同治水工作，宁波市于2017年年初成立了流域水环境综合治理领导小组，32位市级领导担任"河长"。其中，4名领导出任省级河道的"河长"，分别是：市委书记担任甬江（宁波三江口至出海口）的"河长"；市长为奉化江"河长"；市人大常委担任姚江（河姆渡渡口至宁波三江口）"河长"；市政协主席为姚江（蜀山大闸至河姆渡渡口）"河长"。另外，28位市级领导出任县（市）区的县级河道"河长"。领导小组的主要职责包括制定治水工作的重大决策、工作部署和决定事项；研究制定水环境综合治理方案，会同有关部门对水环境治理工作开展业务指导；协调解决工作中的实际问题，监督各项任务的落实；开展河道污染巡查监管、水质监测工作、监察考核工作。由此可见，"河长"的领导行为主要表现为"决策""指导""协调"和"巡查"。例如，2017年5月，宁波市委书记牵头组织环保局、水利局、市交通委等有关部门人员开展河道的水质和污染源现状调查，并且制定协调河道水环境治理相关的一些方案。领导小组组长及成员通过调研、走访、督导、座谈等形式深入到治水一线，宣传协同治水的意义、促进各部门为治水目标而协同配合、听取一线工作人员的意见和协调各部门的分歧，表现出变革型领导的行为。比如，2018年9月，市城管局、市环保局、市住建委等部门负责人领导陪同市长到海曙区、奉化区实地勘察水质，深入截污纳管施工场地，和治水工作人员共同探讨提速提效的对策措施，现场协调、部署整改工作。2020年12月，市政协副主席赴镇海区巡查沿山大河河道，审定"一河一策"工作方案，并与治水部门商议进一步改善水质的措施办法。

三、宁波市"河长制"推行中的公众参与

流域水环境问题的长期性和复杂性决定了"河长制"治水需要广泛的社会公众参与。对于政府主导的"河长制"治理模式而言，如何更好地引导公众参与流域治理呢？宁波市主要从以下方面着手提升社会公众在"河长制"跨部门协同治水工作中的参与度：

第一，宁波市成立了由政府部门、环保组织、企业代表、媒体代表组成的治水联合会，下设 5 支专业服务团队来调动社会资源参与协同治水工作。社会公众参与的渠道包括圆桌会议、案件陪审、巡河督查等。

第二，设置差异化参与载体，丰富体验式活动。针对热心公益的"三老人员"，宁波市组建了一支由 108 名老党员、老干部、老技术人员组成的社会监督员队伍，负责日常的巡河督查活动；通过开展"河小二治水""甲鱼治水"和"创建共青示范河"等行动，引导青少年参与治水；针对企业家，鼓励其承担社会责任，聘任他们为"企业河长"，为水环境综合治理捐资出力。截至 2020 年年底，已有 14 位企业家担任甬江流域的企业河长。"当了河长之后，更多了一份责任和担当，今后要更系统地学习治水的相关知识，从理论到实践形成公司河道治理的制度，为水环境贡献自己的力量"（宁波庙西河企业河长）。

第三，充分发挥新闻媒体的监督作用。宁波市的主流媒体联合推出"寻找垃圾河"新闻专栏，在重要时段和版面重点关注甬江的主河道和支流，将全市所有黑河、臭河都纳入舆论监督治理的范畴。

第四，相关部门以法治规范公众行为，招募并组建"剿劣治水"宣讲团，宣传普及水生态和水环境保护知识。

四、宁波市"河长制"跨部门协同的过程

协同过程，可以认为是地方政府涉水部门在"河长"领导下联合开展治水的具体行动和进程，包括沟通、承诺和关系管理三个维度。

（一）沟通

协商对话是政府部门间沟通的有效形式。宁波市政府建立了三江（甬江、奉化江、余姚江）管理联席会议制度，成员单位由市政府办、环保、水利、发改、城管、国土、海事等部门组成，包括全体会议、专题会议、联络员会议三种议事方式。全体会议原则上每半年召开一次，2017~2020 年，宁波市共召开了 6 次甬江流域水环境治理联席会议全体会议（见表 7.1）。从全体会议协商的议题看，宁波涉水部门之间协商沟通不是单向的"你听我讲"，而是相互讨论、增进共识和共商治水良策，推动协同治水工作步步为营、深入开展。专题会议根据工作需要不定期召开，相关成员参加，专题研究甬江流域治理中某方面重要问题，分析新情况、新问题，部署专项整治与执法行动，比如"清三河"行动、"三改一拆"行动等。联络员会议可根据需要由相关单位联

络员参加，主要是通报交流情况，听取意见和建议。除正式的部际联席会议外，涉水部门经常通过非正式的座谈会进行跨部门沟通，快速地协调合作事务。据不完全统计，从 2017 年开始，每年由宁波市环保局牵头召开的各类合作治水座谈会、讨论会有 30 次以上。"喝咖啡的时间"就可以分享经验，或解决问题，或达成共识。

表 7.1 甬江流域治理联席会议全体会议主要议题（2017~2020 年）

会期	名称	协商的主要议题
2017 年 6 月	甬江流域治理联席会议第一次全体会议	选定领导团队；议定甬江流域治理的重点项目；明确责任单位；讨论责任追究办法
2018 年 1 月	甬江流域治理联席会议第二次全体会议	通报 2017 年治水工作开展情况；研究议定年度考核办法和督查安排；商讨 2018 年工作安排；协调解决畜禽养殖场整治工作中存在的问题
2018 年 9 月	甬江流域治理联席会议第三次全体会议	推进城镇雨水分流管网建设；加快城乡污水处理厂建设与提标改造；研究部署涉水污染源排查整治工作
2019 年 3 月	甬江流域治理联席会议第四次全体会议	议定 2019 年的治水工作目标和重点任务；落实最严格的水资源管理制度；加强水环境监测信息共建共享
2019 年 11 月	甬江流域治理联席会议第五次全体会议	商定劣 V 类小微水体的治理措施；讨论防止黑臭河、垃圾河反弹的办法；落实河道专管员日常巡查制度
2020 年 7 月	甬江流域治理联席会议第六次全体会议	讨论研究甬江流域"一河一策"管护方案；共商甬江流域水生态修复工作

资料来源：笔者根据甬江流域治理联席会议第 1~6 次全体会议纪要内容整理所得。

信息是涉水部门之间相互沟通、相互联络的纽带。部门之间只有进行便捷的信息共享，才能及时交换情况，统一认识，统一行动，实现跨部门协同有序地运行。宁波市"河长制"跨部门协同进程中建立了信息共享平台和统一的信息共享数据标准。环保、水利、气象等部门在水质监测指标、监测方法方面进行了统一，数据实时共享、信息统一发布。由环保、水利部门共同对劣 V 类水断面的监测数据进行比较分析、综合研判，及时评估水环境的变化情况和治理成效，并由河长办统一向其他合作部门和社会公众通报。宁波市"河长制"信息报送工作遵循三大原则：及时性原则，第一时间报送重要信息；准确性原则，数字准确，重点突出；实效性原则，内容真实、全面、客观。宁波市围绕河道治污管理信息共享需求，建立了统筹全局、直观高效的水环境管理信息共享平台，平台包含作战图、治理进度、水质变化数据、巡查上报等模块，实现了水质监测信息、污染源监管信息、水文水资源信息、水污染事故信息、水污染治理技术信息、相关政策信息等的跨界多部门互送共享。

（二）承诺

涉水部门在协同过程中共同制订水环境综合治理的行动计划，是承诺行为的一种表现形式。按照《浙江省"五水共治"（"河长制"）碧水行动实施方案》要求，宁波市"河长制"工作领导小组牵头谋划，住建局、发改委、经信局、生态环境局、综合行政执法（城管）局、水利局、农业局等涉水部门领导和专家参与，并于2018年6月共同制定了《宁波市打赢治水提升战三年行动方案》。该方案主要明确了全市治水工作的主要任务、目标、进度安排以及与各部门的责任清单，成为宁波市"河长制"跨部门协同治理流域水环境的行动指南。在科层制体系下，政府部门往往在获得上级"授权"的情形下，为"目标"而制订计划。宁波市打赢治水提升战的总体目标是，到2020年底，全市基本建成"污水零直排区"，11个国家"水十条"考核断面水质达到考核要求，市控及以上断面达到或优于Ⅲ类水质比例达到80%以上，彻底消灭劣Ⅴ类水体。制订行动计划的另一个重要作用是，将协同治理任务进行分解并落实责任部门，使各方在行动步调上保持一致。表7.2显示了宁波市"河长制"流域治理工作中各职能部门的主要任务分工。不难发现，各项治理任务都需要在涉水部门之间的相互配合、相互支持下才能达到完成。也就是说，各方需要尽力兑现自己的承诺才能使协同治理达到理想效果。

表7.2　宁波市"河长制"流域治理工作主要任务分工（2017~2020年）

治理任务	治理措施	牵头部门	配合部门
"污水零直排区"建设	分期分批完成创建任务	市治水办	市生态环境局、市经信局、市住建局、市水利局、市商务局
	分类实施截污纳管	住建局	市综合行政执法局、市经信局、市水利局
	健全完善长效机制	市综合行政执法局	市住建局、市商务局、市农业农村、市交通委、市文旅局、市经信局

续表

治理任务	治理措施	牵头部门	配合部门
提升污水处理能力和清洁排放水平	持续提高污水处理能力	市综合行政执法局	市发改委
	全面实施清洁排放改造	市综合行政执法局	市生态环境局
	加快污水处理厂中水回用	市综合行政执法局	市住建局、市发改委、市经信局、市水利局、市农业农村局
推进水环境治理持续提升	加强水污染防治	市生态环境局	市经信局、市安监局、市综合行政执法局、市农业农村局
	开展生态活水工程	市水利局	市综合行政执法局、市气象局、市规划局、市发改委、市住建局、市生态环境局、市财政局
	严格水功能区管理	市水利局市生态环境局	市治水办、市发改委、开发园区管委会
着力保障饮用水水源安全	加强饮用水水源保护	市生态环境局	市发改委、市公安局、市财政委、市住建局、市综合行政执法局、市水利局、市林业局、市卫生计生委、市安监局
	开展饮用水水源地达标建设	市水利局	市公安局、市生态环境局、市住建局、市综合行政执法局、市卫生计生委
	实施饮用水水源地综合整治	市文旅局、市生态环境局、市林业局、市农业农村局	市综合行政执法局、市水利局、市海洋与渔业局、开发园区管委会
	推切实保障供水安全	市水利局、市综合行政执法局、市生态环境局	市卫生计生委、市城管局、市水利局、市旅游局、市发改委、市财政局
深入推进近岸海域污染防治	强化入海排污口整治和直排海污染源监管	市生态环境局	市经信局、市住建局、市综合行政执法局、市水利局、市海洋与渔业局
	实施入海河流、溪闸总氮总磷总量控制	市海洋与渔业局	市生态环境局

续表

治理任务	治理措施	牵头部门	配合部门
深入推进近岸海域污染防治	加强船舶污染控制与码头污染防治	市交通局、市海洋与渔业局、宁波海事局	市质监局、市生态环境局、市综合行政执法局、市规划局
强化农业农村水污染	控制农业面源污染	市农业农村局	市水利局、市生态环境局
	全面推进农村生活污水治理	市农业农村局市文旅局	市住建局、市水利局、市生态环境局
全面开展河湖生态修复	开展美丽河湖创建	市水利局	市国土资源局、市生态环境局、市住建局、市综合行政执法局、市农业农村局、市林业局
	加强河道综合整治和河湖库塘清淤	市水利局市综合行政执法局	市国土资源局、市生态环境局、市住建局、市农业农村局
	开展姚江水质提升攻坚行动	市水利局	市国土资源局、市农业农村局、市生态环境局、市公安局、市住建局、市综合行政执法局、市交通局、市海洋与渔业局
实施"河长制"标准化管理	构建"河长制"标准化管理体系	市治水办	市治水领导小组成员单位
	建立健全"河长制"工作标准体系	市治水办	市农业农村局、市发改委、市国土资源局、市生态环境局、市住建局、市水利局、市林业局、市综合行政执法局
	深入推进"河长制"信息化建设	市治水办	市治水领导小组成员单位
倡导全民节水护水	控制用水总量	市水利局、市综合行政执法局、市住建局	市发改委、市经信局、市住建局、市质监局、市教育局
	抓好行业节水	市经信局、市水利局、市综合行政执法局	市发改委、市财政局、市住建局、市质监局
	加强水资源保护	市水利局	市生态环境局、市农业农村局

资料来源：笔者根据《宁波市打赢治水提升战三年行动方案》整理所得。

制订行动计划属于决策制定层面的协同行为，即涉水部门对协同过程作出承诺；联合行动则属于决策执行层面的协同行为，即涉水部门在协同过程中兑现承诺。多部门联合执法、联合督查、联合整治、联合创建、联合剿劣等都是联合行动的表现形式。其中，联合执法是地方政府流域治理中最常见的跨部门协同行动。从 2017 年开始，宁波市生态环境局牵头，联合多个职能部门开展了"绿箭"、"亮剑"、"水环境百日执法大检查行动"、清理违法违规建设项目和长江经济带生态环境问题排查等系列专项执法行动。从表 7.3 可以看出，宁波市每年的环保执法力度比较大，震慑了企业的违法排污行为，并开展了内容丰富、形式多样的多部门联合治水行动。

表 7.3 宁波市水环境治理跨部门协同行动情况

年份	联合执法	联合整治	联合创建	联合剿劣
2017	查处案件 2219 件	整治排污口 67 个	污水管网 340 千米 污水零直排区 7 个	剿劣项目 1568 个
2018	查处案件 1976 件	截污项目 864 个 整治 5 个重污染行业	污水零直排区 82 个	消除劣 V 类小微水体 1210 个
2019	查处案件 228 件	整治 47 条入海河流	污水零直排区 605 个	剿灭 V 类水断面 4 个
2020	查处案件 146 件	整治排污口 73 个	污水管网 159 千米 农污处理设施 912 个	清淤河道 22 条

资料来源：笔者根据《宁波市环境状况公报》相关年份数据整理所得。

（三）关系管理

宁波市河长办与市"五水共治"工作领导小组办公室合署办公，统一工作人员、统一办公地点、统一财经预算，统筹指导全市"河长制"工作。为了凝聚涉水部门的力量和做好"河长制"工作的指挥员，宁波市河长办拟定了治水"作战图"，明确每条河流的治理进度，统一各部门的工作步调，细化合作流程。建立了统计通报、会商协调、督查督办等工作制度，对重点项目和各部门主要任务进行月通报、季点评，及时反映进展，协调解决困难。同时，宁波市河长办通过开展"清水治污"专题询问、治水讲座，使得治水工作人员获得了了解彼此、知识共享的机会，融洽了部门间合作关系。2017~2020 年，宁波市河长办先后设立了 15 个督查组，对"河长制"跨部门

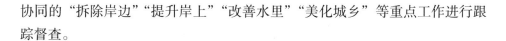

协同的"拆除岸边""提升岸上""改善水里""美化城乡"等重点工作进行跟踪督查。

五、宁波市"河长制"跨部门协同的结果

（一）目标的达成

在水质改善目标完成方面，经过四年（2017~2020 年）的跨部门协同治水活动之后，宁波市地表水 80 个市控断面水质总体有所改善，水质优良率（Ⅰ~Ⅲ类水质断面比例）和功能达标率均有提升，劣Ⅴ类断面比例有所下降（见表 7.4）。具体来说，2020 年水质优良率达到 86.3%，相对 2016 年增长了 37.5 个百分点，超额完成"河长制"治水的预期目标（80%）；2020 年功能达标率达到 98.8%，相对 2016 年增长了 30.0 个百分点；劣Ⅴ类水体已彻底消除。2020 年，宁波市 11 个国家"水十条"流域考核断面Ⅲ类以上水质比例为 100%，入海河流断面达到Ⅳ类考核目标要求，19 个省控断面Ⅲ类以上水质比例占 89.5%，达到省定目标。2017~2020 年，完成 21 个工业园区、60 个示范小区和 38 个乡镇（街道）的"污水零直排区"创建。通过实行"河长制"，宁波市废水主要污染物减排效果明显：化学需氧量排放量 2016 年为 4.06 万吨，2020 年为 1.40 万吨，比 2016 年削减 65.52%；氨氮排放量 2016 年为 0.98 万吨，2020 年为 0.12 万吨，比 2016 年削减 87.76. %。这说明，宁波市"河长制"跨部门协同治水注重末端治理与污染源头控制相结合。

表 7.4　宁波市市控地表水监测断面水质类别百分比统计

年份	优于Ⅲ类	Ⅳ类	Ⅴ类	劣Ⅴ类	功能达标率（%）
2016	48.8	40.0	7.4	3.8	68.8
2017	71.2	18.8	10	0	80.0
2018	80.0	12.5	7.5	0	86.3
2019	83.8	12.5	3.7	0	92.5
2020	86.3	13.7	0	0	98.8

资料来源：笔者根据《宁波市环境状况公报》相关年份数据整理所得。

生态修复项目的完成程度常作为流域水环境改善的代理指标。截至 2020 年 9 月，宁波市综合运用截污纳管、清淤疏浚、换水活水、河道整治、种植水生植物等方式清理黑河、臭河、垃圾河 1062 千米，提前完成河道生态修复

的任务。水环境改善问题在水中，根子在岸上，2020 年底，宁波市城区实现了"岸绿"工程全覆盖。北仑、江东、奉化成功创建省"清三河"达标区，鄞州西塘河、江东童王河、毕家河等一大批城区黑臭河实现了美丽蜕变，从"问题河"升格为"景观河"，生态治水治出了"水清岸绿"。经过数年的跨部门合作治水，甬江水系的干流和支流内的水生物的数量增多了，尤其是鱼的种类和数量有所增加，横跨工业区的"母亲河"再现钓鱼人。这间接地反映了跨部门协同治理使流域水生态系统得到了有效保护和恢复。

（二）公众的满意度

从宁波市统计局的年度民生满意度调查数据来看，2017~2020 年，环境状况满意度分别为 66.6%、72.5%、81.6% 和 82.9%[①]，呈现逐年上升趋势，说明"河长制"跨部门协同治水所取得的成效得到了公众的肯定。2019 年，宁波市开展了"河长制"工作群众满意度在线调查，结果显示：感觉水环境状况改善的群众占比为 83.33%，"河长制"工作成效满意度为 84.62%。公众对宁波市开展跨部门协同治水活动给予高度支持，支持度高达 92.3 分，其中，38.46% 的受访者表示"支持"，46.15% 的受访者表示"比较支持"，而表示"不太支持"受访者仅为 7.69%。公众参与治水的热情不太高，只有 26.67%的受访者极参加过河道清淤、洁水、巡河等活动。此外，2016 年宁波市环保局接到的信访投诉中，涉水投诉占比为 20%，2019 年水污染投诉占比下降至15.1%[②]。以上统计数据表明，宁波市跨部门协同治理流域水环境所取得的成效稳步显现，获得了公众的认可和好评。

（三）创新

宁波市"河长制"跨部门协同治水活动在治理方法、治理技术、制度等方面实现了创新。在治理方法方面，宁波市创新实施"透析诊疗法"，深入推进河道内部双清、贯通水层治理、交接水面管控、河岸两边截源，确保了协同治水成效的全面性。为了让城市内河水源得到补充，宁波市创新采用"中水回用"的方法，促使封闭的内河水系"流起来，活起来"，有效改善城市内河水量、水质及景观。在治理技术方面，宁波市参与治水的一线工作人员自主研发清淤"神器"链斗式清淤船，工作效率较传统清淤提高 30 倍。另外，宁波市在水文水质监测技术上实现了创新，采用全流域移动船站式水文水质

---

① 资料来源：宁波市统计局年度满意度调查。

② 冯瑄. 去年全市环境信访投诉持续下降［N］. 宁波日报，2020-01-10.

监测技术，能够及时发现和处置水质问题。在制度创新方面，宁波市创新推出跨部门协同治水约谈制度，对治水护水不力的人员进行约谈，督促各部门履行环保主体责任。宁波市还在干部考评制度方面实现了创新，由多部门分散考核变为一部门牵头，多部门参与进行联合考核。宁波市在全面推行"河长制"基础上，创新推行"民间河长"监管模式，利用"民间河长"属地和人脉优势，充分发挥其巡查、参谋、宣传等作用。

第四节　镇江市"河长制"跨部门协同案例分析

镇江市位于长江下游的南岸，东南接常州市，西邻南京市，北与扬州市、泰州市隔江相望。长江镇江江段的长度为 73.3 千米，流经市中心区的北侧，江面被征润州与外江隔开，形成了内江，又称为"金山湖"。在镇江市区，金山湖、古运河、运粮河和虹桥港是主要的城市河流（见图 7.2）。其中，古运河、运粮河和虹桥港既是长江水系的组成部分，也是主城区的纳污河流，它们通过内江与长江相连，污染物主要通过内江进入长江。

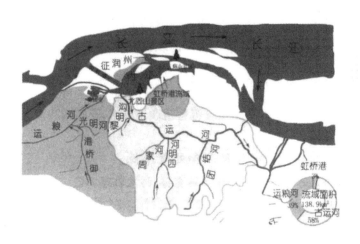

图 7.2　镇江市水系平面及主要河流

20 世纪 80 年代开始，随着经济的迅猛发展，长江流域镇江段沿岸工业企业的废水排放量和港口码头的污染排放量急剧增加，导致水质严重恶化。近几年，根据城市规划的要求，许多污染企业搬出长江沿岸及城区河流周边区域，镇江市长江干流本身的污染在一定程度上得到了缓解。但是，内江的水质情况并没有得到根本的改善，丰水期的水质基本上是Ⅳ类，枯水期降为Ⅴ类甚至劣Ⅴ类。而进入内江的运粮河与虹桥港均为重污染河道，2015年水质普查表明：镇江市内主要河道的36个水质监测断面中，劣Ⅴ类水占35.7%。水质监测数据也显示，生活污水和农业面源污染已成为影响镇江市内河流水质的主要污染源。由于市内河道通过内江直接、间接与长江相通，市内河流水质恶化对长江的污染也日趋加重，造成长江镇江段（干流）的水质很难达到或优于Ⅲ类标准。

镇江市自2008年开始在全国率先尝试实践河湖整治与管理"河长制"，积累了一些好的经验和做法。"河长制"上升为国家行动后，2017年，镇江市对探索期的"河长制"进行全面规范和完善，实行党政主导、高位推动、部门联动，在组织架构、覆盖范围、工作任务和工作机制等方面进行了升级①，旨在解决复杂水问题、维护河湖健康生命以及打造人水和谐、人水相亲的山水花园城市。到目前为止，镇江市"河长制"跨部门协同治水工作仍在持续进行，但为了全面地分析跨部门协同治水的进程，以及与宁波市"河长制"进行同一时段的横向对比，本案例以2017年作为跨部门协同的起点，以2020年作为此次协同周期的截止时间。

一、镇江市"河长制"跨部门协同的起始条件

（一）信任

2009年，镇江市政府组织环保局、住建局、水利局等多个部门对日趋严峻的京杭大运河水环境进行了综合整治，联合采取了河道保洁养护、重点污染源整治、景观工程建设等一系列治理措施，大运河水质恶化的趋势得到了一定程度的遏制，涉水部门之间也建立了初步的信任关系。为保护长江流域生态平衡，2011年5月，镇江市海事局、公安局、水利局、市政府法制办等单位开展联合执法行动，打击非法采砂行为。2014~2015年，宁波市住建局、规划局、水利局、园林局、环保局等10多个涉水部门合作完成了"一湖九河"环境综合整治。通过多次联合行动，一方面提升了涉水部门的集体行动意识与能力，另一方面建立了合作型信任与共同规范，这将减少未来合作中的转嫁责任、"搭便车"的现象。"近几年，成员单位在业务上一直保持合作关系，专业的单位做专业的事，大家配合融洽，碰到需要集体解决的问题，

---

① 中国江苏网.镇江全面推行"河长制"［EB/OL］.［2017-05-10］. http://jsnews.jschina.com.cn/t20170510_480988.shtml.

行动起来很迅速"（镇江市河长办副主任）。

此外，一些涉水部门通过签订合作协议或备忘录的方式，建立起了契约型信任关系，增强了双方实现预期协同绩效的信心。比如，2013 年 11 月，镇江市环保局与海事局签署了合作备忘录，共同防治船舶污染水域和推进辖区水上防污染应急能力建设；2014 年年初，镇江市水政监察支队与海事局签订联合打击非法采砂联动执法合作协议，共同维护长江镇江水域安全畅通；2016 年，环保局与科技局签订了全面战略合作协议，旨在为打赢污染防治攻坚战提供科技支撑和保障。

（二）制度设计

制度设计的作用在于为"河长制"跨部门协同的运行提供基本规则，对合作部门的行为起到约束和激励作用。2017 年 9 月，镇江市出台了《镇江市河长制市级督查制度》，规定河长办每季度对责任单位督查 1 次，市级总河长每年对责任单位督查 1 次，主要督查"河长制"年度目标任务的落实情况。随后，镇江市政府制定了"河长制"工作激励与问责制度，对治水工作表现优秀的部门和个人，提请市政府予以通报表扬，授予"'河长制'工作先进集体"和"优秀个人"称号，同时在分配下一年度治水项目专项资金时给予适当倾斜；对合作不力、履职不到位的部门和个人，进行通报批评、诫勉谈话或作调离岗位、降职处理。2017 年 11 月，镇江市河长办建立了"河长制"工作协调联动机制[1]，使各部门在协同治水工作中做到既权责明晰、各司其职，又相互促进、共同推进。为了真正实现党政同责、部门齐动的局面和提高跨部门协同工作效率，市河长办还建立了"河长制""工作联系单"和"任务交办单"联动机制。河长办是推动"河长制"跨部门协同落实落地的"主推手"，也是"主心骨"。镇江市政府制定了"河长制"工作能力提升培训方案，要求各部门业务负责人、业务骨干、河长办分管领导、联络员都参与履职能力、合作技能、"河长制"管理信息平台使用等方面的培训。

（三）资源支持

在资金支持方面，2017 年，镇江市政府投入 2.15 亿元用于河道日常保洁、绿化景观、水系循环、截污设施、清淤机制和景观照明等方面，其中铺设、改造污水截流管网近 40 千米，建立污水提升泵站 11 个，清淤河道 37 千

---

[1] 镇江市水利局. 关于建立河长制工作协调联动机制的通知（镇河办发〔2017〕29 号）[EB/OL]. [2017-11-28]. http://slj.zhenjiang.gov.cn/slj/xxgkdtfb/201711/5066b50e773448d593861b76713ab026.shtml.

米，完成生态坡 8 千米。2018 年，镇江市财政又提供 2500 万元作为各辖区整治工程的配套资金，并安排 1 亿 ~2 亿元国债资金用于城市引用活水工程和雨水调蓄等控源截污重点工程。2019 年和 2020 年，相继安排资金 7148 万元和 1500 万元重点支持污水处理、畜禽养殖污染防治、水生态修复、黑臭水体治理等项目建设。镇江市财政每年提供 300 万元的专款用于奖励治水工作实绩考核结果优异的职能部门。除政府资金投入之外，镇江市采取了一系列措施引导社会资本投入，包括在城乡污水治理方面推行 BT、BOT 模式；利用金改政策平台，吸纳金融机构投资治水；发动市民、企业自愿捐资治水；水环境生态修复、黑臭水体治理和水源涵养林建设等项目推行 PPP 模式。总体而言，来自政府、企业和社会三方面的资金投入共 39.65 亿元，用于"河长制"跨部门协同治水的九大类 61 个重点实施项目，如表 7.5 所示。

表 7.5　镇江市流域水环境治理重点项目投资汇总（2017~2020 年）

项目类别	项目数（个）	投资金额（亿元）
污水管网系统建设和沿岸截污纳管	14	13.14
工业企业污染治理	2	2.60
落后产能淘汰	4	0
城镇生活污水治理	7	1.34
农业面源污染防治	6	0.68
河道综合治理	11	9.51
船舶污染治理	5	0.42
生态景观保护建设	9	11.59
监管监测能力建设	3	0.37
合计	61	39.65

资料来源：笔者根据 2017~2020 年镇江市河长制工作总结整理所得。

在水环境治理技术方面，由镇江市科技局牵头，联合发改委、经信委、环保局等部门共同研发了水体微生物活化系统生态修复、工业废水深度处理、城市雨水收集利用、生活污水低成本高标准处理、盐泥处理等关键应用技术。除此之外，镇江市跨部门合作治水活动也获得了私营部门、非营利性组织的技术支持：南京中科水治理股份有限公司提供了"生态系统重建河道治理集成技术",解决了传统治理黑臭河道技术的单一局限问题;江苏省科技厅提供了"河湖水质绿色应急材料及其应用技术",能快速吸附水体中的悬浮颗粒物、藻类等污染物,净化水体,绿色安全地实现水体透明度和景观性的提升。

二、镇江市"河长"的领导行为

由于镇江市区的内河大多与长江相通,因而长江流域(镇江段)的治理成为"河长制"工作的重点。跨界流域的治理不能以邻为壑,不能"各管一段",否则上游污染容易影响下游政府部门做出的合作努力。2014年11月,长江经济带沿线27个城市签署了《长江流域环境联防联治合作框架协议》,以此作为上下游地方政府跨域治理的总纲,明确上下游水质的交接责任,很大程度上给镇江市的跨部门协同治水活动吃下了"定心丸",即避免了上游的污染对跨部门协同的成效造成破坏。2015年,公安部联合环保部、长江经济带发展领导小组办公室、交通运输部等多部委开展长江流域污染环境违法犯罪集中打击整治工作。同年,江苏省公安厅、环境保护厅、交通运输厅、水利厅、住房和城市建设厅、海事局共6部门联合签发文件并下达行动方案,在江苏南京、南通、扬州、镇江等沿江8市组织开展长江流域江苏段污染环境违法行为的整治活动。2016年7月,江苏省政府成立了长江生态环境保护联席会议,成员包括南京市、苏州市、无锡市、镇江市等沿江8市的政府、省有关部门负责人。2020年,镇江市、南京市两地签订了宁镇跨界水体水质提升合作协议,共同开展7条跨界水体水质提升工作。无论是中央部委之间的合作或江苏省省级部门间的合作,还是镇江市和上下游政府间的跨域合作,都给镇江市横向部门间的协同起到了引领示范作用,层层传导压力的同时,上级政府及部门以上率下,带头树立标杆。

为了加强跨部门协同的组织领导和工作协调,2017年4月,镇江市成立了"河长制"工作领导小组,领导小组组长由市长亲自担任,副组长由3个分管副市长担任,市水利局、住建局、环保局、规划局、城管局、交通运输局等10多个部门的负责人为成员,实行"政府主要领导负总责,分管领导全方位协调,部门负责人积极主动配合"的领导工作机制。领导小组负责的主要工作范围包括:召集和组织相关部门开展流域水环境综合治理工作;分解落实总体行动方案确定的各项任务,制订流域水环境治理年度工作计划;协调重大项目实施和工作中遇到的跨部门、跨地区问题;落实督查考核机制,制定考核管理办法。2017年5月,镇江市副市长组织涉水部门召开了"河长制"工作动员部署大会，解读了工作任务，描绘了协同治水的美好愿景与路线图，并鼓励治水人员采用新方法、运用新技术、发展新思路，走出水环境治理新路子。镇江市委、市政府领导身先士卒，担任全市 11 条重要流域和跨域河道的河长，牵头负责河流水质改善工作。除了发挥示范带动作用，上级领导还不断地推进部门合作和善于倾听下属的意见。比如，2017 年 6 月，镇江市委常委童国祥带领市直有关部门负责人对洛阳河胜利河全线 40 千米河道进行实地调研，在河道现场听取相关负责人的工作汇报之后指出，"河长制"要同时着眼于水安全、水环境、水景观三方面工作，要求水利、环保、农业、城管、住建等部门加强协调合作，不能顾此失彼 ①；2017 年 8 月，镇江市委常委李健先后多次赴中心河调研河道治理、河岸环境等情况，要求各相关单位和部门紧密配合、协同推进 ②；2018 年 10 月，京口区委书记、总河长率区委办、住建局、环保局主要领导，现场查看纺工河水系综合整治工程、孟家湾湖和古运河等处的 10 余个点位，与一线治水人员共同查找清淤后水质欠佳的原因，详细听取了治水人员的意见，共同完善和优化水体整治方案 ③。此外，镇江市"河长制"工作领导小组成员善于借鉴他山之石，拓展治水思路。"市领导亲自带队前往浙江绍兴市考察学习，借鉴他们在'五水共治''河长制'建设的经验做法，结合（镇江市）实际情况，创出我们的亮点"（镇江市河长办综合协调处人员）。

三、镇江市"河长制"推行中的公众参与

镇江市政府如果仅凭内部的有限管理资源，难以应付千头万绪、错综复杂的流域水环境治理工作，因而需要社会力量参与进来，在人力、财力、技术等方面为"河长制"工作提供支持，并帮助政府部门树立治水的新思维。

首先，镇江市政府注重搭建公众参与治水的平台。自 2017 年以来，镇江市政府先后举办了多种广纳民间智慧的活动，比如，专家咨询会、"江湖大会"、"守望排污口"、"河长论坛"、"金点子征集评选"等，广谋良策、广聚共识。

其次，借助特定项目来动员公众参与水环境治理。2017 年 5 月，由镇江

---

① 资料来源：镇江市"河长制"工作简报第三期。
② 资料来源：镇江市"河长制"工作简报第七期。
③ 镇江市水利局. 京口区总河长巡查调研全区水体整治工作［EB/OL］.［2018–10–18］. http：//slj. zhenjiang.gov.cn/slj.

市水利局、团市委、市环保局主办"保护母亲河·争当'河小青'"护水自愿服务活动，激发广大青年投身生态环保的热情，有 200 余人参与了增值放流、清理河道、维护绿植等护水行动。镇江市政府意识到社会力量参与河湖管理和保护的重要性，设立"民间河长""企业河长""巾帼河长""学校河长""义务监督员"，让他们协助官方河长监督河道内水污染排放，督促责任部门及时解决问题，评价各部门履职情况。

再次，支持民间环保组织，推进水环境自愿治理。非政府组织是公众参与流域水环境治理的主要载体，镇江市政府近年来在政策上、财力上对民间环保组织的发展给予了大力帮助和支持。截至 2020 年，在全市比较有影响力的环保组织共 39 家，其中"绿之行"环保协会是全省第一个由环保局指导成立的环保社会组织，共有 200 多名志愿者，他们与官方合作，组织巡河，外包河道保洁，举报各种破坏水环境的行为，监督"河长制"水利工程建设。

最后，开设水环境污染问题曝光和报道专栏。在镇江电视台开设问题曝光类栏目，让社会公众举报身边突出水环境问题；在《镇江日报》、金山网开辟《环保在行动》专栏，重点报道"河长制"下治水新作为，对跨部门协同治水进行舆论监督，促进整改。

四、镇江市"河长制"跨部门协同的过程

（一）沟通

2017 年 5 月，镇江市建立了"河长制"工作部际联席会议制度，各成员单位领导面对面协商，共同议定年度工作计划和阶段性工作安排，协调事关全局的流域综合性问题，督促检查各部门落实相关政策和任务分工。联席会议由"河长制"工作领导小组组长或水利局分管领导召集，根据治水工作需要定期或不定期召开。以 2017~2020 年镇江市召开的"河长制"工作联席会议为例（见表 7.6），职能部门间进行沟通主要是为了完善合作制度和商定工作方案，协商解决问题，深入推进协同治水进程。除了正式的沟通渠道外，治水工作人员还通过"镇江治水"微信群和"镇江水污染防治工作"QQ 群及时互通信息、交流看法和汇报进度。下班后的"非正式讨论会"也是合作成员采用的有效沟通途径之一，镇江市环保局污染控制处的负责人说："我们经常约其他单位的治水人员私下聚聚，聊聊近期内的工作和水质变化，查问题找原因，讨论后面的合作工作方案如何来调整。"遇到突发状况时，河长办

会采用基于 IP 传送音视频信息的视维视频会议系统，在短时间内容使各部门"面对面"沟通，实现信息上传下达、快速决策、联合执法行动等。

表 7.6　镇江市"河长制"工作联席会议主要议题（2017~2020 年）

会期	协商的主要议题	参与人
2017 年 3 月	落实工作责任，明确分工；完善工作制度；商定"河长制"工作方案	
2017 年 8 月	通报农村生活污水治理工作情况；研究部署城镇污水整治相关工作	
2018 年 5 月	研究长江镇江段河湖违法行为整改工作；制定河湖管理年度行动目标；会商"一河一策"行动计划	
2018 年 9 月	制定印染企业集聚计划及优惠政策；商议长江沿岸企业转型升级办法和重点河湖建设方案；完善奖励问责暂行办法	市河长办成员单位负责人水利局分管领导河长办处室负责人、业务骨干
2019 年 4 月	商定一体化应急处理设备建设事宜；商讨污水管网的排查及整改方案；议定"两违""三乱"整治项目推进办法	
2019 年 8 月	专题研究污水治理项目推进过程中存在的问题，明确解决措施和时间节点；总结上半年工作，研究部署下半年重点工作	
2021 年 4 月	总结污水处理厂扩建、污泥处理等工作情况；加快推进畜禽养殖污染治理、截污纳管和生态修复；对 2020 年的工作进行动员部署	

资料来源：笔者根据镇江市"河长制"工作联席会议的会议纪要内容整理所得。

在信息报送和通报方面，镇江市涉水部门遵循及时（第一手情况）、高效（第一时间报送）、准确（第一道研判）三大原则，信息通报内容包括年度工作目标、工作重点推进情况和完成效果、危害流域生态环境的重大突发性应急事件处置、奖励表彰和责任追究等。2017 年 7 月，镇江市河长办发布了集网页端、手机移动端、微信公众平台三位一体的水环境管理信息系统，已收录 22 条河道信息，整个长江流域镇江段的 28 个省控以上断面水质全面呈现。各个监测断面以及小微水体的水质变化数据，巡河记录、重点项目的管理等数据实时更新。合作部门在河道水质数据、治水项目进展等方面可以实时共享。

（二）承诺

2017 年 10 月，由镇江市政府办牵头，发改委、住建局、水利局、环保局等部门共同参与，共同研究制定了《镇江市生态河湖行动方案（2017–2020年）》。该行动方案明确了跨部门协同治水工作的总体目标：通过全面实施"河长制"和生态河湖行动，到 2020 年全市劣 V 类水体和城市建成区黑臭水体基本消除，"功能良好、水质达标、生态多样"的现代河网水系基本建成，群众满意感明显提升；重要河湖水功能区水质达标率 85%，国考断面水质达到或优于 III 类水比例达到 100%；主要河湖生态评价优良率达到 70%。行动方案的制定意味着合作部门在流域治理任务的分解、预期目标、团队组合和角色分配等方面达成一致，他们对协同治理过程作出承诺，共同实施行动方案和承担责任。从表 7.7 中可以看出，镇江市河湖治理共有八大任务，每项大任务又分解成若干个小任务，每项任务都由多个部门组成合作团队共同完成。从另一个角度来说，长江镇江水域环境综合治理行动方案给每一个部门理清了"自己需要做什么？""和哪些部门合作？""什么时候完成？" 3 个问题，成为合作部门参与治水的行动纲领。

表 7.7 镇江市河湖治理工作主要任务分解（2017~2020 年）

治理任务	子任务及其完成时间	责任单位
任务一：保护水资源	合理开发利用水资源（2018 年年底）	市水利局、发改委、经信委、环保局、住建委
	严格用水效率控制（2020 年年底）	市水利局、经信委、农委
	加强水功能区管理（2018 年年底）	市水利局、发改委、住建局、环保局
	推进节水型社会建设（2019 年年底）	市水利局、发改委
任务二：防治水污染	强化入河排污口监测和整治（2018 年年底）	市水利局、住建局、环保局、发改委
	大幅削减农业面源污染（2017 年年底）	市农委、水利局、环保局
	严控工业废水排放（2019 年年底）	市环保局、发改委、经信局、水利局
	提升生活污染治理水平（2017 年年底）	市住建局、发改委、环保局、城管局
	强化港口船舶污染物处置（2018 年年底）	市交通运输局、发改委、环保局、水利局

205

续表

治理任务	子任务及其完成时间	责任单位
任务三： 治理水环境	加快黑臭水体治理（2020 年年底）	市住建局、发改委、环保局、水利局
	加强水环境综合整治（2020 年年底）	市水利局、发改委、环保局、住建局、财政局
任务四： 修复水生态	实施水系连通工程（2019 年年底）	市水利局、住建局
	加快水生态修复（2020 年年底）	市规划局、国土局、水利局、农委、环保局
	强化湿地保护（2020 年年底）	市农委、水利局、交通运输局、国土局
任务五： 确保水安全	完善防洪减灾体系（2020 年年底）	市水利局、住建局
	保障饮用水安全（2018 年年底）	市水利局、发改委、住建局、环保局
任务六： 抓好水管护	加强河湖水域岸线资源管理（2018 年年底）	市水利局、发改委、国土局、交通运输局
	建立水务工作联席会议制度（2017 年年初）	市水利局、环保局、住建局
	完善河湖长效管护体制机制（2017 年年底）	市水利局、财政局
任务七： 强化水执法	加强监管与执法（2020 年年底）	市环保局、公安局、水利局、镇江海事局
	提升执法能力（2017 年年底）	市水利局、法制办
	严格采砂管理（2019 年年底）	市水利局、公安局、交通运输局、镇江海事局
任务八： 弘扬水文化	推进水生态文明建设（2017 年年底）	市水利局
	挖掘传承水文化（2018 年年底）	市水利局、文广新局、城建集团、文旅集团

资料来源：笔者根据《镇江市生态河湖行动实施方案（2017–2020 年）》整理所得。

　　除了协同完成行动方案指定的任务，各涉水部门还以联合执法的方式展开多联合行动。镇江市紧紧围绕环境监察工作重点，以改善水环境治理为目标，以查处企业环境违法行为和解决群众身边热点、难点问题为抓手，积极开展联合执法、联合防治（见表 7.8）。在跨部门协同治水过程中，镇江市采用"专项"的形式开展多部门联合行动,以丰富合作的内容。2017 年,镇江市组织开展了"263"(二减六治三提升)专项行动,包括减少煤炭消费总量和落后化工产能、生活垃圾治理、污水管网检测、水环境隐患治理等活动内容。2018 年,镇江市发动了水环境百日集中专项整治行动,13 个部门参与,合作的内容包括排口整治、雨污分流、河道清淤及河道景观提升。2019 年,镇江市实施"三治三化"专项活动,集中抓好水功能区达标建设,多部门合力加快清水廊道建设,化解各种"城市病",营造绿树婆娑、碧波荡漾的生态空间。2020 年,镇江市开展沿金山湖 CSO 溢流污染综合治理专项行动,并完成了 10 家省级及以上工业园区的污水处理设施专项整治。专项行动可以看作是原定合作行动方案的一种补充或加强,涉水部门积极参与各类联合行动意味着兑现自己对协同过程作出的承诺。

表 7.8 镇江市涉水部门联合执法与联合防治情况

年份	累计出动执法人员(人次)	检查工业污染源(厂次)	水污染防治项目(个)
2017	24844	9998	63
2018	33388	12812	53
2019	21387	7425	47
2020	24844	9998	43

资料来源:笔者根据镇江市河长制工作年度报告整理所得。

(三)关系管理

为切实推动"河长制"工作的顺利开展,镇江市水利局于 2017 年 3 月向市编制办申请成立办公机构和人员编制,获市编制办批复后,成立了"河长制"办公室综合协调处。具体来说,镇江市河长办主要有"上""下""内""外"四方面职能:"上"做好河长参谋助手,落实河长交办事项;"下"指导、督查、考核各部门治水工作及下级河长履职;"内"做好制度制定、方案编制、信息管理、表彰奖励等基础工作;"外"组织协调各部门共同开展治水工作以及开展跨市界河湖联防联控。尽管镇江市河长办不承担具体的治水任务,但本质是一个业务性较强的组织协调部门,维系着各主体有序的协同运作。比如,为了指导涉水部门的治水工作,河长办在 2018 年 5 月起草完成了《镇江市河长制"321"行动实施方案》,《苏南运河和新孟河 2018–2020 年重点治理实施方案》;针对全市范围内 184

个河湖违法圈圩和违法建设项目，2019 年河长办开展河湖"三乱"清理整治，针对发现的问题及时下发"河长令"或"交办单"，并跟踪、协调、督查各部门按时完成样本河湖和小微水体示范样板年度建设任务①。在制定重要治水决策时，河长办会召集相关部门共同协商。2017 年 11 月，镇江市河长办会同各治水成员单位和省水文水资源勘测局、市水利工程勘探设计院等相关单位，共同编制重点河湖"一河一策"行动计划②。此外，镇江市河长办特别注重治水成员的理论素养、专业技能和合作能力的培训，2018 年先后组织了三次治水工作人员的业务培训③。参加培训的成员主要有河长办业务科室负责人、各级河长、成员单位业务处室负责人、业务骨干和联络员，培训内容包括政策解读、治水护水知识、执法综合能力和信息化平台操作等。通过业务培训，增强了一线治水人员的工作执行力与合作默契度，理清了跨部门协同治水思路与要素间关联关系，提高了镇江市"河长制"工作效率。

五、镇江市"河长制"跨部门协同的结果

（一）目标的达成

全面实施"河长制"后，镇江市流域地表水断面的优等水质比例不断上升，劣等水质的比例得到很好的控制。2016 年，列入国家《水污染防治行动计划》地表水环境质量考核的 8 个断面中，Ⅲ类的断面比例为 75%，2020 年Ⅲ类的断面比例为 100%，无劣 V 类断面。如表 7.9 所示，20 个省考流域地表水断面中，2020 年水质符合Ⅲ类的断面比例为 100%，无劣 V 类断面。与 2016 年相比，Ⅰ~Ⅲ类水比例上升 40 个百分点，总体水质改善明显。从表 7.10 可看出，长江支流的 10 个入江断面符合Ⅲ类水质的比例从 2016 年的 60% 上升到 2019 年的 100%，消除了劣 V 类水，提前一年完成了预设目标。

总体来说，经过四年的"河长制"跨部门协同治理实践，镇江市地表水

---

① 镇江市水利局.关于印发《镇江市 2019 年水利工作要点》的通知［EB/OL］.［2019-02-26］. http://slj.zhenjiang.gov.cn/slj/xxgkdtfb/201902/a5774bec1df14fe39f2c41ea69a0e7b2.shtml.

② 镇江市水利局.市河长办召开重点河湖"一河一策"行动计划编制部署协调会［EB/OL］.［2017-11-01］.http://slj.zhenjiang.gov.cn/slj/hczgzdt/201711/7e59204b27634d57b36358fd0db7196b.shtml.

③ 镇江市水利局.市河长办组织开展第三个河湖长制业务培训［EB/OL］.［2018-12-10］.http://slj.zhenjiang.gov.cn/slj/hczgzdt/201812/af892f3adf844553bf18712e39273cef.shtml.

国考断面、省考断面、主要入江支流断面、集中式饮用水源地水质达标率、优Ⅲ比例均为 100%，超过省政府下达的工作目标；省考以上断面水质优Ⅲ比例位于全省第一，长江镇江段干流水质保持Ⅱ类，全市 10 个太湖流域考核断面水质优Ⅲ比例和达标率均为 100%；全市 8 个点位流域水生态环境质量综合评估 WQI 指数介于 2.4~3.6，处于良好水平。

表 7.9　镇江市省考断面水质类别统计　　　　　　　　　　单位：%

年份	Ⅰ~Ⅲ类	Ⅳ~Ⅴ类	劣Ⅴ类
2016	60	35	5
2017	80	20	0
2018	90	10	0
2019	94.7	5.3	0
2020	100	0	0

资料来源：笔者根据《镇江市环境状况公报》相关年份数据整理所得。

表 7.10　长江镇江段支流入江断面水质类别统计　　　　　单位：%

年份	Ⅰ~Ⅲ类	Ⅳ类	Ⅴ类	劣Ⅴ类
2016	77.8	6.1	5	11.1
2017	90	0	10	0
2018	90	0	0	10
2019	100	0	0	0
2020	100	0	0	0

资料来源：笔者根据《镇江市环境状况公报》相关年份数据整理所得。

在水生态修复方面，金山湖（长江在市区北部形成的夹江）恢复了水体清澈通透、水域宽广通畅的原貌，湖区野生物种回归，呈现多样化发展趋势。经普查，现有鸟类 76 种，鱼类 42 中，植物 400 余种，成为休闲观光的理想场所。运粮河是镇江市西片区的重要河道，也是连通金山湖和长江的重要通道。经过跨部门协同治理之后，运粮河西岸新增三道人工湿地，总共185 平方米，湿地间布置睡莲 50 平方米，在改善水生态的同时，为水功能区运粮河新河桥段面的达标提供了生态支持，也为运粮河增加了一道亮丽的风景。2020 年 11 月，长度为 2.7 千米的古运河谏壁段（入江段）生态修复工程完工，新建生态步道 4000 米，新建绿化 7.9 万平方米，河道生态清淤工程量 3.75 万立方米，在运河两侧栽种朴树、枫香、桂花、红叶石楠等多种灌木 600 多平方米，同时在石挡墙驳岸开槽或摆放浮槽，种植水生、半水生植物，并新建部分廊架景观亭[①]。一段"水清、岸绿、景美"的古运河以焕然一新的面貌呈现在市民眼前。

（二）公众的满意度

《2020 年镇江市生态环境公报》显示，镇江市公众对流域生态环境满意度达到 93%。同 2016 年相比，2020 年全市生态环境信访举报下降 48.26%，省部级生态环境信访举报下降 64.71%[②]。"原来这条河流有黑臭现象，还有垃圾，群众反映强烈；'河长制'实施以来，水质明显好转，环境面貌有了很大改观；以前，附近的居民对我们还有抵触情绪，现在看到水质变化，也开始理解和支持我们的工作"（镇江市虹桥河巡河员）。

（三）创新

经过"河长制"跨部门协同实践之后，镇江市在水环境治理技术创新、制度创新等方面取得了一定的进展。镇江市创新了暴雨管理和面源污染处理技术，采用"低影响开发"技术防止初期雨水对河道水体水质造成恶化。和传统的雨水处理技术相比，"低影响开发"是通过分散的、小规模的源头控制以防止暴雨对河道产生严重的径流污染，并使城市居民生活区接近于自然的水文循环。2019 年，镇江市在"活水引源"的基础上创新性地采用生物食物链纯生态治理的方式，完成了主城区 11 条黑臭河道的治理，既降低治理成本，又治标治本。在制度创新方面，镇江市建立了江（河）段长环境保护包干制度：政府主要负责人担任长江干流江段的段长，对断面水质承担第一责任，挂点督导跨部门协同治水工作进度。另外，镇江市创新了治水任务管理方法，实行"一河一策、挂图作战、网格治污"，通过"进度图""施工图""责任图"呈现重点整治任务实施计划和进展。截至 2020 年年底，镇江市积极探索"河长制 +"新模式，试行"政府河长 + 企业河长"双重管护体系，形成了河长领治、政企联治的治水新格局。

---

① 资料来源：镇江市 2020 年河长制工作总结报告（内部资料）。
② 资料来源：笔者根据镇江市历年生态环境信访举报数据计算所得。

第五节　案例对比分析和跨部门
协同 SRPCO 框架检验

一、案例对比分析

前文首先对国外学者 Ansell 等的协同治理 SFICO 框架进行了修正，构建了"河长制"这一鲜明中国特色流域治理制度下的跨部门协同 SRPCO 框架。然后基于 SRPCO 框架分别对宁波市（案例 1）和镇江市（案例 2）"河长制"流域治理进行了分析。两个案例均很好地体现了中国情境下跨部门协同的特征：①政府部门主动引导公众参与但双方合作互动不足。宁波市设置了差异化的参与载体来引导公众参与流域治理，政府部门牵头组织 5 个专业服务团队调动社会公众参与治水的积极性；镇江市通过举办专家咨询会、"金点子征集评选"等活动主动征询社会公众的意见，借助"民间河长"和"河小青"等特定项目动员公众参与流域治理。公众缺乏与政府部门进行协商对话的机会，很少参与环境治理决策，参与的范围仅包括监督、护河和宣传等。②行动方案是指导跨部门协同治水活动的行动纲领。宁波市的涉水部门共同制定了三年行动方案，明确了总体目标和主要工作任务，理顺了每个部门的具体工作及其合作伙伴；镇江市制定了为期四年的生态河湖行动方案，对总体任务进行了分解，对合作预期目标、团队组合、角色分配和项目进度方面作了详细说明。不难发现，两个案例中的行动方案都为跨部门协同治水活动的开展提供了操作指南。③上级领导是跨部门合作的组织者和协调者。为了充分落实"河长制"工作，宁波市和镇江市都成立了"河长制"工作领导小组，由市党政领导担任领导小组组长和"第一总河长"，由其召集和组织相关部门开展水环境综合治理工作，如制定重大决策、研究治理方案、组织督查考核等；作为各个参与部门的"上级"，市级领导在实地调研过程中依托领导权威现场协调解决协同治水工作中的问题。从以上分析可见，SRPCO 框架包含了公众参与、行动方案和上级领导等富有中国特色的协同治理要素，这与当前我国地方政府"河长制"跨部门协同治水实践相契合和适应。

对比两个案例发现，起始条件、河长领导行为、公众参与和协同过程四个维度中的各个变量对协同结果的影响有共性，也存在一定的差异：

211

在协同起始条件方面，案例1中涉水部门主要通过过往的合作经历来建立合作型信任，案例2中涉水部门之间的信任不仅源自成功的合作历史，还通过签署合作备忘录的形式建立契约型信任。案例1在制度设计上偏重于问责、监督和问责，案例2中的制度设计较之案例1更加完善，除了问责和督查制度外，还出台了建立了奖惩制度与治水能力培训方案。宁波市"河长制"治水工作获得了非营利部门、私营部门提供的技术支持，在资金方面主要依靠政府的财政投入；镇江市流域治理的技术既有来自政府部门共同研发的，也有非政府部门提供的，治理资金的来源包括政府财政投入和社会资本投入两方面。

在"河长"的领导行为方面，案例1和案例2中的上级领导在联合治水方面起到了引领示范作用，都能率先垂范，担任全市最难治河道"河长"，及时协调部门间关系，主动参与解决问题。此外，案例2中的"河长"能为合作成员描绘跨部门协同治水的愿景，鼓励大家创新治水思路和技术，表现出更多的变革型领导特质。

在公众参与方面，宁波市和镇江市政府都积极创设相关平台吸引和鼓励社会公众参与水环境治理。案例1中的社会公众主要充当流域水环境协同治理的"监督者"和"宣传者"，案例2中的社会公众还参与河道清理、保护水生态等治水行动，能通过"江湖大会""河长论坛"等平台与政府部门进行沟通，表达自己的意见和建议。相比案例1而言，案例2中的公众参与程度更深、参与范围更广。

在协同过程方面，两个案例中的治水部门通过联席会议相互协商，都采用非正式沟通渠道进行信息互动、协调合作事务，在信息报送和通报方面均做到了及时、准确和高效。但相比于宁波市而言，镇江市治水部门面对面沟通的频率更高，沟通方式更加多样化。此外，两个案例中的治水部门都共同制定了流域治理行动方案或行动计划，在预期目标、任务分解和角色分配方面达成一致，意味着他们都对协同过程作出了承诺。除采用联合执法、联合剿劣等形式协同完成行动方案指定的治理任务外，案例1和案例2中的治水部门都会采用"专项"的形式开展内容丰富多样的联合行动，很好地兑现了对协同过程作出的承诺。但相对而言，案例2中多部门联合专项行动的内容比案例1更为丰富和全面。宁波市河长办的工作重点在于整合各部门的分散资源，做好同级部门的业务协调和关系协调；镇江市河长办是协调上下、内外关系的纽带，通过共同协商、共同决策、目标任务督查和合作能力培训等途径对治水部门的协同关系进行维系与管理。

从协同的结果看,宁波市如期完成了预设的水质改善目标,国考断面Ⅲ类以上水质比例为 100%,市控及以上断面Ⅰ~Ⅲ类水质比例超出预期目标 6.3 个百分点,消除了劣Ⅴ类水体,基本完成"污水零直排区"创建;镇江市消除劣Ⅴ类水体的时间比预期计划提前了一年,省控以上断面水质均达到Ⅲ类以上,长江镇江段支流入江断面Ⅲ类以上水质达到 100%,流域水生态环境得到了一定程度的修复,水生物的种类和数量有所增加,滨水景观的品质得到明显提升。经过"河长制"跨部门协同治理后,两市水环境的改善都得到了公众的肯定,其中宁波市的公众满意度为 83.33%,镇江市的公众满意度为 93%。另外,两市的跨部门协同活动都带来了水环境治理技术、治理方法和制度方面的创新。综合以上可以看出,案例 2 的跨部门协同绩效略高于案例 1。

二、跨部门协同 SRPCO 框架检验

基于以上的案例描述与对比分析,绘制出表 7.11,并从如下几个方面对第五章所提出的部分假设及"河长制"跨部门协同 SRPCO 框架进行检验:

表 7.11 "河长制"跨部门协同各维度中的变量与协同绩效

		宁波市"河长制"跨部门协同(案例 1)	镇江市"河长制"跨部门协同(案例 2)
起始条件	信任	中	中高
	制度设计	中	中高
	资源支持	中高	高
"河长"的领导行为	变革型领导	中	中高
公众参与	公众参与	中低	中高
协同过程	沟通	中高	高
	承诺	中高	高
	关系管理	中	中高
结果	协同绩效	中高	高

跨部门协同 SRPCO 框架的起始条件维度中,部门间信任程度与合作绩效存在较强的相关性;资源支持力度越大,协同绩效越高;制度设计越趋完

善，协同绩效越好。这三点验证了本书第五章中提出的假设 H1b、假设 H2a 和假设 H2b，同时表明起始条件决定了合作开始的难易程度和成功概率的大小。

SRPCO 框架的"河长"维度中，上级领导越表现出变革型领导风格，越能带来良好的协同绩效。这一发现验证了本书第五章中提出的假设 H1a，同时也表明上级领导及官方河长只有做好引领示范，才能更有效地推动跨部门协同，"河长制"工作领导小组成员需要采用变革型领导风格才能最大限度地激发合作成员的潜力，从而取得理想的协同治水成效。

SRPCO 框架的公众参与维度中，公众参与的程度与跨部门协同的绩效存在高度相关性，验证了假设 H1c，同时表明公众参与可以"至下而上"地倒逼涉水部门各项责任落实，保障"河长制"工作的实效性。

SRPCO 框架的协同过程维度中，部门之间沟通越顺畅，治水部门对协同过程的承诺越高，或者河长办对治水部门间关系的管理越完善，跨部门协同绩效越显著。这三点验证了本书第五章中提出的假设 H3a、假设 H3b 和假设 H3c，同时表明：协商对话有利于合作成员建立共同的使命感，信息的共享与互动可以促进合作双方的协调配合和提升解决方案的质量；行动方案或行动计划的制定有利于明确合作成员的角色和行动的步骤，联合行动可以实现协同增效；以河长办为中心构建紧密的多部门合作网络，精心制定目标和安排合作任务，建立"河长制"常态化督查机制，并维护好部门间的互融互惠关系，可以使跨部门协同治水工作规范、有序和高效的运转。

另外，"河长制"跨部门协同的起始条件越成熟，即如果部门间信任关系越牢靠、制度设计越完善、资源支持力度越大，相应地，部门间沟通频率越频繁，承诺水平越高，合作关系越趋于紧密。这验证了本书第五章中提出的假设 H4ab、H4bb、H4cb 和假设 H5。当"河长"的领导风格越符合变革型领导的特征，公众参与流域治理的机会越多，河长办的"关系协调者"角色就发挥得越出色，治水部门间的沟通和承诺水平也就越高。这验证了本书第五章中提出的假设 H4aa、H4ba、H4ca 和 H4ac、H4bc、H4cc。总体而言，跨部门协同 SRPCO 框架所包含的关键变量对协同绩效有显著的正向影响，起始条件、"河长"领导风格和公众参与都会对跨部门协同过程产生积极影响，这说明本书构建的"河长制"跨部门协同 SRPCO 框架的合理性得到了检验。

本章小结

　　本章在总结中国流域治理跨部门协同特征的基础上，以国外学者 Ansell 的合作治理 SFICO 框架为蓝本，构建了用于分析和诊断我国"河长制"下地方政府流域治理跨部门协同活动的 SRPCO 框架。依据此理论框架，选取宁波市和镇江市的"河长制"跨部门协同为案例研究对象，分别描述了两个市级地方政府流域治理跨部门协同活动的起始条件、"河长"领导行为、公众参与、协同过程和协同结果。通过两个案例的对比分析，一方面，检验了 SRPCO 框架的合理性，表明其能体现中国"协同治理"的本土特色，可适用于指导地方政府"河长制"工作实践；另一方面，验证了信任、制度设计、资源支持、变革型领导、公众参与、沟通和承诺等要素均对跨部门协同绩效有显著的正向影响，这与前文的实证研究结果相一致。

▶ 第八章 "河长制"完善之道与跨部门协同治理的优化路径

　　"河长制"本身并非协同治理制度，但却为地方政府的涉水部门提供了集体行动的驱动力。作为一种制度创新，"河长制"在流域治理过程中发挥巨大作用的同时也由于自身的不完善而不可避免地存在一些现实隐忧。要持续地促进流域良治以及为跨部门协同治理提供政治势能，我们必须从治理能力现代化的高度对"河长制"进行再提升、再创新。"河长制"搭建起了涉水部门互动的"桥梁"，但跨部门协同治理仍面临信任基础薄弱、合作能力不足、信息共享不充分等一系列困境。未来的治水之路，应以创造更多的公共价值为目标，不断完善跨部门协同机制，从"河长制"走向"河长治"。

第一节 "河长制"的运行逻辑、隐忧及其完善之道

一、"河长制"的运行逻辑

（一）流域治理责任的整合打包

　　按照《中华人民共和国环境保护法》的规定，各级地方政府应对本行政区域内的环境质量负责，名义上是流域治理的责任主体。但事实上，流域治理工作由业务部门具体负责，除环保和水利两大核心部门外，住建、发改、经信、农业、林业、城管等部门也在各自的职责范围内承担了管水的职能。流域治理的职能分散在多个部门，割裂了流域的整体性及各要素间的系统性，由此陷入"多龙治水"窘境。为了破解"多龙治水"，《关于全面推行河长制的意见》提出"坚持党政领导、部门联动，建立健全以党政领导负责制为核心的责任体系"。"河长制"借由地方党政领导负责制，将分散的、模糊的治

水责任进行了整合打包，实现了碎片化职能、分散资源的垂直整合，这既体现了政府的统摄能力，推动地方党政领导注意力的转换，使其更加关注河湖生态环境，还能够规避涉水部门间因集体负责而引起的"责任分散""法不责众"的治理风险。

"河长制"的核心与根本是党政领导担任河长，这契合了我国"领导挂帅、高位协调"的政治传统。在我国，党政领导挂帅发挥作用的机制在于利用领导的权威将分散在各部门的治理力量进行协调和整合。"河长制"要求各级地方党政领导担任河长，由"关键的少数"组织、领导流域治理问题，是一项具有鲜明中国特色的制度创新。河长用于协调多部门开展集体行动的权利并未源于科层制中的行政职位，而是与政治势能有关。政治势能的大小由被关注事务的重要性程度和关注者在党政阶序中的地位共同决定[1]。在"河长制"框架下，地方政府的党政领导成为辖区内流域治理网络的核心行动者和引领者，他们通过组织领导、协调与督导等方式对分散在各涉水部门的治水力量进行整合，将原有的"部门分工、分散管理"方式转变为"首长负责、部门合作"治理模式（见图 8.1），由此地方政府流域治理系统的自我管控能力得到了有效的强化。为了提高河长的统筹协调能力，地方政府除建立河长会议制度、信息共享与报送制度、工作督查制度等辅助性制度安排外，通常会制定"一事一办"工作清单、河长巡河督导方案等，来推动部门责任的落实。

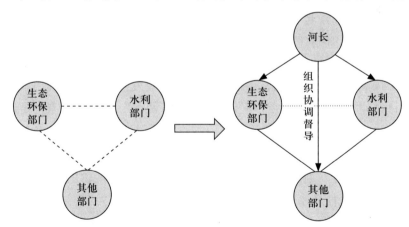

图 8.1 "河长制"实施前后的部门分工合作

注：实线表示强联系，虚线表示弱联系。

---

① 胡春艳，周付军.河长制何以成功——基于 C 县的个案观察［J］.甘肃行政学院学报，2020（3）：19–28.

（二）考核压力"倒逼"协同治理

流域治理涉及上下游、左右岸的利益协调及政策互动，也跨越多个层级、多个职能部门，利益相关者的相互依赖、相互关联程度较高。进而言之，流域治理绝非某单一主体的治理活动，而是一项关乎诸多主体责任与利益的集体行动。从流域治理主体的构成看，不仅涵盖不同行政区域、同一区域内的不同政府部门，还包括公众、企业、非政府组织等社会力量。不同治理主体之间的合作紧密度是影响流域治理绩效的关键变量，然而官僚组织的内部性、职能分割化、合作规范匮乏制约着我国地方政府流域协同治理效率。"河长制"本身并非合作制度，但却解决了协同治理面临的一个关键难题——集体行动的驱动力。按照唐斯的观点，政府部门往往只关注内部领域的事务，在缩减行政成本与规避责任风险的理性驱使下，对一些界限模糊的公共事务倾向于冷漠、规避[1]，因而流域治理需要解决治理主体参与合作的驱动力问题。适用于私人部门的利益刺激手段难以适用于以创造公共价值为根本的公共治理。"河长制"本质上属于压力型体制的一类，将河湖治理的考核指标层层下压传导至各级政府。指标考核压力对地方党政领导和涉水部门的协同行为均有影响：一是流域治理任务指标的具体量化提高了地方官员的行动针对性，指标考核压力激发其整合各部门资源开展协同治理的动力；二是河长将任务指标分派给各涉水部门，倒逼其主动寻求合作伙伴以完成上级任务，积极参与协同治水。此外，党政一把手的重视也有助于吸纳各种社会力量参与治水，进而形成"河长领衔、政社互动"的治水新格局。

（三）以任务带动"河长制"运行

由于权责模糊、职能交叉等问题，作为"经济人"的政府部门在流域治理中多存在避重就轻、相互"踢皮球"等"搭便车"行为。只有指定和明确各责任主体的治水任务，才能规避部门本位主义引发的内耗。"河长制"通过明确制度运行目标为各级政府指明治水任务目标，通过动态化任务调整明晰各部门的任务内容，通过回应群众的诉求凸显治水任务的价值取向。可以说，"河长制"是围绕任务来开展治水工作的，任务带动了"河长制"运行。

首先，以治水任务目标阐明"河长制"运行方向。各级地方政府会将流域治理任务目标逐次进行分解和细化，形成一套目标体系，以此作为"河长制"工作努力方向。比如，贵州省的"河长制"治水工作细分为统筹河湖管

---

① 安东尼·唐斯.官僚制内幕［M］.北京：中国人民大学出版社，2006：225–234.

理保护、落实最严格水资源管理、饮用水源地保护、水体污染综合防治、水环境治理、河湖生态修复等 11 项任务，每一项任务都设定了目标，从而形成了目标管理体系。从过程角度看，治水任务单可视为各级政府推动"河长制"落地落实的抓手。从结果角度看，明确治水任务目标，相当于给各级政府及各部门确立了一份目标责任书，借由科层制权威强力驱动"河长制"落实。

其次，以动态任务调整保持"河长制"运行活力。通常来讲，政府部门所承担的任务具有低流动性、低变动性的特点，年度任务目标相对固定。为了避免任务重复执行与"懒政"行为的发生，地方政府通过对各职能部门的任务目标以年为单位进行动态化调整，上一年完成的治水任务不再列入本年度部门考核目标。比如，2019 年平罗县根据上年度"河长制"工作完成情况，调整优化了各治水部门的职责[①]；2020 年厦门同安区调整了"河长制"工作实施方案，细化了各部门的任务要求[②]。对于每条河流而言，"一河一策"的制定也是动态化的，河长每年会根据河流现存问题审定任务清单。由此可见，地方政府将各职能部门的治水任务由相对固定转变为动态化调整，避免了"河长制"制度僵化与官员的不作为，进而持续保持"河长制"的运行活力。

最后，以回应群众诉求明确"河长制"价值取向。价值取向指基于某一价值观对自我行动的定位。公共部门的价值取向经历了"效率导向""结果导向"与"服务导向"三个阶段。"河长制"作为回应群众环境治理诉求、满足群众对美好生活新期待的制度安排，服务群众是它鲜明的价值所在。当然，"河长制"作为一项全国范围内推行的正式制度，其价值追求是多维度的，如防洪排涝、流域生态安全、河流资源开发利用等，但从群众共享生态福利的角度看，服务是最基本的价值追求。例如，湖南省株洲市在"河长制"微信公众平台专门开通"投诉举报"通道用于接收群众问题反馈，河长巡河 APP 除发布巡河动态及治水新闻，还为群众反映问题提供了界面接口，逐步体现了"河长制"服务导向的价值追求。

二、"河长制"的隐忧

"河长上岗，水质变样"，这是对"全面推行'河长制'"取得成效的现实

---

① 平罗县人民政府.关于调整河长制部门职责的通知［EB/OL］.［2019-05-17］.http：//www.pingluo.gov.cn/xxgk/zfxxgkml/hzzgz/201905/t20190527_1523907.html.

② 厦门市同安区人民政府.关于调整河长制工作实施方案的通知［EB/OL］.［2020-09-29］.http：//www.xmta.gov.cn/zc/zfxxgkzl/zfxxgkml/hjbhgg/jdjczxqk/202009/t20200929_748958.htm.

描述。面对人民群众对美好生态环境的需求，"河长制"以其实效性获得了合理性与正当性的基础。但是，在"河长制"一片热闹的背后，我们需要冷静分析，这种既有水管理体制的"制度增生"①能否持久长效？是否存在内生缺陷？是否会滋生负面影响？

（一）部门碎片化重新生成

建立"河长制"的目标是整合分散在各部门的治水权力，打破"龙多不治水"的困局。但是，河长不是一个实在的权力主体，无论级别高低，其职责都仅是统筹、指导、协调、监督相关职能部门开展工作。换言之，河长本身并不治水，治水的依然是职能部门。在"两块牌子、一套人马"的组织架构下，河长的权利基础仍然是党政领导人职位带来的权力，而并非来源于"河长制"。之所以"河长制"全面推行后流域环境得到了治理，并不意味着这一制度有效解决了部门职能碎片化问题，而完全是因党政领导人对水环境问题注意力的增加引起的"九龙"行动态度的转变。"河长制"属于政策层面的制度，主要依靠政策文件推动，对河长的约束力有限。一旦党政领导人的注意力转移到经济发展、改善民生上，被动摆出配合姿态的涉水部门依然会"各自为政"。

"河长制"根植于部门分工的分散管理体制，因而特别强调部门职责，试图通过明晰涉水部门在各项治水任务中的职责分工来实现跨部门协同。例如，《成都市河长制实施方案》确定了各部门在水污染防治、水环境治理、水资源保护、水网体系建设等任务中的具体职责。从相关政策文本可以看出，"河长制"跨部门协同仍是遵循理性官僚制的专业化分工规则，即以分工促合作。当流域水环境问题复杂性较低时，强调专业分工、部门各司其职或许奏效。但随着流域水环境问题复杂性不断增加，部门职责分工恐怕难以完全明晰化，还容易形成"政策空间""无人地带"②，不利于全方位协同共治。一些参与"河长制"工作的职能部门对组织外部领域的事务保持着相当敏感或戒备的态度，只在职责范围内开展治水工作，整体意识偏弱，甚至将发包的"治水责任"转移到河长办和水利部门，缺乏协同共治的理念。如此一来，"河长制"框架下的部门碎片化就不可避免③。

① 李永健."河长制"：水治理体制的中国特色与经验［J］.重庆社会科学，2019（5）：51-62.

② 任敏."河长制"：一个中国政府流域治理跨部门协同的样本研究［J］.北京行政学院学报，2015（3）：25-31.

③ 周建国，熊烨."河长制"：持续创新何以可能——基于政策文本和改革实践的双维度分析［J］.江苏社会科学，2017（4）：38-47.

（二）河长办"角色溢出"

河长办是作为"河长制"日常运行中的工作机构、河长履职的辅助机构和涉水议事协调机构而设立的。在治水实践中，河长办在河长与涉水部门之间起枢纽作用，既服务河长履职，又协调协同各相关部门。但组织链条上，河长办与本级河长的距离更短。由于兼任河长的党政领导存在专业背景、工作经历的差异性，以及个人角色和职务的多重性，因而对流域治理的注意力无法持续集中。随着"河长制"治水工作的深入推进，河长办容易偏离原有的角色定位，行使河长的制订计划、督办、巡查等部分职责，这逐渐淡化了河长的"存在感"。政策焦点在河长处获得足够关注，是以河长为起点的治水方式的一个基本前提。但当前的"河长制"并非是在法治规则下产生的制度创新安排，于是河长治水囿于法律制度的滞后性与程序规范的缺失[①]。无论在组织架构抑或工作实践中，治水部门首先要面向河长办，各部门反映的工作难题经过河长办筛选后才能进入河长的视线。在调研中有受访者表示："不可能把所有的问题都捅到书记那里，领导工作忙，精力有限，处理突发事件、河道日常巡查、上报信息等类似工作都是由河长办负责落实"。可见，河长办成了治水部门与河长之间信息沟通的缓冲区，河长"统筹协调者"的角色弱化，而河长办"角色溢出"明显。另外，河长办不具备河长的职务权威，也没有催化责任部门集体行动的领导力或影响力，这限制了河长办的协商能力与控制风险的水平[②]。

（三）人治隐忧与形式主义

流域治理是一项系统工程，需要综合考量污染治理、民生诉求、经济转型等诸多因素，要充分运用好"看得见的手"与"看不见的手"，在全社会形成有利于流域治理资源优化配置、合理使用的体制机制。然而，"河长制"的产生、推动、实施等环节都或多或少打上了人治的烙印：其一，"河长制"的产生是各级地方政府面对民众自发"邀请环保局局长下河游泳"的舆论压力作出的被动应对，以"重整山河的雄心"在短时间内仓促祭出的治水大旗，地方长官的意志与威信在其中起了很大作用。其二，各级地方政府在推动"河长制"过程中，纷纷成立河长办或指挥部，绘制"作战图"，固然起到了动员、部署和推动多部门联合行动的效用，但同时也暴露了"运动式

---

① 詹国辉，熊菲.河长制实践的治理困境与路径选择［J］.经济体制改革，2019（1）：188-194.

② 沈亚平，韩超然.制度性集体行动视域下"河长制"协作机制研究——以天津市为例［J］.2020（6）：76-85.

治理"的短期效应隐患。其三,"河长制"人为地将治水的各项职权集中于地方党政领导手中,虽然可以在短期内提升涉水部门的注意力与投入度,如同一剂猛药能收一时之效,但却破坏了各涉水部门原有的结构与工作机制,无法做到持续有效。有学者明确指出,"河长制"不是依靠法定义务,而是借助党政领导权威来驱使涉水部门切实负起责任,在本质上仍属"人治"而非"法治"[①]。人治难免存在决策的随意性以及行为后果的不确定性。过分依赖人治,把流域治理成效完全寄托于各地"总河长"的重视程度、可调度行政资源的大小、组织协调能力及监督问责力度,必然导致各地治水绩效的不均衡。

担任"河长"的地方党政领导并非流域水环境问题的直接施治者,更非水环境治理领域的专家,要求党政领导干部对流域水环境负责,最终只能变成"走过场""做表面文章"。笔者在广东省东 D 市调研时发现,街道级河长能做的就是"看一看""在 APP 里拍照上报问题"。即便是巡河工作,最终也只是流于形式:"(街道党委)书记每天那么多会要开,要负责方方面面的工作,哪有时间天天去巡查黑臭水体?""(街道'河长制')办公室要做的就是把巡河工作相关材料做好,把发现的问题记录、上报,能应付检查考核就行了。"环境政策执行具有信息不对称的问题,上级政府难以对下级政府的水环境治理行为进行全方位、全过程监控,这容易导致"河长制"考核"软指标"难以得到有效执行[②],并催生出"共谋"与"走过场"的形式主义[③]。

(四)地区分割难以消除

"河长制"主要在省域范围内实施,省域内的流域可以通过省级—市级—县级—乡级乃至村级的河长责任链条实现流域的整体性治理。但现实中,很多河流流线长,牵涉面广,跨多个省级行政区域,如长江、淮河、辽河、海河、珠江等。省级河长是"河长制"制度设计中最高级别的河长,一旦涉及跨界污染问题,无法寄希望于更高层级的河长协调解决。尽管我国已经成立了 7 个主要江河流域的委员会或管理局,但它们是水利部派出的流域管理机构,更多的是负责水资源的开发利用、调度和保护,对地方官员缺乏监督制

① 詹云燕. 河长制的得失、争议与完善 [J]. 中国环境管理,2019(4):93-98.

② 周建国,曹新富. 基于治理整合和制度嵌入的河长制研究 [J]. 江苏行政学院学报,2020(3):112-119.

③ 周雪光. 基层政府间的"共谋现象"——一个政府行为的制度逻辑 [J]. 社会学研究,2008(6):1-21.

约权,因而对流域范围内地方政府的治理行为进行统筹协调显得格外乏力。另外,"向上负责"的治理逻辑强化了地区分割。跨域协同治理的动力主要源于自上而下的"压力型体制"传导,因而任何一个地方政府在行为逻辑上往往表现为积极寻求上级认可,极少关注地区间的横向合作,这导致"河长制"下地区间流域治理规划、标准、政策难以协调统一,依然各自为政。

(五)考核制度不合理

"河长制"通过考核机制,将各级党政主要领导的治水成绩同仕途前景捆绑,本质上是利用官僚等级制中的纵向权威解决横向分裂,"用官僚制的看家武器突破官僚制"[①]。也即是说,河长们治水不是自发的,其动力源自上级考核压力及接踵而至的奖惩机制。考核的内容、标准、方式和结果运用直接影响到河长治水工作部署、资源投入与分配。倘若考核制度本身不合理,那么河长治水工作安排的合理性、科学性便无从谈起,流域水环境整治目标与其他行政目标之间也无法达到平衡。从目前各地方政府推出的"河长制"工作考核办法看,普遍存在以下两个问题:

第一,考核标准"一刀切"。"河长制"下每一片水域或每一段河流对应一个具体的领导,但河流水情、水文及地域经济发展水平的差异性决定了不可能有"放之四海而皆准"的考核标准。中心城区、饮用水源地、风景名胜区、农渔区对水质要求有差异;每条河流或河段的原有治理水平不一,每个地区居民对水环境治理的关注度、参与率也不同;每位河长因自身职务的差别,所能调度的资源存在差距。忽视河流和治理主体的差异性、采取统一考核标准的"一刀切"的做法显然不公平,不利于激励河长更好的全身心投入治水工作。在"一刀切"的考核标准下,排名靠后的河长未必是工作不努力,也许是负责治理一条最脏的河流,排名靠前未必是河长的政绩,或许正好碰上一条基础较好的河流。许多地方政府对排名末位者或"十差河长"予以通报批评、约谈问责,在干部评优、评先、晋升中实行一票否决。在如此高压之下,负责治理"脏乱差"河流的河长势必会牺牲其他行政目标的资源投入,以优先确保"河长制"目标的实现。当担任河长的地方党政领导面临多重管理目标考核时,对治水的投入肯定会有所削减,水环境改善的效果也难以长期维持。

---

① 周志忍,蒋敏娟.中国政府跨部门协同机制探析——一个叙事与诊断框架[J].公共行政评论,2013(1):91—117.

第二，考核指标重软轻硬。随着河长治水从运动化走向制度化，对河长的考核也从"硬指标"约束转向"软指标"建设。以西藏自治区的林芝市"河长制"工作考核办法为例，考核内容共有 12 项，主要包括组织领导、专项经费、信息报送、河长履职、一河一档、工作创新等 9 项软指标，只有河湖保洁、排污口监测和水质变化 3 项硬指标。这样的考核内容显然更注重日常程序性工作，治水实效性评价指标的比重偏低。四川省阆中市对镇、村两级河长的考核，主要侧重于河长工作日志、河道管理年度计划的制订、巡河走河、开展环保教育和河流综合治理工作共五个方面。考核评分标准中建章立制走程序的软指标权重过大，而与水生态改善相关的硬指标权重较小，容易导致考核的形式化、书面化，只要考核对象把工作方案、日志等书面材料做好，不发生突发性水污染性事故，则意味着考核过关。此外，大多数地方政府对河长工作成效测评采用自评机制，鲜有引入第三方评估和社会评价。

三、"河长制"的完善之道

"河长制"通过各级地方政府的主要党政领导齐抓共管，自上而下的强势推动，条条落实，严格考核并实施严肃追责，一定程度上解决了流域治理体制中的痼疾，取得了实实在在的成效。然而，"河长制"并非完美无瑕，需要再完善、再提升，才能持续有效地应对复杂多变的流域水环境问题。

（一）积极推进"河长制"法制化

作为我国独创的一套治水制度，"河长制"于 2017 年被正式写入《中华人民共和国水污染防治法》第五条，即"省、市、县、乡建立"河长制"，分级分段组织本行政区域内江河、湖泊的水环境治理、水污染防治、水资源保护等工作"。该条文虽然授权各级地方政府建立"河长制"，但却没有对河长的地位、职权及工作性质、程序作明确规定。这导致"河长制"治水成效很大程度上取决于河长本身的行政级别及其重视程度。因此，作为"河长制"顶层的省级政府应该加强专项立法，为河长"赋权"与"赋能"，主要包括：规范河长的设置与权责；规范河长办职责；厘清河长与涉水部门间的法定职责关系；明确涉水部门"共同但有区别"的责任[①]。在已建立的四级河长体系

---

① 周建国，曹新富．基于治理整合和制度嵌入的河长制研究［J］．江苏行政学院学报，2020（3）：112–119.

里,河长更多的是承担一种政治责任,而非本职的行政责任,而且还得依靠涉水部门的依法行政来完成。只有严格依法匹配河长的权利和责任,才不至于出现党政领导"超人般"的兼职状况和逃离"职非所法"的漩涡①。推进"河长制"法制化更关键的是,消除原有部门立法产生的内在冲突,使不同涉水部门的权限范围清晰、责任归属明确,执法有章可循、有据可参。

(二)建立基于协商民主的流域利益补偿机制

中国政府的府际关系首先是利益关系,其次是公共行政关系、权利关系,财政关系,利益是影响政府间行为的最根本要素②。进而言之,流域治理的核心是如何协调地方政府间的利益关系。黎元生和胡熠等认为,权威的流域管理机构可以监督流域内各级政府执行统一规划与政策,协调解决相关省市之间的利益冲突,实现流域的整体性治理③。笔者认为,上述思路不太符合我国国情,建立流域管理机构的确能解决流域内政府间规划不统一、政策标准不一致等问题,但难以解决合作动力匮乏的难题,对现行的"分级负责、属地管理"原则造成冲击。我国流域治理的体制决定了协调方式要优于管理方式。在属地管理原则下,"河长制"把地方党政领导推到了第一责任人的位置,将"九龙治水"变为"握指成拳",明晰了水环境治理的边界与治理主体,因而地方政府之间很容易建立一种组织成本相对较低的协商机制,即同一流域内各河段的河长作为生态补偿的谈判代表,就利益协调问题展开对话磋商,在达成共识的前提下建立契约化的生态利益补偿机制。比如,赣湘两省签订了《渌水流域横向生态保护补偿协议》,以两省交界处的国考金鱼石断面的水质为依据,按月核算生态保护补偿金,水质到达或优于Ⅲ类,则湖南省拨付补偿金给江西省,水质低于Ⅲ类,则江西省补偿给湖南省。云南省、四川省、贵州省签了赤水河流域横向生态保护协议,取得了明显的成效。2019年,赤水河流域地表水环境水质达标率为100%,干流断面水质均达到Ⅱ类水质④。2021年9月,济南市、泰安市签订了山东省首份跨市界流域横向生态补偿协议⑤;

① 王露霏.河长制的延续性困境及其破解之道[J].资源环境,2019(7):127–128.

② 谢庆奎.中国政府的府际关系研究[J].北京大学学报(哲学社会科学版),2000(1):26–34.

③ 黎元生,胡熠.从科层到网络:流域治理机制创新的路径选择[J].福州党校学报,2010(2):35–39.

④ 光明网.赤水河流域生态环境保护治理取得明显成效[EB/OL].https://m.gmw.cn/2020–10/28/content_1301733246.htm.2020–10–28.

⑤ 齐鲁网.济南泰安两市签订全省首份跨市界流域横向生态补偿协议[EB/OL].http://jinan.iqilu.com/news/2021/0910/4950883.shtml.2021–09–10.

2022年3月，山西省在探索汾河流域上下游6个区市建立横向生态保护补偿机制①。在"河长制"框架下，以水质标准为核心的横向协商可以充分发挥上级河长的纵向指导、横向协调作用，在不突破现行体制的条件下促进全流域协同整治。对于跨省界的流域而言，可以由生态环境部、水利部、流域委员会、省级河长等代表召开联席会议，本着合作共赢、互惠互利的原则，共同协商达成省际横向生态补偿协议。

（三）明确河长办的性质与角色

《关于全面推行河长制的意见》要求"县级及以上河长设置相应的'河长制'办公室，具体组成由各地根据实际确定。"现实情况是，各地的河长办大多是从职能部门临时抽调工作人员从事流域治理日常程序性工作的临时性机构。缺编制、人员不稳定、政策执行效力不高成为河长办头疼不已的问题。对此，首先，确立河长办的设立标准，规范其机构编制与人事安排。河长在全面落实"河长制"工作任务中起基础性与关键性的作用。要切实有效地发挥"河长制"的制度优越性，需要对新任命的河长进行履职能力培训，弥补其能力短板。对河长的履职能力培训可以围绕人格特质、专业素质、河湖管理能力、抗压力和协作力五个方面开展②（见图8.2）。河长办所需的治水专业人才可以采取短期聘用形式从企业、高校等社会各界招募，既能提升河长办的专业素养和活力，又能防止河长办走向官僚化。

其次，规范河长办的工作章程。逐步制定和完善有关会议召开、河长巡查、信息共享、投诉受理、考核、问责及奖励等各种规章制度，对"分内之事"做到责任到人，提高政策执行效力和整体组织的协调性，为"河长制"跨部门协同的高效运转提供组织保障。

最后，明确河长办的角色，赋予其充分的权利。由于担任河长的党政领导肩负多重职责，因而在治水实践中难以常驻一线，必然存在缺位现象。所以说，河长办是黏合涉水部门间合作关系的必需机构和必需要素，它填充了河长与跨部门协同治水事务间的空间。河长办在"河长制"工作中一般兼具组织、协调、分办、监督的职责，要想提高工作效率、保证政令畅行，应赋予河长办一个超然于涉水部门的地位。按照沈亚平、韩超然等的观点，应该赋予河长办更多直接"惩罚"的权利，即不经过上级领导就可以做惩罚决定，

---

① 刘鑫焱.山西探索汾河流域横向生态补偿机制［N］.人民日报，2022-03-21（14）.
② 汪群，傅颖萍，钱慧丽.基层河长胜任力模型构建的实证研究［J］.河海大学学报，2021（3）：80-88.

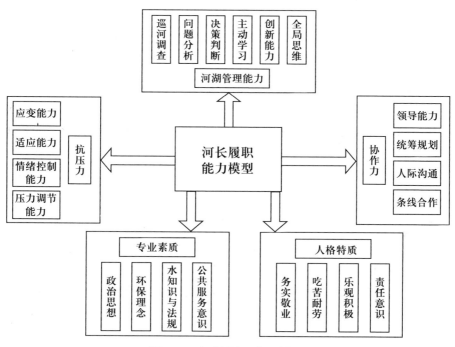

图8.2 河长履职能力模型

使其更好地扮演协调者、监督者、考核者的角色，避免因权威不足而出现协商不力、纠缠于琐碎事务、惩罚过程复杂化等窘困状况①。

（四）完善"河长制"的考核问责机制

科学、合理的考核问责机制会正向引导地方政府流域治理的价值取向②。当"河长制"从应急制度演变为常规性制度后，其依赖的环境情形、治理基础已然发生变化，"一刀切"的考核方式很难充分调动河长治水的积极性，由上至下的单向度行政追责办法也不太适用于常态化治理。

其一，因地制宜的制定"通用性指标+差异化指标"的考核指标体系。影响流域水环境的因素众多，既包括区域产业布局、人口密度、水利设施条件等客观因素，也包括河长的职位、责任意识及涉水部门的防治技术、社会公众的环保理念等主观因素。针对流域基础水质和治水团队结构的差异性，通用性指标应统一计算方法和考核标准，便于不同流域或河段治理绩效的横向比较；差异化指标设置要遵循河湖的自然规律，通过"河长制"工作前后

---

① 沈亚平，韩超然.制度性集体行动视域下"河长制"协作机制研究——以天津市为例［J］.2020（6）；76-85.

② 王伟，李巍.河长制：流域整体性治理的样本研究［J］.领导科学，2018（17）；16-19.

对比，进行数字化评估。

其二，硬指标和软指标相结合，长期指标和短期指标兼具。软指标主要用于考核河长的日常程序性工作，如一河一档、工作方案、经费预算计划、信息报送等，硬指标主要反映治水的实效，如水质达标率、黑臭水体控制比例、湿地保护率、涉河违法行为处理率等。流域水环境治理不可能一蹴而就，是一个长期的过程，每年都进行全面性指标考核难免会引导"河长制"治水陷入运动式治理的巢穴，即便治水成员疲于奔命，也难保证长期效果。可将考核指标划分为一年一考的短期指标和三年或五年进行一次考核的长期指标。

其三，引入独立的第三方考核机制。政府内部的问责无异于隔靴搔痒，难以杜绝"面子工程"，应引入专业化的第三方水质检测机构，对河长任期内的水质变化进行持续、可视化的评估，以此检验河长治水所取得的客观成效。对于考核结果不合格的河长，要严格追责问责，以"问题清单"倒逼整改落实；对于连续两次考核排名后两位且不合格的河长，予以通报批评，并将责任追究决定向社会公开。

（五）以制度延伸衔接外部资源

制度延伸是指地方政府为了给"河长制"运行争取更多资源，有意识地将"河长制"与其他政策制度连接起来，或吸纳体制外的资源，构建内外联动的流域治理体系。具体而言，地方政府利用制度延伸方式获取"河长制"资源支持的方式主要有两种：

其一，以横向延伸对接政府专项治理行动。在基层地方政府，体制内部资源难以完全应对复杂化、多样化的社会治理任务。"河长制"的推行让基层地方政府的资源显得更加捉襟见肘，有心无力。要做到流域治理的精准化、精细化，地方政府应超越科层制依赖，将"河长制"工作与其他领域的专项治理行动对接，以获取更多资源支持。比如，江西省遂川县将"河长制"与全域旅游开发和美丽乡村建设相结合，在资源集聚、整合的基础上实现三项工作同步推进、同步落实；甘肃省嘉峪关市将"河长制"进行制度延伸，以改善水环境治理，助力文明城市创建；江苏省泰州市姜堰区将"河长制"与脱贫攻坚行动有机结合，聘请低收入农户担任河道保洁员、巡管员，创新"河长制 + 脱贫攻坚"河湖治理模式。

其二，以纵向延伸广泛吸纳社会力量。"河长制"属于"政治势能"推

动下的科层动员 [1]，在向基层下沉过程中处于"悬浮"状态，往往无法真正落地。要改善"河长制"的执行效果，地方政府应该广泛吸纳社会力量参与来实现内外联动。一是可以积极运用互联网思维，通过河湖保护信息发布平台、河长 APP、微信公众号等方式为公众意见反馈、投诉举报提供渠道；二是可以设立"民间河长""企业河长""党员河长""河小青"等方式吸纳社会力量参与河道巡查和"净滩行动"；三是可以通过购买公共服务的方式将"顽固"河道治理、水质监测、生态修复、"一河一策"规划编制等任务交由社会力量完成，地方政府便能集中精力做好统筹、决策、协调、督办等工作；国家地方政府可以通过开展绿色信贷、评选绿色企业、税收优惠、以奖代补等措施激励企业参与治水、护水。

第二节　流域跨部门协同治理的优化路径

流域跨部门协同治理的根本目标是改善流域水质和修复水生态，取得让公众满意的治水效果。从前文的实证结果分析可知，治理主体间的信任、变革型领导、制度设计、资源支持、公众参与、关系管理、沟通等因素都对协同治理结果产生了显著正向影响。在实证研究与案例分析的基础上，结合对跨部门协同的理解，笔者建议从以下方面入手优化"河长制"框架下的流域跨部门协同治理。

一、明确各涉水部门的责任边界

清晰的责任边界是跨部门协同治水活动顺利开展的前提条件之一，部门之间责任界限的模糊容易导致相互推诿扯皮，出现管理上的"真空地带"，从而影响"河长制"工作的整体推进。对地方政府的各涉水部门而言，当前政府的职能设计存在责任不清的现状，比如水利部门和环境保护部门在水质监测方面存在职能交叉。所以说，厘清并明确各部门在协同治水活动中的责任边界，是跨部门协同初始阶段亟须解决的问题。对于涉水部门的责任界定，应以法律法规的完善为首选途径。笔者认为，地方立法机构应该制定流域水环境治理相关的条例，在条例中明确各职能部门的责任。比如，2020 年 10

---

[1] 方琼 . "政治势能"推动"河长制"政策执行的实现机制 [J]. 广州社会主义学院学报，2021（3）：84-89.

月百色市人大常委会制定出台了《百色市右江流域水环境保护条例》，对百色市的生态环境局、水利局、农业农村局、城管局等多个部门的治水职责予以了明确规定。另外，地方立法机构可以制定一套能保障跨部门协同执行的总体框架性章程，例如《政府部门间合作条例》，对同一层级政府横向部门间的协同配合给予法律上的规定。其中，应明确牵头部门的确定原则及其主要责任范围；其他合作部门的配合方式与职责；协调机构的主要责任及工作范围；跨部门协同行动的监督部门的履职范围；当出现涉水部门不履行职责而导致合作失败时应如何追责。如此，各职能部门在协同治理的初始阶段就会对自己的责任边界有个清晰的认识，可以避免协同治理过程中出现"越位""错位"和"缺位"现象。

我国地方政府应借鉴西方国家跨部门协同的经验，重视流域治理合作框架协议的制定。合作框架协议作为"权威性的文本"，是部门间联合行动的依据，具有法律效力。它必须明确部门间的主导或从属关系、行为规则，规定各个部门的责任和义务。合作框架协议一般是相关部门在共同磋商、相互妥协的基础上达成的，因而容易获得各合作方的一致认可。相应地，通过签订流域治理合作框架协议，各涉水部门能够很好地认识自己在协同治理过程中所应该扮演的角色和承担的责任，这有利于集体行动的顺利进行及其目标的达成。

二、建立有效的监督机制

只有建立有效的监督机制，才能促进部门责任的落实，以及及时纠正协同治水实际行动与预期目标之间的偏差，切实保障各协同治水项目按计划实施。具体来讲，流域跨部门协同治理监督机制的建立可以从以下三个方面进行：

一是成立专门的监督员队伍。成员可以是民主党派人士、环保专家、环保行业带头人和环保组织成员，负责对合作治水方案的执行、水环境治理资金使用、治水技术和水质改善等情况进行定期督查。例如，浙江省湖州市成立了由各民主党派、工商联、工商联人士组成的监督员队伍，监督企业违法排污行为、河道整治和治水提质工作进度；四川省绵阳市聘请水环境治理专家加入监督员队伍，为合作治水提供技术监督。

二是市人大常委会应该发挥"监督者"和"仲裁者"的作用。监督权是地方人大运用频率最高、涉及范围最广的一项权利。为了督促治水部门的责任落实到位，人大常委会应该综合运用执法检查、听取专项工作报告、现场视察、随机暗访和提议案等多种形式对跨部门协同治水工作实施跟踪监督。人大常委会的监督既要聚焦于发现跨部门协同治水过程中的"责任盲区",也要关注"已治理河流"后续管理责任的缺失,推动涉水部门健全责任体系,堵住与部门责任相关的制度漏洞。另外,人大常委会应该扮演好"仲裁者"的角色,对跨部门协同治水工作进行专题询问和评议。专题询问的选题要紧密结合公众高度关注的问题,如水源地保护、污水排放企业治理、雨污分流、黑臭水体整治等,采取现场面对面一问一答的方式进行,相比传统监督方式力度更大,有助于推动相关部门改进工作。各职能部门的治水工作卖不卖力,可以由人大代表评议和裁定。比如,舟山市人大常委会成立了评议工作调查组,对各部门的治水工作表现进行满意度测评,督促问题整改落实,确保了各部门在协同治水中履职到位。

三是强化社会公众和新闻媒体的监督作用。举办水环境社会监督员培训班,邀请社会公众全程参与水环境联合执法行动和重大水污染事件调查;聘请环保志愿者担任流域水环境保护监督员,监督涉水企业的污染排放行为和治水项目的进展及环境效益;水环境信息公开要全面及时,但要考虑公众感受、减少专业术语,信息公开的内容包括流域水系、水质状况、工厂点位及特征污染、责任部门、治理方案和治理进度,形成便捷有效的信息查询和跟踪监督体系;通过电台、电视台、报纸、网络等媒体定期报道跨部门合作治水工作的进展与成效,曝光黑河、臭河、垃圾河和水环境违法行为等反面典型,倒逼各涉水部门认真履行职责,合力推进治水项目建设,从而提高跨部门协同治水的成效。

三、完善跨部门协同的制度设计

集体行动中绝大部分事情无法仅仅依靠行动者的"觉悟"解决,唯有创设规则才能确保行动的合规性与执行力。从这个角度看,制度设计对于同样作为集体行动的跨部门协同来说显得特别重要。要使流域跨部门协同治理工作常态化、规范化,需要从以下几个方面对现有的合作制度进行完善:

第一,制定合理的跨部门协同行动程序。具体而言,对跨部门协同治水活动的启动条件、实施步骤、资源投入、沟通途径及决策规则等方面做出一定说明。否则,涉水部门之间的互动会显得很随意,互动方式和内容处在相对模糊的状态之中,比如不明白何种情形下以何种方式进行合作,贡献什么资源等。

第二，建立水环境信息共享制度。信息是政府部门间合作的基础资源，信息共享才能维持合作主体地位关系的平等，发展步调一致的联合行动。以制度化的形式规范部门间的信息共享行为，重点要强调内容的全面性和共享的及时性。流域水环境治理涉及面广，因而信息共享的内容要全面，包括流域的基础地理信息、气象水文水质、污染源、污染事故、涉河建筑物、水源涵养和各部门的规划、各项目的进度等。地方政府要构建一体化、协同化的水环境信息共享平台，要求各部门第一时间、第一手情况传送重要信息，为领导科学决策提供依据，使各部门在行动上"合力"、在节奏上"合拍"。

第三，设计跨部门协同的激励制度。要使各涉水部门有充足的合作动力，应在风险共担、利益共享的基础上设计激励制度。比如，对协同治水过程中能力出色的个人或部门进行表彰和奖励；根据资源投入的比例来分配治水资金；将协同治水工作纳入部门领导绩效考核重要内容。西藏自治区的林芝市为了激励职能部门干事激情、勇于担当，每年都评选"'河长制'先进单位"，授予其荣誉奖牌，并从市级"河长制"专项经费中支出奖金。

四、注重跨部门协同的过程管理

忽视过程管理是跨部门协同失灵的一个重要诱因。正如国外学者 Kapucu 所提到的，"领导者不愿意花费足够的时间与精力进行过程管理将是协同治理的重要障碍"。[①] 终究而言，只有协同过程得到了有效控制才足以保证预期结果的实现。

首先，注重过程管理应设立有效的利益表达机制。最佳的协同治理效果不仅要实现共同目标，也要实现行动者的个体目标。这意味着涉水部门在协同过程中要能够获得表达部门利益的机会，通过民主协商的方式在部门偏好与合作目标之间寻求平衡。在地方政府流域水环境治理中，合作成员应讲究"桌上平等"和共识决策，充分表达各自的立场和利益，尊重地聆听对方的意见并作出回应，通过对话磋商达成共识，避免部门利益和整体利益存在脱节，进而影响部门合作的积极性。此外，利益表达机制还应关注非政府利益相关者的利益诉求。在制定跨部门协同治水的决策时，为企业、社

---

① Kapucu N. Collaborative public management and collaborative governance：Conceptual similarities and differences［J］. European Journal of Economic & Political Studies，2010（1）：39–60.

会团体、公众提供便利的利益表达渠道，如通过网络调查、咨询会、座谈会、听证会的形式吸纳各种不同意见，让治水决策更"接地气"，不偏离公共利益。

其次，注重过程管理应设立专职协调小组，完善冲突解决机制。冲突在跨部门协同治理过程中难以避免，当横向部门之间的冲突出现时，需要有解决冲突的建设性的制度安排。协同治水团队内部的冲突主要体现在利益、规划、信息和治理技术、方法等方面，一旦处理不当会阻碍跨部门协同的进程。可以在河长办下设专职协调小组，负责调解部际冲突。协调小组既要具有来自组织等级制度的行政权威，也要具备来自专门知识的专业权威，只有如此，才能在保持技术的可靠性和决策的准确性的基础上，对治水部门之间的分歧进行协调。所以，协调小组的成员不仅要包括地方政府的党政领导、部门负责人，还应吸纳具备水环境治理知识、水生态修复技术的非政府组织成员。协同治水团队的领导者在实际工作中应采用变革型领导的风格，为下属树立良好的典范，善于提出具有吸引力的合作愿景，强调集体意识和合作目标，以个性化关怀的方式激励下属超越个人私利。在这个前提下，参与协同治水的职能部门及治水人员倾向于形成"共赢"关系而并非破坏性冲突，能够容忍不一致的意见，理性辨别不同观点的优缺点，以建设性的方式化解面临的冲突。

再次，注重过程管理应积极整合行政执法资源。联合执法是部门集体行动的主要表现形式，也是落实"河长制"的关键工作。河湖线长面广，"单一执法"往往存在权责不明、力量不足等难题。在省市级层面，考虑到执法体制较难突破，可以在河长办下设联合执法工作领导小组，专门负责组织水务、公安、环保、海事、城管等成员单位开展涉及水域岸线管理、水安全保障、水污染防治等方面的联合执法工作。肇庆市在这方面的做法，或许可以给其他市级地方政府提供一些借鉴：市副总河长担任联合执法领导小组组长；"河长制"工作成员单位签订联合执法工作机制协作协议书，明确协作内容、任务分工、联络方式。访谈中，肇庆市河长办有关负责人介绍："建立'河长制'联合执法机制之后，不但企业违法乱排、河砂乱采问题，其他的内容，如排污口、码头、岸线乱占、河滩围垦等一些过往执法老大难问题也囊括进来了，这有效整合了执法资源，打破了部门的围墙，形成了联防联控、齐抓共管的良好格局。"在基层政府，可以成立生态综合执法局，整合国土、环保、水利、林业等部门的行政处罚权，变"直筒状"多头执法为"漏洞状"综合执法，统合分散化的执法资源以提升辖区行政执法效率与效果。

最后，注重过程管理应重视控制与适应性的平衡。跨部门协同的制度设计、沟通频率与方式、行动方案和合作成员等要素通常是根据构想、经验确定的，尽管有其一定的合理性，但绝不是一成不变的。流域跨部门协同治理的外部条件总是充满变化，如社会经济发展、治理技术和水环境政策等，因而过程管理需要在控制与适应性间寻求平衡。当跨部门协同的外部条件稳定时，治水活动按照既定的常规和程序进行，可以方便快捷地实现预期的协同效果；当外部条件是动态不确定性时，团队领导者需要采取回应措施，如调整行动方案、改变原有的沟通方式、增加合作成员和采用新的治水技术等，使协同治水活动适应当前的外部条件变化。除此之外，跨部门协同的过程管理应注重过程绩效评估，以了解"我们已经做了什么"和促进思考"下一步该怎么做"。通过总结跨部门协同治水的阶段性成效与不足，可以使后续的联合行动方案更具针对性和适应性，进而更好地提升合作绩效水平。

五、培育合作型文化

流域跨部门协同治理需要文化的敏感度与共同语言。合作型文化具有凝聚功能，它可以修正单个政府部门的预期和偏好，使其相信并期望部门间的协同治理行为。与之相反，分散性、敌对性的冲突文化会造成本部门的诉求无法得到对方的积极支持与配合，造成部门间凝聚力、向心力下降，不利于跨部门协同的运行。由此可见，文化对跨部门协同的成功至关重要。按照Harris 的观点，合作型文化强调的是，公共部门要从整体性角度衡量工作绩效，立足于公共利益的角度寻求更高效的治理途径[①]。跨部门协同正是要打破流域治理的碎片化现状，加强横向整合，其最终目的是满足公众需求和增进公共利益，这与合作型文化所倡导的理念相一致。如表 8.1 所示，与责备型文化相比，良好的合作型文化包括如下特征：合作是一种高效率解决复杂问题的习惯；决策是以合作的形式作出的；合作主体之间相互尊重，建立开放式的信任；重心放在合作关系的维系上。

---

① Harris C L. Collaboration for organization success：Linking organization support of collaboration and organization effectiveness［D］. University of North Texas，2005.

表 8.1 责备型文化与合作型文化的比较

责备型文化	合作型文化
不期望与其他行动主体共同处理问题	自发地组建团队共同处理问题
寻找"替罪羊"	寻找恰当的合作伙伴
合作是被迫的，而不是自然的	合作是高效的，习惯性的
问题出现后，会逃避责任或责备他人	问题出现后，会由合作组织来解决
部门之间相互背叛	部门之间相互依赖

那么，如何培育地方政府涉水部门间的合作文化呢？其一，寻找共同利益。跨部门协同活动发展于互惠并服务于互惠，建立在政府职能部门对合作的共同利益高度认可的基础上。当流域协同治理的利益能惠及所有参与部门时，他们就会围绕特定目标进行协同配合，合作关系也能保持相对稳定，合作的程序和方案能很容易确定下来并顺利实施。其二，向治水人员充分授权。在实际的"河长制"治水工作中，决策权无一例外地被领导层掌控着，而一线治水人员只是被动执行，这在很大程度上阻碍着合作成员的创造性和主动性的发挥。让治水人员参与决策，就是让他们毫不顾忌地表达意见，加强合作伙伴间的紧密沟通和相互理解，主动以团队的形式解决所遇到的难题，最终获得高绩效水平。其三，倡导新型的学习方式。合作主体间的相互学习有利于建立共同的愿景与共享的价值观；探索式学习有助于拓展涉水部门的治水思路，在制度、治理方式等方面进行合作创新；反思性学习能使涉水部门在暂时性的合作失败中吸取经验教训，获得更有效可行的新点子和新路径，使"河长制"下的跨部门协同治水"柳暗花明"。

在众多文化要素中，信任是支持跨部门协同的关键文化要素，它以软实力规范合作主体的行为，是合作制度的一种补充。假如政府部门间没有信任，协同治理所依赖的共享的价值观、共同利益和愿景、联合行动都将失去存在的根基。培育信任文化要么通过部门间的良性互动和沟通增进相互了解，要么通过外在强制力而强化信任。具体做法包括：一是选择有合作经历的合作成员，或者通过可信第三方（A Trusted Third Party）的推荐，使原本无互动史的双方建立"间接信任"关系；二是拓宽协商对话的渠道，比如定期召开水环境治理研讨会、部门联络员会议和治水人员技术交流会，组建增加个人联系机会的志愿者协会、"治水"朋友圈等沟通网络，围绕协同治水的目标进行求同存异的坦诚对话，在形成相互认同的基础上增强信任；三是合作部门要充分表明自己的能力和合作意愿，如环保局应体现自身的水质监测与应急能力，水利局应该努力展示河道清淤的技术水平，农业局应表现出面源污染的防控力度，主动与合作伙伴分享信息等，这样能够形成相互依赖、相互依靠的合作氛围，继而加强合作团队的信任感；四是面对合作失灵时，各部门不应互相推诿、指责与埋怨，而应主动承担责任，从自身找原因，通过共同努力将短暂的危机转化为新一轮合作的契机，建立长期稳定的信任关系。

六、构建政府与社会的良性互动机制

虽然本书对跨部门协同治理的研究重点关注的是政府部门，但并非否认多元化主体的作用。协同治理倡导的是一种伙伴型的参与式合作，不仅发生在政府部门之间，还包括政府与企业、社会组织、公众结成的伙伴关系。流域治理任务艰巨而复杂、水质容易出现反复，仅靠政府部门自己唱"独角戏"远远不够，必然要构建政府和社会之间的良性互动机制，形成多中心的流域治理结构，方能取得更大的治水实效。为达此目标，亟待政府与社会两方面的共同努力。

第一，培育引导环保社会组织参与治水。西方发达国家的流域合作治理一般由环保社会组织发起和推动，它已成为连接政府、企业与公众之间的桥梁和纽带。目前，我国环保社会组织的整体影响力还不足，地方政府需要从如下几个方面引导和支持：对环保社会组织的成员进行水污染监测、水环境调查等专业技能培训，提升参与协同治水的能力；采取奖励公益项目或购买环保服务的形式对其提供资金支持；加强环保社会组织之间的联动，改变力量分散局面，形成水环境治理的合力。

第二，搭建公众参与的平台，实现官民良性互动、协同治水。地方政府可以成立环保联合会、专家服务团或环境权益维护中心，让政府部门、公众、专家在一个平台下协商，通过圆桌会、治理恳谈会和咨询会等形式参与水环境治理方案的制定，对排污企业抽查有"点名权"，对部门建设项目审批有"否决权"。逐步制定"民间河长"章程，规定选任条件、职责与权限、议事程序、履职保障、报告→督查→反馈机制等[1]，使"民间河长"名正言顺地与官方河长联合巡河，敢于监督企业偷排、河道沿岸占道经营等违法违规行为。

第三，发挥环保科研机构的技术支撑作用。当今的治水利器不再是人防

---

[1] 王勇.水环境治理"河长制"的悖论及其化解［J］.西部法学评论，2015（3）：1-9.

工事，而更多的是依靠现代化的技术手段。政府部门的治水团队只有获得足够的技术支持才能提高工作效能，取得理想结果的同时防止水质反弹。可以主动吸纳环保科研机构参与合作治理，或组建治水科技专家组，为跨部门协同治水提供技术指导，开发治水新技术新工艺新装备，探索治水新思路。例如，浙江省成立了由来自浙江大学、浙江环境保护科学研究院等高校和科研所的37名专家学者组成的治水专家组，负责对各地市的综合治水方案制定提供协助指导，并开发了农村生活污水治理一体化技术、河道生态修复成套技术和智慧治水平台等一系列先进技术，为水环境质量的改善提供了有力的技术支撑。

七、增强涉水部门的合作能力

作为水环境治理的一种新模式与新趋势，协同治理使政府角色发生了转变，也对政府部门的合作能力提出了新要求与新挑战。尤金·巴达赫在《跨部门协同：管理巧匠的理论与实践》书中明确指出，"即便政府机构可能将协同治理视为达成公共目标之最佳途径，但政府机构合作能力的缺失可能会扼杀协同"[1]。显然，涉水部门合作能力的强弱直接影响并决定着跨部门协同的成效。笔者认为，在"河长制"框架下，要达成并实现跨部门协同治水的目的与功效，尤其需要增强涉水部门以下三个方面的合作能力：

第一，达成共识的能力。跨部门协同是以共识为导向的治理安排，形成并达成共识是合作关系得以维系并良好运行的前提。一般而言，达成的共识越广泛，合作的基础越牢固，效果越好。现实中，由于各种利害关系的交织与影响，政府部门间达成共识并非易事，官僚力量的"碎片化"使得很难依靠单一权威来实现多个部门的整合，甚至有碍于跨部门协同的发生。因此，在地方政府涉水部门之间建立起联系并最终达成共识，消弭分歧，求同存异，统一行动，最终实现水环境改善的目的，是政府部门必须具备的一个重要能力。政府部门可以通过以下方法促进并建构共识：一是确立"多元共治"的理念，从过去单一、强势的政府治理转变为开放、合作的政府治理，共同一致的理念和价值追求能够统合人们的思想和行动；二是建立命运共同体，要善于寻找利益交汇点和利益共同点，通过建立利益、责任共同体来凝聚并整合各方能量，消除彼此疑虑，在合作的愿景、目标、框架等方面达成共识；

---

① 尤金·巴达赫.跨部门协同：管理"巧匠"的理论与实践［M］.北京：北京大学出版社，2011.

三是平等协商与沟通，通过友好对话和沟通协调的方式来化解争议，凝聚共识，一致行动，最终实现共同目标。

第二，利益调节能力。在当今复杂、多元的社会背景下，能否促进并实现多元主体之间的良好互动与有效合作，利益的合理满足和利益的公正分配成为决定其成败的关键。"河长制"推行中，参与流域治理的职能部门众多，利益关系复杂，因而妥善调节和处理利益冲突，成为协同治理架构下政府部门必须具备的另一个重要能力。政府部门利益调节能力增强的基本路径为：一是树立"互利共赢"的合作理念。从理性人和经济人的立场讲，任何投入都是为了获得相应的回报，这不仅是市场活动的基本逻辑，也是良好合作关系建立并维系的基础。因此，涉水部门应以更开放和互利共赢的态度，尊重、回应并满足合作伙伴的合理利益诉求，通过互利互惠的利益调节方式，实现多赢和共赢。二是建立良好的利益分配与引导机制。现有的跨部门协同治水活动大多围绕末段治理展开，关注环境基础设施的投入。由于水环境综合治理最终是以项目为载体，很容易引起各部门之间争项目、争资金。实现利益的共享和公正分配，使各部门的应得权益和利益得到兑现，才能激发并调动各方合作治水的热情和积极性。当出现利益差别大或利益冲突时，尤其是在部门利益和整体利益出现矛盾和冲突时，涉水部门可通过利益引导、商议对话等方式，化解利益冲突，在兼顾各方利益的基础上确保协同治水共同目标的实现。

第三，跨域协同能力。我国大部分河流是跨区域的河流，流域水体的流动性和属地管理原则容易造成上游排污、下游遭殃的现象。因此，地方政府不能"画地为牢""各自为政"，而是应该重视流域上下游的协同治理，否则下游政府的跨部门协同治水成果可能会遭到上游排污的破坏。只有实行跨域协同治理，才能阻滞跨域水环境负外部性扩散，下游政府的跨部门协同方能安然。对于地方政府涉水部门而言，跨域协同能力关乎地区间跨界污染能否得到有效控制，也直接影响跨部门协同治水的绩效。要增强涉水部门的跨域协同能力，其重心和着力点应放在以下两个方面：一是完善区域规划，强化地区之间的认同感。具体包括上下游政府之间共同制定综合治理规划、统一排放标准、联合水质监测计划和合理安排产业结构。二是建立流域上下游良好的沟通对话机制。流域上下游地方政府要对水污染状况的各种信息进行及时沟通与共享，包括跨界断面水质、涉污企业的排污和布局、各地环保基础设施的运行和布局、治理经验等。流域内地区之间沟通和对话的实现可通过诸多途径，如召开多边的联席会议、编制简报，地方政府及相关部门可就水污染治理实践中出现的各种问题及治污经验进行交流互动，促进跨域协同治理能力的提升。

本章小结

"河长制"借由地方党政领导负责制，将分散的、模糊的流域治理责任进行了整合打包，实现了碎片化职能、分散资源的垂直整合，并依托政治势能推动和协调部门间的合作。考核压力为"河长制"的运行提供了基本的动力，也倒逼涉水部门采取协同行动。"河长制"通过明确制度目标和任务分解为各涉水提供共同努力的方向和分配合作责任。"河长制"以任务为导向，任务带动其运行，具体表现为：治水任务目标阐明了"河长制"的运行方向；以动态任务调整保持"河长制"运行活力；以回应群众诉求明确"河长制"运行的价值取向。

尽管近年来"全面推行'河长制'"取得了一些看得见的实效，但背后仍存在部门碎片化重新生成、河长办角色溢出、人治隐忧与形式主义、地区分割难以消除、考核制度不合理等一系列困境。要让"河长制"发挥出更大的制度功效，需要从治理体制和治理现代化的方向对其进行再完善、再创新。作为"河长制"顶层的省级政府应该加强专项立法，为河长"赋权"和"赋能"，依法匹配河长的权利和责任。要使制度更好地服务于实践，河长需要从专业素质、河湖管理能力、抗压力和协作力等方面提升履职能力。因地制宜的制定"通用性指标＋差异化指标"的考核指标体系以及引入第三方考核机制，可以破除"一刀切"考核方式带来的弊端，从而正向引导"河长制"治水的价值取向，充分调动各部门的积极性。通过横向延伸对接政府专项治理行动和纵向延伸吸纳社会力量，可以构建内外联动的流域治理体系，给"河长制"运行争取更多资源。

"河长制"的出现，解决了跨部门协同的权威缺失问题，但跨部门"行动者网络"不会如我们所愿地自然发展、成长和完善，需要对其进行系统、持续的积极构建。对此，我们提出从明确涉水部门的责任边界、建立有效的监督机制、完善协同制度设计、培养合作型文化、注重过程管理、增强涉水部门合作能力等方面来优化多部门协同的路径。

▶ 第九章 结论与讨论

第一节 研究结论与启示

一、本书的主要结论

在多元主体形成合作网络的环境治理格局下，"河长制"是在市场资本介入和传统科层改革外走出的具有中国特色的水环境跨部门协同治理的"第三条道路"。依靠领导权力的"高位推动"以及河长办的组织、协调，地方政府跨部门协同治水活动在水质改善、水生态修复、公众满意度提升等方面取得了显著性成效。然而，"河长制"并未在组织结构上改变我国现行的流域治理体制，只是以"责任发包"的形式将河湖治理责任"发包"给地方党政领导，并以考核压力倒逼跨部门协同治理。本书通过实地调研访谈发现，"河长制"通过等级垂直协调与严格的监督制裁机制暂时解决了涉水部门之间推诿扯皮等"搭便车"问题，但流域跨部门协同治理却依然存在着信任不充分、信息共享不畅、选择性执行、难以建立共享理解、制度设计不健全、资金与技术投入不足以及体制外力量吸纳不足等一系列困境。

绩效评估本身不是目的，其目的和价值在于更好地推进"河长制"工作和提高跨部门协同治水的成效。通过借鉴国内外相关研究成果及部分专家访谈，本书构建了一套包含协同过程、社会结果和环境结果三个维度的"河长制"跨部门协同绩效评估指标体系。然后，运用此指标体系分别对福建省 Q市、江西省 N 市和陕西省 H 市的"河长制"跨部门协同绩效进行了系统评估。结果发现，三市的跨部门协同治水活动都取得了良好的综合绩效，但 Q市的跨部门协同绩效略高于 H 市和 N 市，主要缘于 Q 市在河长履职能力培训、合作制度设计、任务分工和治水技术创新等方面做得更出色；三市的环境绩效显著优于各自的社会绩效与过程绩效；二级指标中协同计划、水质改善、社会效应等指标的得分率普遍较高，而责任分工、公众参与、信息沟通、决策制定等指标的得分不太理想。总体而言，当前地方政府更关注跨部门协同治理所取得的水质改善、生态修复等环境效应以及公众认可度、社会支持度等社会效应，却忽视了协同过程的最优化。要使绩效评估真正发挥"助推器"的功能，要充分利用绩效评估的结果，应着力解决河长办"角色溢出"、部门责任缺乏有效衔接、资源配置不合理、府际学习机制不足和公众参与浮于表面等过程性问题。

在西方公共管理领域，学者们对协同治理理论框架及协同绩效影响因素的研究已比较成熟。然而这些理论成果是否适用于我国流域水环境治理领域，还有待考证。基于此，本书从协同主体、协同情境、协同客体、协同过程四个维度探究了"河长制"跨部门协同绩效的影响因素及其作用机制。实证结果表明，主体因素（变革型领导、信任、公众参与）、情境因素（制度设计、资源支持）以及过程因素（沟通、承诺、关系管理）均对跨部门协同绩效有直接正向影响；过程因素在主体因素、情境因素对跨部门协同绩效的影响机制中具有中介作用；任务复杂性不仅对跨部门协同绩效产生直接的负向影响，而且在过程因素与跨部门协同绩效之间起到正向调节作用。

"河长制"下地方政府流域治理跨部门协同需要理论指导与实践指南。本书借鉴国外比较成熟理论框架，立足中国"河长制"治水的实情与特色，构建了跨部门协同 SRPCO 框架。该理论框架可划分为起始条件（S）、河长领导（R）、公众参与（P）、协同过程（C）和结果（O）五个维度。依据 SRPCO 框架，选取宁波市和镇江市的"河长制"跨部门协同为案例研究对象，通过案例对比分析得出以下结论：

（1）由成功合作经历产生的信任贯穿于新一轮合作的全过程，成为合作的"润滑剂"，也是协同主体间沟通和承诺的基石，会直接对跨部门协同绩效产生正向影响。

（2）良好的制度设计为跨部门协同提供了"游戏规则"，既明确了合作成员的角色和责任，又提供了冲突解决规则和奖励问责方案，因而具备化解分歧、激励、监督和问责的功能，能够促使协同治理发挥出不同于市场治理和科层治理的能量。

（3）上级的政策支持使得跨部门协同变得合法化，来自政府部门和非政府部门的技术支持可以提高"河长制"治水的效率，为水环境问题提供新颖的解决方案。

（4）"河长"要在跨部门协同治水活动中采用变革型领导风格，通过授权、愿景激励、榜样示范等方式催化与维系多元主体的集体行动，同时充分挖掘下属的潜力以取得高水平的协同绩效。

（5）公众参与对跨部门协同治水活动可以起到推动和监督作用，能为政府部门提供信息、技术、资金方面的支持，也能降低联合执法成本和水污染的监管成本。

（6）沟通（协商、信息共享）有助于实现部门之间的协调和取得行动上的一致性，相互承诺（制订行动计划、联合行动）则有利于明确合作目标任务和实现协同增效。

（7）河长办是协调部门之间横向关系的纽带，通过合作成员共同协商、共同决策、目标任务督查和合作能力培训等途径对治水部门的协同关系进行维系与管理，可以使跨部门协同治水工作规范、有序和高效的运转。

（8）水质的改善和水生态的修复是"河长制"跨部门协同产生的直接结果，同时是公众满意度提升的基础和必要条件，而创新是协同治水带来的更隐性的效果，有助于提升地方政府涉水部门解决水环境问题的能力。

二、本书的管理启示

随着"河长制"的广泛推行，跨部门协同已成为我国地方政府流域水环境治理的主流模式。本书的现实意义在于从绩效的视角切入，探究跨部门协同机制的不足及其关键要素，进而指导地方政府涉水部门如何更高效地进行合作，以提升"河长制"工作的实效。根据本书的理论分析和实证检验结果，本书对实践的启示主要体现在以下几点：

第一，培育涉水部门之间的信任关系。信任意味着相信他人的善意，并认为他人的期望可信赖且可预期。在合作关系中，彼此间的信任度越高，跨部门协同的基础越牢固，成效越好；反之，信任不足或信任缺失会导致互动与合作成本的增加，以至于威胁甚至瓦解协同关系。信任的功能在于它能够促进沟通、分享资讯，消除合作中的脆弱性，减少反叛诱因，增强系统的团结和凝聚力。成功的合作经历会产生预期的信任关系；可信的第三方可以起间接作用，使原本无直接关系的双方建立起"间接信任"关系。在协同治理取得"小成就"后，利益分配的合理性可以对信任关系起维护作用。在流域水环境治理过程中，涉水部门间的信息共享程度越高，它们的信任关系越强。

第二，根据水环境治理任务的资源需求选择合作伙伴。资源交换是跨部门协同的动因，也是协同过程的主要内容之一，每个涉水部门所拥有或所能汲取的资源都是有限度的，所以他们必须交换、共享彼此的资源（包括人力、财力、权威等），形成高度相互依赖关系以达到自己的目标。所以，涉水部门要根据水环境治理任务的资源需求，选择资源优势和专业技能互补的合作伙伴，或者说，河长办要精准识别治理对象和精心组建合作团队，这样才能发挥最大的协同效应。当然，共同的利益点也是选择合作伙伴的原则之一。只要涉水部门的利益存在交叉点，他们就易于产生共鸣，形成协同治水的共同愿景，也更愿意主动和对方进行资源互换。

第三，完善多部门合作的制度设计。合作的制度设计是集体行动中人们必须遵从的行为规范与准则，制度的功能和价值在于它能够促进规范的、可预测的具体行为的形成，能够预防并减少合作中的风险。良好的制度设计，一是包含一个全等的参与规则；二是能够明确合作各方的角色和责任，避免因权利共享带来的推诿扯皮、嫁接责任、"搭便车"等问题；三是能够消除和减少合作过程中的冲突，制裁违规行为。公共管理者在设计合作制度时，特别要注重以下方面的完善：信息共享原则；共同决策的程序和规则；奖惩和问责的条例；冲突解决的方案；联合行动的规则。

第四，设立常设的合作关系管理机构。流域水环境治理中的跨部门协作网络需要一个拥有"威权"的管理机构，组织、指导、监督和协调涉水部门间的合作事务，形式可以是领导小组、委员会或指挥部。合作关系管理机构的领导成员应包括地方政府的分管领导、各职能部门的行政领导，他们既可以通过提高涉水部门的合作能力提升跨部门协同绩效，也可通过增进涉水部门之间的关系质量提升跨部门协同绩效。管理机构的领导者在工作中应该关注对变革型领导行为的塑造，努力为下属做好榜样示范作用，加强与下属的沟通，提供个性化关怀，激发下属的工作热情和创新思维，引导下属追求卓越，从而提高团队的治水绩效。

第五，拓展流域水环境治理部际联席会议的功能。联席会议为涉水部门提供了面对面磋商的平台，中高层管理者在会议上除能够充分地交换信息，还可以依据沟通过程中发现的问题迅速做出应对决策。要将流域水环境的末端治理向系统治理转变，联合会议不能单纯制订跨部门协同行动计划，而需要制定包含经济、社会、生态环境等方面的综合规划，以解决经济、社会与水三者之间的协调度问题。另外，联席会议组成成员应吸纳监察部门、企业代表、媒体代表，增加其政策监督的职能，监察行动计划或联合行动的执行情况，从而切实提升协同治水的成效。

第六，建立独立的第三方评估机制。体制内的考核评价没有内在的驱动力，也难以抓到实处。地方政府应引进具备相应资质的第三方检测机构对流域水质进行长期持续的监测，并根据水质与水生物多样性的变化态势对"河长制"跨部门协同治水工作进行客观、直观的评价。社会公众对河湖治理的有效性有最大发言权，因而河长不止要对上级负责，也要对社会公众负责。要制定标准化的公众参与评价程序，且要对跨部门协同治水的过程和结果进行公开评价。

第七，构建因事而异的多样化合作机制。政府部门间的自发合作比协议或强制授权合作有更理想的关系基础，能够培养参与者的合作意愿和削弱合作阻力。在"河长制"治水实践中，地方政府可尝试构建以部门协议网络为基本盘、自发合作加以填充并由河长、河长办协调为保障的多样化合作机制。部门协议规定合作方式、合作规范以及治水部门的权利义务，适用于常规事务；部门间自发合作方式作为正式合作途径的补充，减少协同治水的成本；河长及河长办对自发合作方式进行引导，对部门协议的签订和执行进行监督。当流域水环境问题的复杂程度超出协议机制所能匹配的区间时，由河长及河长办介入进行协调。"河长制"通过行政资源和正式合作制度"集中力量"以"办大事"，解决重点、难点的流域治理问题。多样化合作机制不能取替"河长制"的既有制度逻辑，可视为"集中力量办大事"的补充和辅助，可以避免行政资源的浪费和化解对河长的过度依赖，使各部门的力量更好地向"大事"集中。

三、本书的局限之处

流域水环境治理是一项复杂的长期任务，要准确全面地评估跨部门协同的绩效，厘清协同治理绩效的影响因素，是非常困难的。正如海迪所言，"寻找一个包罗万象的分析框架是'绝对违反常情的'"[①]，因为这常常表现为一种不切实际的臆想。所以，尽管本书非常希望能够对"'河长制'跨部门协同绩效"这一论题进行尽可能详尽且颇有新意的阐述，但由于受到研究水平和研究条件的限制，这一美好的想法可能要落空。坦率地说，笔者亦感觉到本书还存在着一些不足之处。

---

① 费勒尔·海迪. 比较公共行政［M］. 北京：中国人民大学出版社，2006.

其一，调研过程仍有待完善。虽然笔者曾多次前往地方政府调研，但由于问题的敏感性，进行访谈的难度较大。再加上个人调研经验的不足，某些更深层次的信息可能并没有捕捉到位。"臆答"现象普遍存在于自填式的问卷调研过程中，这会给数据的准确性带来影响。尽管我们在调研过程中采取了干预措施，但"臆答"现象很难完全避免，这一定程度上影响了研究的严谨性与科学性。受资料获取难度的限制，本书仅对宁波市和镇江市的跨部门协同治水起始条件、过程与结果进行了分析，这两个案例集中于经济发达地区，在代表性上仍显不足，后续研究中我们可以扩大调研范围选取更多的案例进行对比分析、归纳总结。

其二，量表设计有待反复测验。本书基于流域治理的核心行动者设计开发了问卷量表，虽然验证性因子检验结果比较理想，但该量表能否进一步推广仍需经过反复测验而进行判定。事实上，不同的测量方法很有可能带来不一样的结论。陈叶烽等研究就发现，在探究信任和合作水平的关系时，问卷调查和博弈实验得出了不同结论[①]，这说明理论假设的成立在一定程度上依赖于变量的测度方法，因此对待量表设计要反复测验、不断修正。对于跨部门协同绩效变量来讲，由于难以对一些客观数值进行统一标准化处理，况且国外诸多学者已经证明了流域治理绩效主观测度指标与客观指标之间存在极高的正相关性，本书对其的测度也采取了主观量表的形式，但缺少一定的客观指标或许会使跨部门协同绩效量表的测量存在一定的误差。在研究跨部门协同绩效影响因素时，样本主要集中在江、浙、赣、粤、闽、湘地区，使得研究结果不具普适性。在后续的研究中会增加样本量，扩大问卷调查范围，比较不同地域"河长制"跨部门协同效果的状况与影响因素的差异，从研究结果中逐步提炼出影响我国"河长制"跨部门协同的共性因素。

其三，绩效评估指标体系和理论模型仍需进一步细化。由于国内关于跨部门协同绩效评估领域的相关文献和研究寥寥可数，而且各地方政府对"河长制"工作绩效的评价也处于探索和起步阶段，所以本书所构建的"河长制"跨部门协同绩效评估指标体系难免深度不足、广度不够，未能充分验证其适用性。随着"河长制"治水工作的深入，跨部门协同的目标也会发生变化，因而绩效评估指标体系需要在应用过程中不断的细化并持续跟踪观测，根据

---

① 陈叶烽，叶航，汪丁丁. 信任水平的测度及其对合作的影响——来自一组实验微观数据的证据 [J]. 管理世界，2010（4）：56-64.

反馈结果实时调整指标以合理的方式反映跨部门协同治水的现状。此外，公共管理领域迄今为止尚未对跨部门协同治理的理论框架达成普遍共识。本书构建了以关系管理为核心的过程型框架，"本土化"地反映了"河长制"背景下流域治理跨部门协同的特质，是实证研究中的一个新尝试。但要认识到，协同治理是一个开放的系统，随着时间的推移，关键变量是否会发生更替？原有变量之间的关系是否会发生变化？部门间过度的信任或一味地依靠河长办协调是否会产生负面影响？河长如何最大限度地发挥价值引领作用？这些问题仍需在对现实深入观察的基础上做进一步的解答。

第二节　关于"长制"衍生的讨论

近年来，随着"河长制"在治理河流、湖泊中取得较好成效，在林业、农业、草地、滩涂、交通、社区治理等其他领域也建立了"林长制""田长制""草长制""滩长制""路长制""街长制"等 N 类"某长制"。不少地方政府将"长制"视为解决突出矛盾和体制机制障碍的"灵丹妙药"，遇到"疑难杂症"以"一长了之"。这属于"长制"衍生现象，即沿着"河长制"的制度逻辑和工作套路设置出更多其他类型的"长制"，试图使其成为解决一切棘手公共问题的通用良方。这里所探讨的"长制"衍生现象指"河长制"上升为国家意志后地方政府效仿其治理范式在水环境治理领域之外出台与实施的"某长制"。从具体内容和特征而言，当前所有的"某长制"都出现了四个趋同现象：其一，强调地方政府之间、职能部门之间的协同配合，形成联动态势；其二，通过党政领导责任制落实责任，利用考核问责把履职压力传导到位；其三，成立领导小组办公室，负责统筹、协调、督办、信息收集与报送等工作；其四，吸纳有限的社会力量以弥补政府能力和行政资源的不足。

诚然，"长制"治理机制的一大优势，在于地方党政一把手"挂帅""担责"，可以有效集聚足够的政治权威和整合分散在各职能部门的资源，通过高位推动下的跨部门协同解决"疑难杂症"。河道堵塞河水污染，"河长"责无旁贷；森林资源监管，"林长"担当作为；道路治脏、治乱、治堵和治违，"路长"当仁不让……只不过，事务与情况千差万别，任何一项制度都难以做到"放之四海而皆准"。从公共政策扩散的角度看，"长制"衍生过程中会将"河长制"本身遭遇的困境平移至新的领域，高度依赖党政领导、权责关系模糊不清、选择性执行等局限性也会在新治理领域有所呈现。另外，"长制"

衍生容易忽视所扩散领域的事务特征、权力分布、资源配置和地方经验，从而可能导致治理过程中的"简单主义"倾向[①]。鉴于此，我们有必要探讨"长制"衍生的风险及防范之策。

一、"长制"衍生可能引发的风险

（一）基层党政领导疲于应付

"河长制"发挥治理效能的深层机制值得总结提炼，可取的经验可以推广，但并不意味着可以沿着"河长制"轨迹无限地设置"长制"。倘若一出现矛盾和问题，政府部门便出台"某长制"，那么鉴于中国政府面临的社会治理问题层出不穷，现行的各种"长制"数量远远不够，还需不断扩展。在考核指标层层下压的运作机制下，"长制"越多，基层党政领导的责任与压力就越繁重。一名基层干部要身兼河长、林长、路长、田长等多个岗位，且每个"长"都有考核要求，在精力有限的情况下难免疲于应付、敷衍塞责。各种"长制"都有一套独立的会议制度、工作督察制度、信息报送制度，在此情形下，基层党政领导是否有足够的时间开展巡河、巡田、巡林等各类"巡视"工作都需要打上大大的问号。比如，森林保护对地方经济支持不大，见效较慢，如果没有相应的项目资金，兼任多个"某长"的基层党政领导势必会淡化"林长制"的重视程度，根据轻重缓急选择性地执行政策。由于这种运动式治理需要抽调大量人员参与，使得基层政府不得不暂缓其他工作以填补捉襟见肘的人力短缺，因而"长制"无节制衍生扩展容易致使常规治理机制功能退化成为摆设[②]。

（二）滋生形式主义，出现治理绩效"内卷化"

当下，地方政府推出的各种"长制"属于"改造型创新"，即将"河长制"衍生到相关领域并将其加以改造形成新的"长制"，为的是寻求政绩增长点。有学者指出，地方政府基于政绩竞争驱动型的制度创新往往存在"内卷化"问题[③]。"长制"衍生现象一定程度上是由地方官员急于"出政绩""出模式"和"出典型"的心态所致，但由于没有做到因地制宜、因事而异，最终

① 王浦劬，赖先进. 中国公共政策扩散的模式与机制分析［J］. 北京大学学报（哲学社会科学版），2013（6）：14-23.

② 胡亮. 趋同式环境治理——基于"林长制"实践的分析与反思［J］. 南京工业大学学报，2021（3）：65-77.

③ 陈家喜，汪永成. 政绩驱动：地方政府创新的动力分析［J］. 政治学研究，2013（4）：50-56.

导致有些"某长制"只是简单复制"河长制"之后的"应景之作"，形式大于内容，难以持久，更难发挥实效。没有经过调查研究，有的城市就在居民规模不大、人员流动不多的社区推行"街长""楼长"，不仅制度流于形式，还增加财政负担、助涨懒政思维。事实上，各种"长制"成功运行的关键不是"有名"，而是"有需""有实"及"有效"。也就是说，有些"长"是必要的，但"一应俱长"或各类"长"只挂帅不出征，"长制"就会沦为形式主义。更为重要的是，如果一地实施过多的"长制"，就会再造出多个"协调的科层"①，他们的工作就会"内卷化"，即一地实施的"长制"越多，各项工作目标就越难同时兼顾，治理绩效就越不理想，最终反而不利于"河长制"的推行。

（三）公众力量和村规民约容易被忽视

即使在制度设计中留有公众参与的制度框架（如在"河长制""林长制""湾长制"推行过程中，各级政府都设置公示牌和举报箱等），但各种"长制"的工作传导主要依靠行政科层制度，有关政府及部门为避免公众参与造成决策过程复杂性，进而排斥社会力量的介入，结果是基层意见被忽视，上级的指示、规划成为治理行动的出发点。《中共中央关于全面深化改革若干重大问题的决定》指出，"创新社会治理体制，发挥政府主导作用，鼓励和支持社会各方面参与，实现政府治理和居民自治良性互动。"但是，假如"长制"持续衍生，可能会导致"长制依赖症"及公众的主体责任被忽视，这有悖于"多元主体良性共治"的理念。即便是"河长制"本身，也正在通过大力推动"民间河长"上岗来增强"社会性"。民间对于山、水、林、田、湖等自然资源的保护都形成了非正式的地方规范和地方性知识。以森林保护为例，乡间有很多类似"十不准、五不烧""谁放火、谁坐牢，谁烧山、谁判刑""不毁祖宗林，不准在风水上伐木"以及"牛吃一兜树苗请吃 3 顿饭"等"土办法"。这些村规民约利用乡村社会的人情、面子制止毁林行为，与国家标准化治理的"话语体系"很难兼容，所以难以被"林长"们接纳。

二、"长制"衍生风险的防范措施

客观来说，"河长制"推动了流域水环境"老大难"问题的解决，彰显

---

① 李利文. 模糊性公共行政责任的清晰化运作——基于河长制、湖长制、街长制和院长制的分析 [J]. 华中科技大学学报（社会科学版），2019（1）：127-136.

了治理绩效，其经验值得拓展到其他领域。然而，"长制"不是包治百病的良方，"河长制"本身仍有不少问题需要解决。各地、各领域千差万别，不要盲信"一长就灵"，应坚持一切从实际出发，找到解决问题的针对性办法，才是提高政府治理效能的必由之路。

（一）推行"某长制"要与治理对象的特征相适应

不同领域中的治理对象在事务特征上迥然相异，所涉及的利益相关者、资源配置也各不相同，在一个领域内证明行之有效的办法被照搬照抄到新的领域未必能发挥预定作用。以自然资源为例，山、水、田、塘、林、湖、草等各自的资源禀赋和保护重点不一，如果忽视其中的差异性，生硬地套用"河长制"的模式来管理其他资源，就会诱发"南橘北枳"效应或闹出"牛头不对马嘴"的笑话。因此，"长制"衍生需要综合考量各种因素，不能简单地模仿与复制，要根据治理对象的特征进行制度设计与权责分配，"某长制"的治理机制要适应特定的时空条件和社会情境。

（二）新旧治理模式的融合

"长制"新体系与原有的职能部门之间会产生摩擦与冲突[①]，因而新旧治理模式的融合对于避免新旧两套体系的矛盾、减少行政成本具有重要意义。"长制"治理模式要与市场机制、技术治理、社会自治等传统模式相互融合，而不是对立与竞争。一方面，"长制"治理模式要将已有治理模式的优势吸收进来，比如，在强调整体性治理时，要完善"长制"组织架构、细化治理任务和开发综合信息管理系统；另一方面，可以在"某长制"中引入市场机制、社会参与机制，以增强公共问题治理的内生动力，动员和鼓励社会资本投入，吸纳体制外力量参与来实现政社联动。随着社会开放性的加快，社会公众需求的多样性以及可用的技术和手段的发展，社会治理需要从粗放式治理转向精细化治理[②]。要做到精细化治理，"某长制"既要依赖样本模式的优势以及先进技术与理念的运用，也不容小觑地方经验与地方性知识。通过吸收地方经验，尤其吸取社区居民的自理经验和乡规民约的"营养"，因地制宜、因地施策。

（三）加强政策再创新的法制化建设

埃弗雷特·M.罗杰斯指出，政策的后期采用者会借鉴早期采用者的实施

① 朱德米. 中国水环境治理机制创新探索——河湖长制研究［J］. 南京社会科学，2020（1）：79–86.

② 周晓丽. 论社会治理精细化的逻辑及其实现［J］. 理论月刊，2016（9）：144–146.

经验，并根据本土化的情况对政策进行内容填充，以更加有效地解决正面临的社会问题，该现象被称作政策再创新①。依照这样的观点，如果在"长制"的衍生过程中"跟进者"的政策包含处理社会问题的新方法并且更适合当前条件，那么"某长制"可能比"河长制"更具创新性。因此，应该通过立法的形式，将地方政府的政策再创新纳入官员考核体系中，建立相应的"某长制"监管体系，强化地方政府对"长制"衍生过程的监督，避免表面创新、盲目效仿。同时，建立政策再创新研究机构，保障各种衍生版"长制"的适用性和有效性②。

当前，我国面临着很多社会问题和社会矛盾，而且，社会矛盾已然发生了深刻变化。党的十九大报告指出，"我国社会主要矛盾已经转化为人民日益增长的美好生活需要和不平衡不充分的发展之间的矛盾"。要解决社会主要矛盾，不是靠一味地催生"长制"和任命各种"长"，而是要强化政府职能部门的"守土有责""守土负责"及"守土尽责"意识，并坚持一切从实际出发、因地制宜，在实践中不断创新社会治理体制机制，提升社会治理能力与水平。在完成特定阶段的使命之后，任何一种"长制"必将向常规治理转型，社会治理最终需要沿着科层制轨道，通过各司其职和各尽其责解决社会问题。

---

① 埃弗雷特·M.罗杰斯.创新的扩散［M］.北京：中央编译出版社，2002.

② 孟俊彦，王婷，张杰.政策扩散视角下河湖长制政策再创新研究［J］.人民黄河，2020（10）：60–63.

参考文献

一、中文部分

[1] 艾莉诺·奥斯特罗姆.公共事务的治理之道：集体行动制度的演进［M］.陈旭东译.上海：海译文出版社，2012.

[2] 安德鲁·桑克顿，陈振民.地方治理中的公民参与——中国与加拿大比较研究视角［M］.北京：中国人民大学出版社，2016.

[3] 道格拉斯·C.诺思.制度、制度变迁与经济绩效［M］.陈昕译.上海：上海人民出版社，2008.

[4] 卡琳·肯珀.基于分权的流域综合管理［M］.李林译.北京：中国水利水电出版社，2017.

[5] 罗伯特·登哈特.公共组织理论［M］.扶松茂译.北京：中国人民大学出版社，2003.

[6] 尤金·巴达赫.跨部门合作：管理巧匠的理论与实践［M］.周志忍译.北京：北京大学出版社，2011.

[7] 赫尔·曼哈肯.协同论：大自然构成的奥秘［M］.凌复华译.上海：上海译文出版社，2005.

[8] 珍妮特·V.登哈特.新公共服务［M］.丁煌译.北京：中国人民大学出版社，2010.

[9] 萨巴蒂尔.政策过程理论［M］.彭宗超译.上海：三联书店出版社，2004.

[10] 拉塞尔·林登.无缝隙政府——公共部门再造指南［M］.汪大海译.北京：中国人民大学出版社，2002.

[11] 马尔科姆·泰勒.案例研究：方法与应用［M］.徐世勇译.北京：中国人民大学出版社，2019.

[12] 林尚立.国内政府间关系［M］.杭州：浙江人民出版社，1998.

[13] 罗志高.国外流域管理典型案例研究［M］.成都：西南财经大学出版社，2015.

[14] 姬鹏程，孙张学.流域水污染防治体制机制研究［M］.北京：知识产权出版社，2009.

[15] 陈瑞莲.区域公共管理理论与实践研究［M］.北京：中国社会科学出版社，2008.

[16] 孙迎春.发达国家整体政府跨部门协同机制研究［M］.北京：国家行政学院出版社，2014.

［17］王勇，李胜．协同政府：流域水资源的公共管理之道［M］．北京：中国社会科学出版社，2020．

［18］张紧跟．当代中国地方政府间横向关系协调研究［M］．北京：中国社会科学出版社，2006．

［19］赵来军．我国湖泊流域跨行政区水环境协同管理研究——以太湖流域为例［M］．上海：复旦大学出版社，2009．

［20］杨桂山．流域综合管理导论［M］．北京：科学出版社，2003．

［21］余益胜．河长制中的集体行动研究［M］．北京：经济科学出版社，2021．

［22］水利部河长制湖长制工作领导小组办公室．全面推行河长制湖长制典型案例汇编［M］．北京：水利水电出版社，2022．

［23］熊文，彭贤则．河长制河长治［M］．武汉：长江出版社，2017．

［24］赖先进．论政府跨部门协同治理［M］．北京：北京大学出版社，2015．

［25］周黎安．转型中的地方政府：官员激励与治理［M］．上海：上海人民出版社，2008．

［26］胡若隐．从地方分治到参与共治：中国流域水污染治理研究［M］．北京：北京大学出版社，2012．

［27］沈桂花．莱茵河流域水污染国际合作治理研究［M］．北京：中国政法大学出版社，2017．

［28］王浩．流域综合治理理论、技术与应用［M］．北京：科学出版社，2020．

［29］张楠．基于协同治理理论的我国地方政府区域治理研究［M］．武汉：湖北人民出版社，2021．

［30］彭彦强．中国地方政府合作研究：基于行政权力分析的视角［M］．北京：中央编译出版社，2013．

［31］张小丽．河湖长制的法制化研究［D］．湖南师范大学博士学位论文，2021．

［32］刘新．基于河长制的区域公共政策创新扩散路径与实施效果研究［D］．华中师范大学博士学位论文，2021．

［33］邓汕葭．河长制治理有效性的实证研究［D］．北京交通大学博士学位论文，2021．

［34］朱赛林．河长制的公众参与意愿与行为研究——基于湖北、江苏两省的调研数据［D］．西北农林科技大学博士学位论文，2021．

［35］刘珊．基于河长制的河流管护评价指标体系研究——以湖南省澧水干流为例［D］．湖南农业大学博士学位论文，2020．

［36］张雅芝．地方政府水治理中的跨部门协同研究——以成都市温江区河长制为例［D］．西南财经大学博士学位论文，2019．

［37］边燚．政策转移中的政府角色研究——基于河长制的"结构—场域"研究［D］．中共江苏省委党校博士学位论文，2020．

［38］程磊．基于系统方法的河长制建设与综合评价体系研究［M］．上海：上海交通大学出版社，2018．

［39］宋以.政策移植的影响因素与组合模式研究——基于上海市河长制的定性比较分析
［D］.华东政法大学博士学位论文，2019.

［40］连洁.基于河流健康和生态系统服务的河流环境政策评估——厦门过芸溪河长制案
例［D］.厦门大学博士学位论文，2017.

［41］李节.宁波市河长制的政策效果与完善路径研究［D］.宁波大学博士学位论文，
2019.

［42］罗丹.生态共同体视角下贵阳市"双河长制"的制度创新研究［D］.贵州大学博士
学位论文，2018.

［43］袁娜.基于模糊综合评价法的新疆河长制绩效评价——以玛纳斯河为例［D］.新疆
农业大学博士学位论文，2020.

［44］强雅倩.长江流域水污染防治地方协调机制研究［D］.湘潭大学博士学位论文，
2020.

［44］田玉麒.协同治理的运作逻辑与实践路径研究［D］.吉林大学博士学位论文，2017.

［45］周定财.基层社会管理创新中的协同治理研究［D］.苏州大学博士学位论文，2017.

［46］高家军.河长制可持续发展路径分析——基于史密斯政策执行模型的视角［J］.海南
大学学报（人文社会科学版），2019（3）：39-48.

［47］郝亚光.公共责任制：河长制产生与发展的历史逻辑［J］.云南社会科学，2019（4）：
60-66.

［48］郝亚光.河长制设立背景下地方主官水治理的责任定位［J］.河南师范大学学报（哲
学社会科学版），2017（5）：13-18.

［49］侯志阳，张翔.公共管理案例研究何以促进知识发展？——基于《公共管理学报》创
刊以来相关文献的分析［J］.公共管理学报，2020（1）：143-151.

［50］黄爱宝.河长制：制度形态与创新趋向［J］.学海，2015（4）：141-147.

［51］黄贤金，钟太洋，陈昌仁.河长制下江苏省实施河湖流域化管理的改革建议［J］.江
苏水利，2019（8）：63-65.

［52］黎元生，胡熠.流域生态环境整体性治理的路径探析——基于河长制改革的视角
［J］.中国特色社会主义研究，2017（4）：73-77.

［53］李波，于水.达标压力型体制：地方水环境河长制治理的运作逻辑研究［J］.宁夏社
会科学，2018（2）：41-47.

［54］李汉卿.行政发包制下河长制的解构及组织困境：以上海市为例［J］.中国行政管
理，2018（11）：114-120.

［55］李强.河长制视域下环境分权的减排效应研究［J］.产业经济研究，2018（3）：
53-63.

［56］刘长兴.广东省河长制的实践经验与法制思考［J］.环境保护，2017（9）：34-37.

［57］吕志奎.第三方治理：流域水环境合作共治的制度创新［J］.学术研究，2017（12）：
77-83.

[58] 马捷,锁利铭.区域水资源共享冲突的网络治理模式创新[J].公共管理学报,2010
(2):107-114.

[59] 马亮,王程伟.管理幅度、专业匹配与部门间关系:对政府副职分管逻辑的解释
[J].中国行政管理,2019(4):107-115.

[60] 万金红,杜梅,马丰斌.北京推进河长制的经验与政策建议[J].前线,2018(5):
95-97.

[61] 王俊敏,沈菊琴.跨域水环境流域政府协同治理:理论框架与实现机制[J].江海学
刊,2016(5):214-219.

[62] 王洛忠,庞锐.中国公共政策时空演进机理及扩散路径:以河长制的落地与变迁为
例[J].中国行政管理,2018(5):63-69.

[63] 蒋辉,刘师师.跨域环境治理困局破解的现实情境——以湘渝黔"锰三角"环境治
理为例[J].华东经济管理,2012(7):44-48.

[64] 熊烨.跨域环境治理:一个"纵向—横向"机制的分析框架——以河长制为分析样
本[J].北京社会科学,2017(5):108-116.

[65] 熊烨,周建国.政策转移中的政策再生产:影响因素与模式概化——基于江苏省河
长制的QCA分析[J].甘肃行政学院学报,2017(1):37-47.

[66] 姚毅臣,黄瑚,谢颂华.江西省河长制湖长制工作实践与成效[J].中国水利,2018
(22):31-35.

[67] 李莉,颜思琳."大数据+河长":福建省河长制的有效实施——以福建省三明市为
例[J].福州党校学报,2021(6):60-63.

[68] 马鹏超,朱玉春.河长制背景下制度能力对村民水环境治理决策行为的影响——基
于Double-Hurdle模型[J].中国农业大学学报,2021(4):201-212.

[69] 平思情,王芬.河长制基层运行模式:运作逻辑,现实困境,优化路径——基于广
州市河长制实践的调研[J].广州社会主义学院学报,2021(1):87-92.

[70] 杨华国.浙江河长制的运作模式与制度逻辑[J].嘉兴学院学报,2018(1):44-48.

[71] 姜明栋,沈晓梅,王彦滢.江苏省河长制推行成效评价和时空差异研究[J].南水北
调与水利科技,2018(3):201-208.

[72] 匡尚毅.江苏省河长制绩效评估分析研究[J].湖北农业科学,2019(1):137-140.

[73] 郭焕庭.国外流域水污染治理经验及对我们的启示[J].环境保护,2001(8):
39-40.

[74] 席西民,刘静静,曾宪聚.国外流域管理的成功经验对雅砻江流域管理的启示[J].
长江流域资源与环境,2009(7):635-641.

[75] 肖文燕.20世纪国外流域管理经验及对鄱阳湖流域管理的启示[J].江西财经大学
学报,2010(6):83-88.

[76] 马丽娜,于丹,李慧,等.欧盟水框架指令对我国水环境保护与修复的启示[J].城
市环境与城市生态,2016(5):37-41.

［77］王雨蓉，曾庆敏，陈利根．基于IAD框架的国外流域生态补偿制度规则与启示［J］．
生态学报，2021（5）：86-96.

［78］陈洁敏，赵九洲，柳根水．北美五大湖流域综合管理的经验与启示［J］．湿地科学，
2010（2）：189-192.

［79］李松有．国家治理视角下基层流域单元治理的历史逻辑与当代启示——基于湖北省
江汉平原流域深度调查研究［J］．学术探索，2020（3）：54-64.

［80］胡熠，陈瑞莲．发达国家的流域水污染公共治理机制及其启示［J］．天津行政学院学
报，2006（1）：37-40.

［81］张丛林，张爽，杨威杉，等．福建生态文明试验区全面推行河长制评估研究［J］．中
国环境管理，2018（3）：59-64.

［82］匡尚毅．江苏省河长制绩效评估分析研究［J］．湖北农业科学，2019（1）：137-140.

［83］王娟、宋怡霏、何优．河长制政策绩效评估与障碍因素分析——基于太湖水域城市
的调研［J］．环境保护与循环经济，2020（10）：74-77.

［84］王冠军，刘小勇，郎劢贤，等．全面推行河长制湖长制总结评估成果分析与工作建
议［J］．水利发展研究，2020（10）：32-35.

［85］王班班，莫琼辉，钱浩祺．地方环境政策创新的扩散模式与实施效果——基于河长
制政策扩散的微观实证［J］．中国工业经济，2020（8）：99-117.

［86］郑巧，肖文涛．协同治理：服务型政府的治道逻辑［J］．中国行政管理，2008（7）：
48-53.

［87］沙勇忠，解志元．论公共危机的协同治理［J］．中国行政管理，2010（4）：43-47.

［88］欧黎明，朱秦．社会协同治理：信任关系与平台建设［J］．中国行政管理，2009（5）：
118-121.

［89］张立荣，冷向明．协同治理与我国公共危机管理模式创新——基于协同理论的视角
［J］．华中师范大学学报（人文社会科学版），2008（2）：11-19.

［90］燕继荣．协同治理：社会管理创新之道——基于国家与社会关系的理论思考［J］．中
国行政管理，2013（2）：58-61.

［91］蔡岚．协同治理：复杂公共问题的解决之道［J］．暨南大学学报（哲学社会科学版），
2015（2）：110-118.

［92］张宇，刘伟忠．地方政府与社会组织的协同治理：功能阻滞及创新路径［J］．南京社
会科学，2013（5）：71-77.

［93］鹿斌，周定财．国内协同治理问题研究述评与展望［J］．行政论坛，2014（1）：
84-89.

［94］吴春梅，庄永琪．协同治理：关键变量、影响因素及实现途径［J］．理论探索，2013
（3）：73-77.

［95］马雪松．结构、资源、主体：基本公共服务协同治理［J］．中国行政管理，2016（7）：
52-56.

［96］张树旺，李伟，王郅强.论中国情境下基层社会多元协同治理的实现路径——基于广东佛山市三水区白坭案例的研究［J］.公共管理学报，2016（2）：119–127.

［97］张贤明，田玉麒.论协同治理的内涵、价值及发展趋向［J］.湖北社会科学，2016（1）：30–37.

［98］康伟，陈茜.公共危机协同治理视角下的组织合作问题研究［J］.行政论坛，2015（1）：14–17.

［99］贾先文，李周，刘智勇.行政交界区生态环境协同治理逻辑及效应分析［J］.经济地理，2021（9）：40–47.

［100］孙慧，王慧，肖涵月.异质型责任主体的环境协同治理效果［J］.资源科学，2022（1）：15–31.

［101］芮晓霞，周小亮.水污染协同治理系统构成与协同度分析——以闽江流域为例［J］.中国行政管理，2020（11）：76–82.

［102］周志忍，蒋敏娟.中国政府跨部门协同机制探析——一个叙事与诊断框架［J］.公共行政评论，2013（1）：91–117.

［103］潘潇，樊博.应急管理中跨部门协同能力的影响因素研究——以食品药品安全联合监管为实证背景［J］.软科学，2014（2）：52–55.

［104］尚航标，李卫宁，黄培伦.跨部门协同创新的行为学机制［J］.管理学报，2016（4）：93–99.

［105］曾维和.后新公共管理时代的跨部门协同——评希克斯的整体政府理论［J］.社会科学，2012（5）：36–47.

［106］孙迎春.澳大利亚整体政府改革与跨部门协同机制［J］.中国行政管理，2013（11）：94–98.

［107］蒋敏娟.集体主义文化对跨部门协同的影响分析——基于中西方文化比较的视野［J］.云南社会科学，2016（4）：140–144.

［108］付景涛.非任务绩效视角下的跨部门协同绩效作用机制研究［J］.中国行政管理，2017（4）：40–45.

［109］杨悦兮，王燕楠.地方应急管理跨部门协同的新变化及其应对机制［J］.中国行政管理，2021（11）：93–99.

［110］操小娟，李佳维.环境治理跨部门协同的演进——基于政策文献量化的分析［J］.社会主义研究，2019（3）：84–93.

［111］肖克，谢琦.跨部门协同的治理叙事，中国适用性及理论完善［J］.行政论坛，2021（6）：51–57.

［112］颜海娜，郭佩文，曾栋.跨部门协同治理的"第三条道路"何以可能——基于300个治水案例的社会网络分析［J］.学术研究，2021（10）：67–74.

［113］沈亚平，王麓涵.社区治理联合体：政社跨部门协作的边界与整合［J］.学海，2020（5）：59–66.

［114］颜海娜，张雪帆，王露寒.数据何以赋能水环境跨部门协同治理［J］.华南师范大学学报（社会科学版），2021（4）：115-126.

［115］薛泽林，胡洁人.政府购买公共服务跨部门协同实现机制——复合型调试框架及其应用［J］.北京行政学院学报，2018（5）：58-66.

［116］史传林.政府与社会组织合作治理的绩效评价探讨［J］.中国行政管理，2015（5）：33-37.

［117］王学军，牟田.合作生产绩效及其影响因素：以政府和公众合作为视角［J］.行政论坛，2021（2）：116-125.

［118］张书涛.政府绩效评估的系统偏差与政策控制——基于整体性治理的分析框架［J］.行政论坛，2016（4）：54-58.

［119］王学军.公共价值视角下的公共服务合作生产：回顾与前瞻［J］.南京社会科学，2020（2）：59-66.

［120］张书涛.政府绩效评估的执行偏差与政策控制：一个网络化治理的分析框架［J］.湖北社会科学，2016（5）：45-50.

［121］彭惠青，匡力.和谐社会建设中的政府绩效评估与服务对象满意度调查——武汉市×区政府绩效评估改革实践［J］.行政论坛，2009（2）：33-36.

［122］刘敬严，陈国勋.项目网络化协同治理绩效模型实证研究［J］.工程管理学报，2014（6）：112-117.

［123］司林波，裴索亚.跨行政区生态环境协同治理绩效问责模式及实践情境——基于国内外典型案例的分析［J］.北京行政学院学报，2021（3）：49-61.

［124］司林波，王伟伟.跨行政区生态环境协同治理绩效问责机制构建与应用——基于目标管理过程的分析框架［J］.长白学刊，2021（1）：73-81.

［125］陈伟，殷妙仲.协同治理下的服务效能共谋——一个华南"混合行动秩序"的循证研究［J］.学习与实践，2016（1）：82-93.

［126］张波.群团组织协作治理：一个社会网络的分析框架——基于C市的实证分析［J］.国家行政学院学报，2016（5）：101-105.

［127］薛卫，曹建国.企业与大学技术合作的绩效：基于合作治理视角的实证研究［J］.中国软科学，2010（3）：120-132.

［128］包国宪，张弘，毛雪雯.公共治理网络中的绩效领导结构特征与机镦——基于"品清湖围网拆迁"的案例研究［J］.兰州大学学报（社会科学版），2017（3）：52-66.

［129］刘强强，包国宪.制度优势如何提升治理效能：我国政府绩效管理逻辑探析［J］.学习与实践，2021（11）：47-58.

［130］贾先文.我国流域生态环境治理制度探索与机制改良——以河长制为例［J］.江淮论坛，2021（1）：62-67.

［131］李利文.模糊性公共行政责任的清晰化运作——基于河长制、湖长制、街长制和院

长制的分析［J］. 华中科技大学学报（社会科学版），2019（1）：127-136.

［132］吕志奎，蒋洋，石术. 制度激励与积极性治理体制建构——以河长制为例［J］. 上海行政学院学报，2020（2）：46-54.

［133］张紧跟，唐玉亮. 流域治理中的政府间环境协作机制研究——以小东江治理为例［J］. 公共管理学报，2007（3）：50-56.

［134］胡乃元，苏丫秋，朱玉春. 河长制背景下村域河流治理的多中心格局何以形塑——基于汉江流域S村的案例考察［J］. 农业经济问题，2022（3）：60-72.

［135］程军蕊，徐继荣，郑琦宏. 宁波市城区河道水环境综合整治效果评价方法及应用［J］. 长江流域资源与环境，2015（6）：60-66.

二、外文部分

［1］Agranoff R，McGuire M. Collaborative public management：New strategies for local governments［M］. Washington，DC：Georgetown University Press，2003.

［2］Heathcote I W. Integrated watershed management：Principles and practice［M］. New York：John Wiley & Sons，2009.

［3］John P. Analyzing public policy［M］. New York：Routledge，2013.

［4］The Oxford handbook of public policy［M］. Oxford：Oxford University Press，2008.

［5］Sirianni C. Investing in democracy：Engaging citizens in collaborative governance［M］. Washington：Brookings Institution Press，2010.

［6］Fitzpatrick G. The locales framework：Understanding and designing for wicked problems［M］. Berlin：Springer Science & Business Media，2003.

［7］Watershed management：Balancing sustainability and environmental change［M］. Berlin：Springer Science & Business Media，2012.

［8］Novotny V. Water quality：Diffuse pollution and watershed management［M］. New York：John Wiley & Sons，2002.

［9］Chaston I. Public sector management：Mission impossible?［M］. London：Macmillan International Higher Education，2011.

［10］Kearney R. Public sector performance：Management，motivation，and measurement［M］. New York：Routledge，2018.

［11］Koontz T M，Steelman T A，Carmin J A，et al. Collaborative environmental management：What roles for Government-1［M］. New York：Routledge，2010.

［12］Lewis S. Linking sociopolitical transformations to environmental change：A mixed-methods approach to assessing adaptive watershed governance in the republic of palau［D］. Stanford University，2019.

［13］Integrated Water Management in Canada：the experience of watershed agencies［M］.

New York: Routledge, 2018.

[14] World Bank Group. Watershed: A new era of water governance in china—synthesis report [R]. World Bank, 2018.

[15] Rainey H G. Understanding and managing public organizations [M]. New York: John Wiley & Sons, 2009.

[16] Koontz T M, Thomas C W. Use of science in collaborative environmental management: Evidence from local watershed partnerships in the puget sound [J]. Environmental Science & Policy, 2018 (8): 17-23.

[17] Purdy J M. A framework for assessing power in collaborative governance processes [J]. Public Administration Review, 2012 (3): 409-417.

[18] Newman J, Barnes M, Sullivan H, et al. Public participation and collaborative governance [J]. Journal of Social Policy, 2004 (2): 203-223.

[19] Amsler L B. Collaborative governance: Integrating management, politics, and law [J]. Public Administration Review, 2016 (5): 700-711.

[20] Emerson K, Nabatchi T. Evaluating the productivity of collaborative governance regimes: A performance matrix [J]. Public Performance & Management Review, 2015 (4): 717-747.

[21] Rogers E, Weber E P. Thinking harder about outcomes for collaborative governance arrangements [J]. The American Review of Public Administration, 2010 (5): 546-567.

[22] Bianchi C, Nasi G, Rivenbark W C. Implementing collaborative governance: Models, experiences, and challenges [J]. Public Management Review, 2021 (11): 1581-1589.

[23] Buuren A. Knowledge for governance, governance of knowledge: Inclusive knowledge management in collaborative governance processes [J]. International Public Management Journal, 2009 (2): 208-235.

[24] Silvia C. Collaborative governance concepts for successful network leadership [J]. State and Local Government Review, 2011 (1): 66-71.

[25] Ansell C, Doberstein C, Henderson H, et al. Understanding inclusion in collaborative governance: A mixed methods approach [J]. Policy and Society, 2020 (4): 570-591.

[26] Scott T A, Thomas C W. Unpacking the collaborative toolbox: Why and when do public managers choose collaborative governance strategies? [J]. Policy Studies Journal, 2017 (1): 191-214.

[27] Ulibarri N, Scott T A. Linking network structure to collaborative governance [J]. Journal of Public Administration Research and Theory, 2017 (1): 163-181.

[28] Florini A, Pauli M. Collaborative governance for the sustainable development goals [J].

Asia & the Pacific Policy Studies, 2018 (3): 583-598.

[29] Crosby B C, Bryson J M. A leadership framework for cross-sector collaboration [J]. Public Management Review, 2005 (2): 177-201.

[30] Bryson J M, Crosby B C, Stone M M. The design and implementation of Cross-Sector collaborations: Propositions from the literature [J]. Public Administration Review, 2006 (6): 44-55.

[31] Austin J E. Marketing's role in cross-sector collaboration [J]. Journal of Nonprofit & Public Sector Marketing, 2003 (1): 23-39.

[32] Cankar S S, Petkovsek V. Private and public sector innovation and the importance of cross-sector collaboration [J]. Journal of Applied Business Research (JABR), 2013 (6): 1597-1606.

[33] Shumate M, Fu J S, Cooper K R. Does cross-sector collaboration lead to higher nonprofit capacity? [J]. Journal of Business Ethics, 2018 (2): 385-399.

[34] Heuer M. Ecosystem cross-sector collaboration: Conceptualizing an adaptive approach to sustainability governance [J]. Business Strategy and the Environment, 2011 (4): 211-221.

[35] Compagnucci L, Spigarelli F. Fostering cross-sector collaboration to promote innovation in the water sector [J]. Sustainability, 2018 (11): 41-54.

[36] Stadtler L, Karakulak Ö. Broker organizations to facilitate cross-sector collaboration: at the crossroad of strengthening and weakening effects [J]. Public Administration Review, 2020 (3): 360-380.

[37] Siddiki S, Kim J, Leach W D. Diversity, trust, and social learning in collaborative governance [J]. Public Administration Review, 2017 (6): 863-874.

[38] Emerson K, Gerlak A K. Adaptation in collaborative governance regimes [J]. Environmental Management, 2014 (4): 768-781.

[39] Challies E, Newig J, Thaler T, et al. Participatory and collaborative governance for sustainable flood risk management: An emerging research agenda [J]. Environmental Science and Policy, 2016 (5): 275-280.

[40] Fish R D, Ioris A A R, Watson N M. Integrating water and agricultural management: Collaborative governance for a complex policy problem [J]. Science of the Total Environment, 2010 (23): 5623-5630.

[41] Wegner D, Verschoore J. Network governance in action: Functions and practices to foster collaborative environments [J]. Administration & Society, 2021 (9): 53-72.

[42] Ansell C, Torfing J. How does collaborative governance scale? [J]. Policy & Politics, 2015 (3): 315-329.

[43] Kallis G, Kiparsky M, Norgaard R. Collaborative governance and adaptive management:

lessons from california's CALFED water program［J］. Environmental Science & Policy, 2009（6）: 631–643.

［44］Koebele E A. Integrating collaborative governance theory with the Advocacy Coalition Framework［J］. Journal of Public Policy, 2019（1）: 35–64.

［45］Kim S. The workings of collaborative governance: Evaluating collaborative community-building initiatives in Korea［J］. Urban Studies, 2016（16）: 3547–3565.

［46］Fisher J, Stutzman H, Vedoveto M, et al. Collaborative governance and conflict management: Lessons learned and good practices from a case study in the amazon basin［J］. Society & Natural Resources, 2020（4）: 538–553.

［47］Kinder T, Stenvall J, Six F, et al. Relational leadership in collaborative governance ecosystems［J］. Public Management Review, 2021（11）: 1612–1639.

［48］Fliervoet J M, Geerling G W, Mostert E, et al. Analyzing collaborative governance through social network analysis: A case study of river management along the Waal River in The Netherlands［J］. Environmental Management, 2016（2）: 355–367.

［49］Buuren A. Knowledge for governance, governance of knowledge: Inclusive knowledge management in collaborative governance processes［J］. International Public Management Journal, 2009（2）: 208–235.

［50］Baudoin L, Gittins J R. The ecological outcomes of collaborative governance in large river basins: Who is in the room and does it matter［J］. Journal of Environmental Management, 2021（11）: 18–36.

［51］Baird J, Plummer R, Schultz L, et al. How does socio-institutional diversity affect collaborative governance of social-ecological systems in practice?［J］. Environmental Management, 2019（2）: 200–214.

［52］Ansell C, Gash A. Collaborative platforms as a governance strategy［J］. Journal of Public Administration Research and Theory, 2018（1）: 16–32.

［53］Newig J, Challies E, Jager N W, et al. The environmental performance of participatory and collaborative governance: A framework of causal mechanisms［J］. Policy Studies Journal, 2018（2）: 269–297.

［54］Uittenbroek C J, Mees H L P, Hegger D L T, et al. The design of public participation: Who participates, when and how? Insights in climate adaptation planning from the Netherlands［J］. Journal of Environmental Planning and Management, 2019（14）: 2529–2547.

［55］Benchekroun H, Longngovan. Collaborative environmental management: A review of the literature［J］. International Game Theory Review, 2012（4）: 12–23.

［56］Nohrstedt D, Bynander F, Parker C, et al. Managing crises collaboratively: Prospects and problems—A systematic literature review［J］. Perspectives on Public Management and Governance, 2018 (4): 257–271.

[57] Bjärstig T. Does collaboration lead to sustainability? a study of public–private partnerships in the Swedish mountains [J]. Sustainability, 2017 (10): 16–25.

[58] Scott T A. Is collaboration a good investment? Modeling the link between funds given to collaborative watershed councils and water quality [J]. Journal of Public Administration Research and Theory, 2016 (4): 769–786.

[59] Koski C, Siddiki S, Sadiq A A, et al. Representation in collaborative governance: A case study of a food policy council [J]. The American Review of Public Administration, 2018 (4): 359–373.

[60] Hambleton R. The new civic leadership: Place and the co–creation of public innovation [J]. Public Money & Management, 2019 (4): 271–279.

[61] Clement S, Guerrero Gonzalez A, Wyborn C. Understanding effectiveness in its broader context: Assessing case study methodologies for evaluating collaborative conservation governance [J]. Society & Natural Resources, 2020 (4): 462–483.

[62] Liu H, Chen Y D, Liu T, et al. The river chief system and river pollution control in China: A case study of Foshan [J]. Water, 2019 (8): 16–22.

[63] Wang Y, Chen X. River chief system as a collaborative water governance approach in China [J]. International Journal of Water Resources Development, 2020 (4): 610–630.

[64] Li Y, Tong J, Wang L. Full implementation of the river chief system in China: Outcome and weakness [J]. Sustainability, 2020 (9): 37–54.

[65] Wang L, Tong J, Li Y. River Chief System (RCS): An experiment on cross–sectoral coordination of watershed governance [J]. Frontiers of Environmental Science & Engineering, 2019 (4): 1–3.

[66] Wu C, Ju M, Wang L, et al. Public participation of the river chief system in China: current trends, problems, and perspectives [J]. Water, 2020 (12): 34–46.

[67] Ouyang J, Zhang K, Wen B, et al. Top–down and bottom–up approaches to environmental governance in China: Evidence from the river chief system (RCS) [J]. International Journal of Environmental Research and Public Health, 2020 (19): 70–78.

[68] Wang B, Wan J, Zhu Y. River chief system: An institutional analysis to address watershed governance in China [J]. Water Policy, 2021 (6): 1435–1444.

[69] Li W, Zhou Y, Deng Z. The effectiveness of "River Chief System" policy: An empirical study based on environmental monitoring samples of China [J]. Water, 2021 (14): 19–27.

[70] Zhang Y, Wang S. How does policy innovation diffuse among Chinese local governments? A qualitative comparative analysis of River Chief Innovation [J]. Public Administration

and Development, 2021 (1): 34–47.

[71] Wang Y, Wu T, Huang M. China's river chief policy and the sustainable development goals: Prefecture–level evidence from the Yangtze River economic belt [J]. Sustainability, 2022 (6): 33–57.

[72] Leach W D, Pelkey N W. Making watershed partnerships work: A review of the empirical literature [J]. Journal of Water Tesources Planning and Management, 2001 (6): 378–385.

[73] Lubell M, Schneider M, Scholz J T, et al. Watershed partnerships and the emergence of collective action institutions [J]. American Journal of Political Science, 2002 (4): 148–163.

[74] Diaz–Kope L, Miller–Stevens K. Rethinking a typology of watershed partnerships: A governance perspective [J]. Public Works Management & Policy, 2015 (1): 29–48.

[75] Leach W D. Collaborative Public Management and Democracy: Evidence from Western Watershed Partnerships [J]. Public Administration Review, 2006 (66): 100–110.

[76] Benson D, Jordan A, Cook H, et al. Collaborative environmental governance: Are watershed partnerships swimming or are they sinking? [J]. Land Use Policy, 2013 (1): 748–757.

[77] Biddle J C. Improving the effectiveness of collaborative governance regimes: Lessons from watershed partnerships [J]. Journal of Water Resources Planning and Management, 2017 (9): 17–28.

[78] Leach W D, Pelkey N W, Sabatier P A. Stakeholder partnerships as collaborative policymaking: Evaluation criteria applied to watershed management in california and washington [J]. Journal of Policy Analysis and Management: The Journal of the Association for Public Policy Analysis and Management, 2002 (4): 645–670.

[79] Margerum R D, Robinson C J. Collaborative partnerships and the challenges for sustainable water management [J]. Current Opinion in Environmental Sustainability, 2015 (12): 53–58.

[80] MacDonald A, Clarke A, Huang L. Multi–stakeholder partnerships for sustainability: Designing decision–making processes for partnership capacity [J]. Journal of Business Ethics, 2019 (2): 409–426.

[81] Ernst A. How participation influences the perception of fairness, efficiency and effectiveness in environmental governance: An empirical analysis [J]. Journal of Environmental Management, 2019 (2): 368–381.

[82] Kellogg W A, Samanta A. Network structure and adaptive capacity in watershed governance [J]. Journal of Environmental Planning and Management, 2018 (1): 25–48.

[83] Koontz T M, Thomas C W. Use of Science in Collaborative Environmental Management:

Evidence from local watershed partnerships in the Puget Sound [J]. Environmental Science & Policy, 2018 (8): 17–23.

[84] Koebele E A. Policy learning in collaborative environmental governance processes [J]. Journal of Environmental Policy & Planning, 2019 (3): 242–256.

[85] Vazquez–Brust D, Piao R S, de Melo M F S, et al. The governance of collaboration for sustainable development: Exploring the "black box" [J]. Journal of Cleaner Production, 2020 (6): 12–26.

[86] Cui C, Yi H. What drives the performance of collaboration networks: A qualitative comparative analysis of local water governance in China [J]. International Journal of Environmental Research and Public Health, 2020 (6): 18–29.

[87] Secinaro S, Brescia V, Iannaci D, et al. Performance evaluation in the inter–institutional collaboration context of hybrid smart cities [J]. Journal of Intercultural Management, 2021 (3): 20–46.

[88] Dressel S, Ericsson G, Johansson M, et al. Evaluating the outcomes of collaborative wildlife governance: The role of social–ecological system context and collaboration dynamics [J]. Land Use Policy, 2020 (9): 10–28.

[89] Ramadass S D, Sambasivan M, Xavier J A. Collaboration outcomes in a public sector: Impact of governance, leadership, interdependence and relational capital [J]. Journal of Management and Governance, 2018 (3): 749–771.

[90] de Lancer Julnes P. Citizen‐driven performance measurement: Opportunities for evaluator collaboration in support of the new governance [J]. New Directions for Evaluation, 2013 (3): 81–92.

[91] Cheng Y. Governing government–nonprofit partnerships: Linking governance mechanisms to collaboration stages [J]. Public Performance & Management Review, 2019 (1): 190–212.

[92] Lee D, Hung C K. Meta–analysis of collaboration and performance: Moderating tests of sectoral differences in collaborative performance [J]. Journal of Public Administration Research and Theory, 2022 (2): 360–379.

[93] Hudson B, Hardy B, Henwood M, et al. In pursuit of inter–agency collaboration in the public sector: What is the contribution of theory and research? [J]. Public Management an International Journal of Research and Theory, 1999 (2): 235–260.

[94] Cross J E, Dickmann E, Newman–Gonchar R, et al. Using mixed–method design and network analysis to measure development of interagency collaboration [J]. American Journal of Evaluation, 2009 (3): 310–329.

[95] Page S. Integrative leadership for collaborative governance: Civic engagement in seattle [J]. The Leadership Quarterly, 2010 (2): 246–263.

［96］ Kurucz E C, Colbert B A, Luedeke-Freund F, et al. Relational leadership for strategic sustainability: Practices and capabilities to advance the design and assessment of sustainable business models ［J］. Journal of Cleaner Production, 2017（14）: 189-204.

［97］ Sullivan H, Williams P, Jeffares S. Leadership for collaboration: Situated agency in practice ［J］. Public Management Review, 2012（1）: 41-66.

［98］ Webler T, Tuler S, Krueger R O B. What is a good public participation process? Five perspectives from the public ［J］. Environmental Management, 2001（3）: 435-450.

［99］ Bobbio L. Designing effective public participation ［J］. Policy and Society, 2019（1）: 41-57.

［100］ Koehler B, Koontz T M. Citizen participation in collaborative watershed partnerships ［J］. Environmental Management, 2008（2）: 143-154.

［101］ Sharma J P, Singh P, Padaria R N. Social processes and people's participation in watershed development ［J］. Journal of Community Mobilization and Sustainable Development, 2011（2）: 168-173.

［102］ Koehler B, Koontz T M. Citizen participation in collaborative watershed partnerships ［J］. Environmental Management, 2008（2）: 143-154.

［103］ Megdal S B, Eden S, Shamir E. Water governance, stakeholder engagement, and sustainable water resources management ［J］. Water, 2017（3）: 190-197.

［104］ Fung A. Putting the public back into governance: The challenges of citizen participation and its future ［J］. Public Administration Review, 2015（4）: 513-522.

［105］ Michels A, De Graaf L. Examining citizen participation: Local participatory policy making and democracy ［J］. Local Government Studies, 2010（4）: 477-491.

［106］ Porumbescu G, Jungho P, Oomsels P. Building trust: Communication and subordinate trust in public organizations ［J］. Transylvanian Review of Administrative Sciences, 2013（38）: 158-179.

［107］ Kauffmann D. How team leaders can improve virtual team collaboration through trust and ICT: A conceptual model proposition［J］. Economics and Business Review, 2015（2）: 52-59.

［108］ John-Eke E C, Akintokunbo O O. Conflict management as a tool for increasing organizational effectiveness: A review of literature ［J］. International Journal of Academic Research in Business and Social Sciences, 2020（5）: 299-311.

［109］ Stoker G. Public value management: A new narrative for networked governance? ［J］. The American Review of Public Administration, 2006（1）: 41-57.

［110］ O' flynn J. From new public management to public value: Paradigmatic change and managerial implications ［J］. Australian Journal of Public Administration, 2007（3）: 353-366.

[111] Bryson J M, Crosby B C, Bloomberg L. Public value governance: Moving beyond traditional public administration and the new public management [J]. Public Administration Review, 2014 (4): 445–456.

[112] Diefenbach T. New public management in public sector organizations: The dark sides of managerialistic "enlightenment" [J]. Public Administration, 2009 (4): 892–909.

[113] Yang T M, Maxwell T A. Information-sharing in public organizations: A literature review of interpersonal, intra-organizational and inter-organizational success factors [J]. Government Information Quarterly, 2011 (2): 164–175.

[114] Dawes S S, Cresswell A M, Pardo T A. From "need to know" to "need to share": Tangled problems, information boundaries, and the building of public sector knowledge networks [J]. Public Administration Review, 2009 (3): 392–402.

[115] Willem A, Buelens M. Knowledge sharing in public sector organizations: The effect of organizational characteristics on interdepartmental knowledge sharing [J]. Journal of Public Administration Research and Theory, 2007 (4): 581–606.

[116] Cinar E, Trott P, Simms C. A systematic review of barriers to public sector innovation process [J]. Public Management Review, 2019 (2): 264–290.

[117] Cankar S S, Petkovsek V. Private and public sector innovation and the importance of cross-sector collaboration [J]. Journal of Applied Business Research (JABR), 2013 (6): 1597–1606.

[118] Choi T, Chandler S M. Exploration, exploitation, and public sector innovation: An organizational learning perspective for the public sector [J]. Human Service Organizations: Management, Leadership & Governance, 2015 (2): 139–151.

[119] De Vries H, Bekkers V, Tummers L. Innovation in the public sector: A systematic review and future research agenda [J]. Public Administration, 2016 (1): 146–166.

[120] Bommert B. Collaborative innovation in the public sector [J]. International Public Management Review, 2010 (1): 15–33.

[121] Biswas S, Vacik H, Swanson M E, et al. Evaluating integrated watershed management using multiple criteria analysis—A case study at chittagong hill tracts in bangladesh [J]. Environmental Monitoring and Assessment, 2012 (5): 2741–2761.

[122] Rushemuka N P, Bizoza R A, Mowo J G, et al. Farmers' soil knowledge for effective participatory integrated watershed management in Rwanda: Toward soil-specific fertility management and farmers' judgmental fertilizer use [J]. Agriculture, Ecosystems & Environment, 2014 (3): 145–159.

[123] Scott T. Does collaboration make any difference? Linking collaborative governance to environmental outcomes [J]. Journal of Policy Analysis and Management, 2015 (3): 537–566.

［124］Siddiki S，Kim J，Leach W D. Diversity，trust，and social learning in collaborative governance［J］. Public Administration Review，2017（6）：863−874.

［125］Mattor K M，Cheng A S，Kittler B，et al. Assessing collaborative governance outcomes and indicators across spatial and temporal scales：Stewardship contract implementation by the united states forest service［J］. Society & Natural Resources，2020（4）：484−503.

［126］Johnston E W，Hicks D，Nan N，et al. Managing the inclusion process in collaborative governance［J］. Journal of Public Administration Research and Theory，2011（4）：699−721.

［127］Baudoin L，Gittins J R. The ecological outcomes of collaborative governance in large river basins：Who is in the room and does it matter？［J］. Journal of Environmental Management，2021（2）：18−36.

［128］Baird J，Plummer R，Schultz L，et al. How does socio−institutional diversity affect collaborative governance of social−ecological systems in practice［J］. Environmental Management，2019（2）：200−214.

［129］MacDonald A，Clarke A，Huang L. Multi−stakeholder partnerships for sustainability：Designing decision−making processes for partnership capacity［J］. Journal of Business Ethics，2019（2）：409−426.

［130］Xavier J A，Bianchi C. An outcome−based dynamic performance management approach to collaborative governance in crime control：Insights from Malaysia［J］. Journal of Management and Governance，2020（4）：1089−1114.

［131］Som R M，Omar Z，Ismail I A，et al. Understanding leadership roles and competencies for public−private partnership［J］. Journal of Asia Business Studies，2020（4）：541−560.

［132］Coles J W，McWilliams V B，Sen N. An examination of the relationship of governance mechanisms to performance［J］. Journal of Management，2001（1）：23−50.

［133］Rist S，Chidambaranathan M，Escobar C，et al. Moving from sustainable management to sustainable governance of natural resources：The role of social learning processes in rural India，Bolivia and Mali［J］. Journal of Rural Studies，2007（1）：23−37.

［134］Siddiquee N A，Mohamed M Z. Paradox of public sector reforms in Malaysia：A good governance perspective［J］. Public Administration Quarterly，2007（5）：284−312.

［135］Sulistyaningsih T，Nurmandi A，Salahudin S，et al. Public policy analysis on watershed governance in indonesia［J］. Sustainability，2021（12）：66−81.

▶ 附录一 访谈提纲

1. 请简要介绍一下贵单位与其他部门协同治水的流程与内容。

2. 除了"河长制"的制度压力，贵单位为什么要与其他部门在流域水环境治理方面建立合作关系（动因是什么）?

3. 您认为"河长制"下跨部门协同治水会遇到哪些困难，一般如何解决?

4. 影响跨部门协同治水成效的因素有哪些? 可以举几个例子。评估协同绩效的标准有哪些?

5. 目前跨部门协同治水工作的制度有哪些? 治水的资金和技术从何而来?

6. 贵单位和合作部门是如何引导、鼓励公众参与治水?

7. "河长制"工作领导小组的具体职责是什么? 上级领导在跨部门协同活动中扮演什么样的角色?

8. 贵单位主要通过哪些途径与合作伙伴进行沟通? 信息沟通顺畅吗?

9. 在联合治水过程中，贵单位与合作部门开展了哪些方面的联合行动?

10. 您认为河长办的工作难点有哪些? 原因是什么?

11. 您对"河长制"的考核怎么看?

12. 您认为"河长制"跨部门协同治水带来了哪些好处?

▶ 附录二 "河长制"下地方政府流域治理跨部门协同绩效评估指标调查问卷

尊敬的专家:

您好!非常感谢您能在百忙之中抽时回答这份问卷,以帮助本人更好地完成课题研究。本问卷为匿名问卷,结果仅作学术研究之用,请您放心填写。

一、您的基本情况

1. 您的学历是(   )

    A. 博士   B. 硕士

    C. 本科   D. 大专及以下

2. 您所在单位是(   )

    A. 政府部门   B. 事业单位   C. 高校

    D. 社会组织   E. 企业   F. 其他

3. 您对"河长制"下地方政府流域治理跨部门协同绩效评估的了解程度
(   )

    A. 非常了解   B. 比较了解

    C. 一般   D. 不太了解

    E. 完全不了解

二、指标设计

一级指标	二级指标	三级指标	非常重要	比较重要	一般	不太重要	不重要
过程	协同计划	① 跨部门协同治水计划与"河长制"政策保持一致性的程度					
		② 跨部门协同治水目标的明确性					
		③ 协同治水计划的可操作性					
	责任分工	④ 各部门责任划分的清晰度					
		⑤ 部门权责的对等性					
		⑥ 各部门任务分工的衔接性					
	信息沟通	⑦ 部门间信息沟通的及时性					
		⑧ 部门间信息沟通渠道的多样化					
		⑨ 治水成员获得学习或培训的机会					
	决策制定	⑩ 决策成员的代表性					
		⑪ 决策过程的民主化					
	合作关系	⑫ 部门间相互信任的程度					
		⑬ 部门间相互支持的力度					
		⑭ 合作关系的持续性					
		⑮ 部门间相互理解的程度					
		⑯ 部门间资源共享的程度					
	河长履职	⑰ 承担治水任务的主动性					
		⑱ 协调解决问题的能力					
		⑲ 督查各部门任务落实的频率					
		⑳ 组织各部门开展联合行动的能力					
		㉑ 对各部门治水目标任务完成情况进行考核的公平性					
	公众参与	㉒ 政府引导公众参与"河长制"工作的力度					
		㉓ 公众参与治水渠道的多样化					

续表

一级指标	二级指标	三级指标	非常重要	比较重要	一般	不太重要	不重要
社会结果	创新	㉔ 本部门工作理念的创新					
		㉕ 流域水环境治理技术与方法的创新					
		㉖ 流域治理跨部门协同制度的创新					
	治理效能	㉗ 本部门治水能力的提升					
		㉘ 跨部门协同解决流域环境问题的效率提升					
	社会效应	㉙ 公众对跨部门协同治水效果的满意度					
		㉚ 公众对"河长制"工作的认可度					
		㉛ 社会力量对"河长制"工作支持度的提高					
		㉜ 媒体对"河长制"工作成效的整体评价					
环境结果	水质改善	㉝ 流域总体水质改善目标的达成度					
		㉞ 流域优良水体比例提升					
		㉟ 劣Ⅴ类水体比例下降					
		㊱ 城市建成区黑臭水体的消除					
	生态修复	㊲ 河道整治等生态修复项目的完成度					
		㊳ "清四乱"等专项行动的效果					
		㊴ 水生物种类或数量增长					
		㊵ 滨水生态景观的改善度					

▶ 附录三 "河长制"下地方政府流域治理跨部门协同绩效指标权重调查问卷

尊重的专家／学者：

您好！这是一份关于"'河长制'下地方政府流域治理跨部门协同绩效评估"的指标体系。为了确定每个指标的权重，请您对每一下级指标对于其上一级指标的相对重要性作出判断，对在对应的栏内填写您认为更重要的指标。衷心感谢您的参与合作！

一、一级指标权重比较判断

请您对表中 3 项一级指标对于"河长制"跨部门协同绩效评估的重要性做出两两比较判断。

★★★填表示例：

两两比较判断的因素		非常重要	很重要	重要	比较重要	同等重要
A 过程	B 社会结果			B		
A 过程	C 环境结果				C	
B 社会结果	D 环境结果					BD

说明：第一行对比（A 和 B 比较）：如果您认为 A 与 B 相比，B 重要，则在第一行"重要"列填 B；第二行对比（A 与 C 比较）：如果您认为 A 与 C 相比，C 比较重要，则在第二行"比较重要"列填 C；第三行对比（B 与 D 比较）：如果您认为 B 与 D 相比，同等重要，则在第三行"同等重要"列填 BD；其他情况以此类推。

两两比较判断的因素		非常重要	很重要	重要	比较重要	同等重要
A 过程	B 社会结果					
A 过程	C 环境结果					
B 社会结果	D 环境结果					

二、二级指标权重比较判断

1. 请您比较 a、b、c、d、e、f、g 七个二级指标对于一级指标"过程"的重要性。

两两比较判断的因素		非常重要	很重要	重要	比较重要	同等重要
a 协同计划	b 责任分工					
a 协同计划	c 信息沟通					
a 协同计划	d 决策制定					
a 协同计划	e 合作关系					
a 协同计划	f 河长履职					
a 协同计划	g 公众参与					
b 责任分工	c 信息沟通					
b 责任分工	d 决策制定					
b 责任分工	e 合作关系					
b 责任分工	f 河长履职					
b 责任分工	g 公众参与					
c 信息沟通	d 决策制定					
c 信息沟通	e 合作关系					
c 信息沟通	f 河长履职					
c 信息沟通	g 公众参与					
d 决策制定	e 合作关系					
d 决策制定	f 河长履职					
d 决策制定	g 公众参与					
e 合作关系	f 河长履职					
e 合作关系	g 公众参与					
f 河长履职	g 公众参与					

2. 请您比较 a、b、c 三个二级指标对于一级指标"社会结果"的重要性。

两两比较判断的因素		非常重要	很重要	重要	比较重要	同等重要
a 创新	b 治理效能					
a 创新	c 社会效应					
b 治理效能	c 社会效应					

3. 请您比较 a、b 两个二级指标对于一级指标"环境结果"的重要性。

两两比较判断的因素		非常重要	很重要	重要	比较重要	同等重要
a 水质改善	b 生态修复					

三、三级指标权重比较判断

1. 请您比较①、②、③三个三级指标对于二级指标"协同计划"的重要性。

两两比较判断的因素		非常重要	很重要	重要	比较重要	同等重要
① 协同治水计划与"河长制"政策保持一致性程度	② 协同治水目标的明确性					
① 协同治水计划与"河长制"政策保持一致性程度	③ 协同治水计划的可操作性					
② 协同治水目标的明确性	③ 协同治水计划的可操作性					

2. 请您比较①、②两个三级指标对于二级指标"责任分工"的重要性。

两两比较判断的因素		非常重要	很重要	重要	比较重要	同等重要
① 各部门责任划分的清晰度	② 各部门任务分工的衔接性					

3. 请您比较①、②、③三个三级指标对于二级指标"信息沟通"的重要性。

两两比较判断的因素		非常重要	很重要	重要	比较重要	同等重要
①部门间信息沟通的及时性	②部门间信息沟通渠道的多样性					
①部门间信息沟通的及时性	③治水成员获得学习或培训的机会					
②部门间信息沟通渠道的多样性	③治水成员获得学习或培训的机会					

4. 请您比较①、②两个三级指标对于二级指标"决策制定"的重要性。

两两比较判断的因素		非常重要	很重要	重要	比较重要	同等重要
①决策成员的代表性	②决策过程的民主化程度					

5. 请您比较①、②、③三个三级指标对于二级指标"合作关系"的重要性。

两两比较判断的因素		非常重要	很重要	重要	比较重要	同等重要
①部门间相互信任的程度	②部门间相互支持的力度					
①部门间相互信任的程度	③部门间资源共享的程度					
②部门间相互支持的力度	③部门间资源共享的程度					

6. 请您比较①、②、③、④四个三级指标对于二级指标"河长履职"的重要性。

两两比较判断的因素		非常重要	很重要	重要	比较重要	同等重要
①协调解决问题的能力	②监督各部门任务落实的频率					

续表

两两比较判断的因素		非常重要	很重要	重要	比较重要	同等重要
① 协调解决问题的能力	③ 组织各部门开展联合行动的能力					
① 协调解决问题的能力	④ 对各部门目标任务完成情况考核的公平性					
② 监督各部门任务落实的频率	③ 组织各部门开展联合行动的能力					
② 监督各部门任务落实的频率	④ 对各部门目标任务完成情况考核的公平性					
③ 组织各部门开展联合行动的能力	④ 对各部门目标任务完成情况考核的公平性					

7. 请您比较①、②两个三级指标对于二级指标"公众参与"的重要性。

两两比较判断的因素		非常重要	很重要	重要	比较重要	同等重要
①政府引导公众参与"河长制"工作的力度	②公众参与治水渠道的多样化					

8. 请您比较①、②两个三级指标对于二级指标"创新"的重要性。

两两比较判断的因素		非常重要	很重要	重要	比较重要	同等重要
①流域水环境治理技术与方法创新	②流域治理跨部门协同制度的创新					

9. 请您比较①、②两个三级指标对于二级指标"治理效能"的重要性。

两两比较判断的因素		非常重要	很重要	重要	比较重要	同等重要
①本部门治水能力的提升	② 跨部门协同解决流域环境问题的效率提升					

10. 请您比较①、②、③、④四个三级指标对于二级指标"社会效应"的重要性。

两两比较判断的因素		非常重要	很重要	重要	比较重要	同等重要
① 公众对跨部门协同治水效果的满意度	② 公众对"河长制"工作的认可度					
① 公众对跨部门协同治水效果的满意度	③ 社会力量对"河长制"工作支持度的提高					
① 公众对跨部门协同治水效果的满意度	④ 媒体对"河长制"工作成效的整体评价					
② 公众对"河长制"工作的认可度	③ 社会力量对"河长制"工作支持度的提高					
② 公众对"河长制"工作的认可度	④ 媒体对"河长制"工作成效的整体评价					
③ 社会力量对"河长制"工作支持度的提高	④ 媒体对"河长制"工作成效的整体评价					

11. 请您比较①、②、③、④四个三级指标对于二级指标"水质改善"的重要性。

两两比较判断的因素		非常重要	很重要	重要	比较重要	同等重要
① 流域整体水质改善目标的达成度	② 流域优良水体比例提升					
① 流域整体水质改善目标的达成度	③ 流域劣Ⅴ类水体比例下降					
① 流域整体水质改善目标的达成度	④ 城市建成区黑臭水体的消除					
② 流域优良水体比例提升	③ 流域劣Ⅴ类水体比例下降					

续表

两两比较判断的因素		非常 重要	很 重要	重要	比较 重要	同等 重要
② 流域优良水体比例 提升	④ 城市建成区黑臭水 体的消除					
③ 流域劣V类水体比 例下降	④ 城市建成区黑臭水 体的消除					

12. 请您比较①、②、③、④四个三级指标对于二级指标"生态修复"的重要性。

两两比较判断的因素		非常 重要	很 重要	重要	比较 重要	同等 重要
① 河道整治等生态修 复项目的完成度	②"清四乱"等专项行 动的效果					
① 河道整治等生态修 复项目的完成度	③ 水生物种类或数量 的增长					
① 河道整治等生态修 复项目的完成度	④ 滨水生态景观的改 善度					
②"清四乱"等专项行 动的效果	③ 水生物种类或数量 的增长					
②"清四乱"等专项行 动的效果	④ 滨水生态景观的改 善度					
③ 水生物种类或数量 的增长	④ 滨水生态景观的改 善度					

▶ 附录四 "河长制"下地方政府流域治理跨部门协同绩效评估调查问卷

尊敬的朋友：

您好！非常感谢您能在百忙之中抽时回答这份问卷，以帮助本人更好地完成课题研究。本问卷为匿名问卷，结果仅作学术研究之用，请您放心填写。本问卷希望对"河长制"下福建省 Q 市、江西省 N 市、陕西省 H 市、流域治理跨部门协同实际绩效进行评估，请您根据自己的切身感受对跨部门协同绩效的各个指标进行真实评测。非常感谢您的参与！

一、您的基本情况

1. 您的性别是（　　　）

    A. 男　　　　　　　　　　B. 女

2. 您的年龄是（　　　）

    A. 18~25 岁　　　　　　　B. 26~35 岁　　　　C. 36~45 岁

    D. 46~55 岁　　　　　　　E. 56 岁及以上

3. 您的文化程度是（　　　）

    A. 博士　　　　　　　　　B. 硕士

    C. 本科　　　　　　　　　D. 大专及以下

4. 您属于（　　　）

    A. 政府部门治水工作人员　B. 企业代表　　　　C. 研究学者

    D. 环保组织成员　　　　　E. 群众

二、评估指标

一级指标	二级指标	三级指标	非常符合	比较符合	一般	不太符合	不符合
过程	协同计划	① 跨部门协同治水计划与"河长制"政策保持一致性					
		② 跨部门协同治水目标的明确性					
		③ 跨部门协同治水计划的可操作性					
	责任分工	④ 部门责任划分的清晰度					
		⑤ 各部门任务分工的衔接性					
	信息沟通	⑥ 部门间信息沟通的及时性					
		⑦ 部门间信息沟通渠道的多样性					
		⑧ 治水成员参与学习或培训的机会					
	决策制定	⑨ 决策成员的代表性					
		⑩ 决策过程的民主化					
	合作关系	⑪ 部门间相互信任的程度					
		⑫ 部门间相互支持的力度					
		⑬ 部门间资源共享的程度					
	河长履职	⑭ 协调解决问题的能力					
		⑮ 督查各部门任务落实的频率					
		⑯ 组织各部门开展联合行动的能力					
		⑰ 对各部门治水目标任务完成情况进行考核的公平性					
	公众参与	⑱ 政府引导公众参与"河长制"工作的力度					
		⑲ 公众参与治水渠道的多样化					

续表

一级指标	二级指标	三级指标	非常符合	比较符合	一般	不太符合	不符合
社会结果	创新	⑳ 流域水环境治理技术与方法的创新					
		㉑ 流域治理跨部门协同制度的创新					
	治理效能	㉒ 本部门治水能力的提升					
		㉓ 跨部门协同解决流域环境问题的效率提升					
	社会效应	㉔ 公众对跨部门协同治水效果的满意度					
		㉕ 公众对"河长制"工作的认可度					
		㉖ 社会力量对"河长制"工作支持度的提高					
		㉗ 媒体舆论对"河长制"工作的整体评价					
环境结果	水质改善	㉘ 流域总体水质改善目标的达成度					
		㉙ 流域优良水体比例提升					
		㉚ 流域劣Ⅴ类水体比例下降					
		㉛ 城市建成区黑臭水体的消除					
	生态修复	㉜ 河道整治等生态修复项目的完成度					
		㉝ "清四乱"等专项行动的效果					
		㉞ 水生物种类或数量的增长					
		㉟ 滨水生态景观的改善度					

▶ 附录五 "河长制"下地方政府流域治理跨部门协同绩效影响因素调查问卷

尊敬的女士/先生：

您好！我们是国家社科基金项目《"河长制"下地方政府流域治理跨部门协同的绩效评估及优化路径研究》课题组成员。希望通过对您的访谈了解"河长制"跨部门协同绩效的关键影响因素及其作用机制，以总结现有经验，为更好地提升地方政府多部门联合治水效果提供建议。

问卷中所有问题的答案不存在"正确/错误"之分，请根据自身的经历及感受，给出您认为最能反映实际情况的选择。我们十分重视对您个人信息的严格保密，郑重承诺该问卷仅用于学术研究。

注：本研究的跨部门协同是指"河长制"实施过程中同级地方政府内部的不同职能部门为了治理流域水环境问题而进行的联合行动。

第一部分 基本信息
（说明：根据实际情况，在"□"处打"√"）

1. 您的性别
□男 □女

2. 您的年龄
□ 25 岁及以下 □ 26~35 岁 □ 36~45 周岁 □ 46 岁及以上

3. 您的工作部门
□环保 □水利 □城管 □农业 □住建 □林业 □经信 □其他

4. 您的职务级别
□正处 □副处 □正科 □副科 □科员

5. 您参加工作的年限

□ 5 年以下　□ 5~10 年　□ 11~15 年　□ 15 年及以上

6. **包括贵部门在内，参与协同治水的政府部门数量总共有（　　　　）**

□ 2~4 个　□ 5~7 个　□ 8~10 个　□ 11 个及以上

7. 跨部门协同治水持续时间为：

□ 1 年以内　□ 1~3 年　□ 3~5 年　□ 5 年以上

8. **您的工作所在地：_____省_____市**

第二部分　主观观测表

说明：本部分主要根据合作的"前提—过程—结果"逻辑来设置。请您根据贵部门参与流域协同治理的实际情况，对下列描述进行评分（请将相应的分数用√表示）。所有的问题都采用五分制，其中，1 表示非常不同意；2 表示不同意；3 表示既不同意也不反对；4 表示同意；5 表示非常同意

（一）协同前提

条目内容	非常不同意	不同意	中立	同意	非常同意
变革型领导					
上级领导推动和促进各部门为共同目标而协同配合	1	2	3	4	5
上级领导给我们描绘了鼓舞人心的协同治水愿景	1	2	3	4	5
上级领导给我们起到了模范带头作用	1	2	3	4	5
上级领导会倾听我们的意见，关心我们的需求	1	2	3	4	5
上级领导鼓励我们用新颖的方式解决问题	1	2	3	4	5
信任					
本部门相信合作部门能够胜任他们承担的任务	1	2	3	4	5
本部门给予合作部门协助，相信对方也会给我们提供帮助	1	2	3	4	5
即使没有监督，本部门也相信对方会努力完成其在合作中的责任	1	2	3	4	5
本部门相信合作部门能够提供可靠的知识与信息	1	2	3	4	5
公众参与					
公众积极关注当地流域水环境问题	1	2	3	4	5
公众积极监督当地流域水环境治理工作	1	2	3	4	5

续表

条目内容	非常不同意	不同意	中立	同意	非常同意
公众积极参与当地流域水环境的治理活动	1	2	3	4	5
资源支持					
流域协同治理活动有全面的持续的政策支持	1	2	3	4	5
流域协同治理活动获得了充足的资金支持	1	2	3	4	5
流域协同治理活动获得了足够的技术支持	1	2	3	4	5
制度设计					
各部门的职责分工有明确的规定	1	2	3	4	5
决策规则和程序有明确的说明	1	2	3	4	5
协同治水的共同目标有明确的界定	1	2	3	4	5
各部门的失责行为有针对性的问责条例	1	2	3	4	5
协同治水工作有具体的考评激励办法	1	2	3	4	5

（二）协同过程

条目内容	非常不同意	不同意	中立	同意	非常同意
沟通					
除了面对面的对话，本部门还经常通过电话、网络与合作部门进行沟通交流	1	2	3	4	5
本部门与合作部门之间的沟通有助于达成共识	1	2	3	4	5
本部门与合作部门之间的信息共享非常及时	1	2	3	4	5
本部门与合作部门之间的信息共享是充分和完全的	1	2	3	4	5
承诺					
如果合作部门提出请求，本部门愿意为其提供力所能及的帮助	1	2	3	4	5
本部门愿意与现有的合作部门维持长期的合作关系	1	2	3	4	5
各部门愿意投入资源或时间以追求团队的共同目标	1	2	3	4	5
各部门对协同治水所能取得的成效持有相似的看法	1	2	3	4	5
关系管理					
设有专门的机构负责指导跨部门协同治水并处理相关事务	1	2	3	4	5

续表

条目内容	非常不同意	不同意	中立	同意	非常同意
有专门的机构负责协调双方的知识、技术、信息等资源以维持协同关系	1	2	3	4	5
有专门的机构负责监督项目的实施进程	1	2	3	4	5
遇到重大问题或意见分歧时专门机构会召集大家协商解决	1	2	3	4	5
专门机构的管理工作体现了互惠互利和公平	1	2	3	4	5

（三）任务复杂性

条目内容	非常不同意	不同意	中立	同意	非常同意
我们团队的流域治理任务包含许多变化或不确定因素	1	2	3	4	5
我们团队的流域治理任务需要各部门群策群力才能完成	1	2	3	4	5
我们团队完成流域治理任务需要更灵活的解决方案	1	2	3	4	5
我们团队的每个部门都承担了很大的任务量	1	2	3	4	5

（四）跨部门协同绩效

条目内容	非常不同意	不同意	中立	同意	非常同意
通过跨部门协同，水质的改善达到了预期目标	1	2	3	4	5
通过跨部门协同，水生物的种类或数量有所增加	1	2	3	4	5
通过跨部门协同，滨水生态景观得到了提升	1	2	3	4	5
通过跨部门协同，公众对流域治理的成效感到满意	1	2	3	4	5
通过跨部门协同，流域治理效率得到提高，节约了相关成本费用	1	2	3	4	5
通过跨部门协同，本部门获得了有关流域治理的新知识或新技术	1	2	3	4	5
通过跨部门协同，本部门在流域治理方法或制度方面实现了创新	1	2	3	4	5

再次感谢您对本研究工作的支持！